Krause/Krause
Qualitätsmanagement

kiehl DIGITAL

Freischaltcode für Ihre digitalen Zusatzinhalte:

BESXBPRREKCFVALZZWCEZK

Krause/Krause, Qualitätsmanagement

Ihr digitaler Mehrwert

**Dieses Buch enthält zusätzlich folgende Inhalte,
die Ihnen in Kiehl DIGITAL zur Verfügung stehen:**

 Online-Buch

**Schalten Sie sich das Buch inklusive Mehrwert direkt frei.
So einfach geht's:**

1. Rufen Sie **go.kiehl.de/freischaltcode** auf
   oder scannen Sie den QR-Code.

2. Geben Sie Ihren Freischaltcode in Großbuchstaben ein
   und folgen Sie dem Anmeldedialog.

3. Fertig.

4. Sie finden die Inhalte zu diesem Buch jetzt in Kiehl DIGITAL
   (digital.kiehl.de) unter dem Icon „Bücher".

Qualitätsmanagement

145 klausurtypische Aufgaben und Lösungen

Von
Diplom-Sozialwirt Günter Krause
Diplom-Soziologin Bärbel Krause

2., aktualisierte Auflage

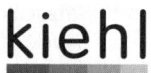

Bildnachweis Umschlag: © Mindwalker – Fotolia.com

ISBN 978-3-470-**64912**-2 • 2., aktualisierte Auflage 2017

© NWB Verlag GmbH & Co. KG, Herne 2013
   www.kiehl.de

Kiehl ist eine Marke des NWB Verlags

Satz: G&U Language & Publishing Services GmbH, Flensburg
Druck: Stückle Druck und Verlag, Ettenheim

Klausurentraining Weiterbildung
für Betriebswirte, Fachwirte, Fachkaufleute und Meister

Unsere Reihe Klausurentraining ist aus der Überlegung entstanden, dass sich sehr viele Absolventen von IHK-Weiterbildungslehrgängen gezielt auf ein spezielles Prüfungsthema vorbereiten möchten, um dort ihre Fähigkeiten in der Wissensanwendung zu vervollständigen.

Der Themenbereich „Qualitätsmanagement" kommt in den Rahmenplänen in verschiedenen Ausprägungen vor. In einigen Abschlussprüfungen ist er sogar ein eigenständiges Prüfungsfach. Betrachtet man die inhaltlichen Schwerpunkte der Klausuren in den IHK-Abschlussprüfungen, so ergibt sich eine große Schnittmenge der Anforderungen.

Daher enthält jeder Band dieser Reihe klausurtypische Aufgaben zu dem betreffenden Fachgebiet, die dem Niveau der IHK-Prüfungen in Umfang und Schwierigkeitsgrad entsprechen. Dabei wurde die Aufgabensammlung fachspezifisch gegliedert und jede Aufgabe mit einer Überschrift gekennzeichnet. Dies soll das spätere Erkennen des Aufgabentyps in der Klausur unter Echtbedingungen erleichtern. Einige Themen, Aufgaben und Lösungen haben einen höheren Schwierigkeitsgrad. Sie sind gekennzeichnet (***) und richten sich speziell an angehende Betriebswirte. Das Kapitel 4.5 „Statistische Methoden der Qualitätsüberwachung", orientiert sich speziell am Rahmenplan für angehende Industriemeister.

Der Lösungsteil ist ausführlich und verständlich gestaltet, sodass sich die Leser selbstständig in der Umsetzung des erlernten Wissens trainieren und kontrollieren können. Eine Sammlung von Formeln und Begriffen am Schluss des Buches unterstützt die Bearbeitung der Aufgaben. Das umfangreiche Stichwortverzeichnis ermöglicht das gezielte Auffinden von Begriffen und Zusammenhängen.

Diese Fachbuchreihe richtet sich an:

► Teilnehmer von IHK-Weiterbildungslehrgängen (angehende Betriebswirte, Fachwirte, Fachkaufleute und Meister)
► Studierende an Fachschulen und Fachhochschulen.

Charakteristische Merkmale für jeden Band dieser Fachbuchreihe sind:

► mehr als 100 Prüfungsaufgaben orientiert am Niveau der IHK-Weiterbildungslehrgänge
► fachspezifische Gliederung der Aufgaben
► Aufgabenstellungen mit thematischer Überschrift
► ausführliche, verständliche Darstellung der Lösungen
► Zusammenstellung der Formeln und Begriffe
► umfangreiches Stichwortverzeichnis.

Diplom-Sozialwirt Günter Krause
Diplom-Soziologin Bärbel Krause
Neustrelitz, im Juni 2017

Vorwort

Qualität ist ein Begriff, der heute im Mittelpunkt aller Betrachtungen in allen Unternehmen steht. Fehlt die Qualität, ärgert man sich – als interner oder externer Kunde. Die Folge: Auf lange Sicht ist der Bestand des Unternehmens gefährdet.

Ist eine entsprechende Qualität vorhanden, wird sie oft als selbstverständlich angenommen. Qualität der Produkte und Prozesse ist aber nicht selbstverständlich und sie entsteht auch nicht zufällig. Qualität muss täglich geplant, umgesetzt, kontrolliert und verbessert werden.

Der Ansatz dazu erfolgt über Strategien des Qualitätsmanagements im Sinne von TQM (Total Quality Management): Das gesamte Unternehmen mit allen Mitarbeitern muss einbezogen werden. Qualität zu produzieren ist nicht nur einfach eine technische Betrachtung und Sache der Ingenieure und Techniker, sondern eine Denkhaltung, die alle Mitarbeiter, alle Kunden und alle Lieferanten umfasst. Im Zuge sich ständig wandelnder Märkte ändern sich auch die Anforderungen der Kunden und damit die Standards, was Qualität ist. Laufend sind in jedem Unternehmen u. a. die Arbeitsabläufe, die Normen für Produkte und Leistungen sowie die Motivation der Mitarbeiter bezüglich einer qualitätsorientierten Arbeitsweise zu überprüfen und den sich ändernden Bedingungen anzupassen. Wer aufhört besser zu werden, hat aufgehört gut zu sein.

Jeder Mitarbeiter sollte heute über Qualitätsmanagementsysteme und -strategien sowie über Werkzeuge (Tools) und Methoden des Qualitätsmanagements Bescheid wissen.

Qualitätsmanagement lässt sich untergliedern in die Phasen:
- ► Qualitätsplanung
- ► Qualitätsprüfung
- ► Qualitätslenkung
- ► Qualitätssicherung
- ► Qualitätsverbesserung.

Gegenstand dieses Fachbuches ist die situationsgebundene Bearbeitung der zentralen Inhalte des Qualitätsmangements zur Vorbereitung auf die Klausur im Rahmen von IHK-Weiterbildungsmaßnahmen.

Wir wünschen unseren Leserinnen und Lesern den notwendigen Anwendungserfolg bei der Bearbeitung der Aufgaben sowie in der IHK-Klausur.

Diplom-Sozialwirt Günter Krause
Diplom-Soziologin Bärbel Krause
Neustrelitz, im Juni 2017

Benutzungshinweise

Diese Symbole erleichtern Ihnen die Arbeit mit diesem Buch:

 TIPP

Hier finden Sie nützliche Hinweise zum Thema.

 MERKE

Das X macht auf wichtige Merksätze oder Definitionen aufmerksam.

 ACHTUNG

Das Ausrufezeichen steht für Beachtenswertes, wie z. B. Fehler, die immer wieder vorkommen, typische Stolpersteine oder wichtige Ausnahmen.

 INFO

Hier erhalten Sie nützliche Zusatz- und Hintergrundinformationen zum Thema.

 RECHTSGRUNDLAGEN

Das Paragrafenzeichen verweist auf rechtliche Grundlagen, wie z. B. Gesetzestexte.

 MEDIEN

Das Maus-Symbol weist Sie auf andere Medien hin. Sie finden hier Hinweise z. B. auf Download-Möglichkeiten von Zusatzmaterialien, auf Audio-Medien oder auf die Website von Kiehl.

Feedbackhinweis

Kein Produkt ist so gut, dass es nicht noch verbessert werden könnte. Ihre Meinung ist uns wichtig. Was gefällt Ihnen gut? Was können wir in Ihren Augen verbessern? Bitte schreiben Sie einfach eine E-Mail an: **feedback@kiehl.de**

1. Grundlagen und Begriffe

Aufgabe 1: Historie des Qualitätsbegriffs

Beschreiben Sie die historische Entwicklung des Qualitätsbegriffs in fünf Phasen.

Lösung s. Seite 61

Aufgabe 2: Qualität (Begriff)

Erläutern Sie den Begriff „Qualität".

Lösung s. Seite 61

Aufgabe 3: Einheit (Begriff)

Beschreiben Sie, was eine Einheit im Rahmen der Qualitätsbetrachtung ist und nennen Sie vier Beispiele.

Lösung s. Seite 62

Aufgabe 4: Qualitätsanforderungen

Stellen Sie dar, wer die Qualitätsforderungen an eine Einheit definiert. Erwartet werden vier Bespiele für „Forderer" und jeweils mindestens zwei für „Ursachen".

Lösung s. Seite 63

Aufgabe 5: Qualitätsmerkmal (Begriff)

Beschreiben Sie, was ein Qualitätsmerkmal ist und nennen Sie ein Beispiel.

Lösung s. Seite 63

Aufgabe 6: Merkmalsklassen

Nennen Sie beispielhaft acht Merkmalsklassen und jeweils zwei Bespiele.

Lösung s. Seite 64

Aufgabe 7: Qualitätskreis

Stellen Sie den Qualitätskreis nach DIN bzw. nach Masig dar und beschreiben sie ihn.

Lösung s. Seite 64

Aufgabe 8: Ziele, SMART-Prinzip

Bitte entscheiden Sie bei den folgenden Zielen, ob diese dem SMART-Prinzip entsprechen.

Ziele	ja	nein
Wir planen, die Kundenzufriedenheit zu verbessern.		
Die Anzahl der Unfälle soll im kommenden Jahr gesenkt werden.		
Die Anzahl der Kundenreklamationen soll im kommenden Jahr um 15 % gesenkt werden.		
In der Fertigung sollte darauf geachtet werden, die Abfälle drastisch zu reduzieren.		
Der QM-Zirkel soll innerhalb eines Jahres Schulungen zur Pareto-Analyse vorbereiten.		
In der Forschung und Entwicklung sollen ab sofort KVP-Workshops eingerichtet werden.		
Bis Ende des Jahres sorgt jeder Vorgesetzte dafür, dass der Ausschuss in seiner Abteilung um 7 % gesenkt wird.		

Lösung s. Seite 65

2. Funktionen des Qualitätsmanagements

2.1 Überblick

Aufgabe 1: Funktionen des Qualitätsmanagements (Überblick)

Nennen Sie fünf Funktionen (auch: Teilphasen, Elemente) des Qualitätsmanagements und beschreiben Sie die einzelnen Funktionen.

Lösung s. Seite 67

Aufgabe 2: Funktionen der QM-Dokumentation

Beschreiben Sie drei Funktionen der QM-Dokumentation.

Lösung s. Seite 68

2.2 Qualitätsplanung

Aufgabe 1: Bestimmung der Qualitätsmerkmale

Beschreiben Sie, wer die ersten Qualitätsmerkmale eines Produkts bestimmt.

Lösung s. Seite 68

Aufgabe 2: Kano-Modell der Kundenanforderungen

a) Wie lassen sich Kundenforderungen nach Kano an ein Produkt einteilen? Geben Sie eine allgemeine Erläuterung und eine Beschreibung an einem Produktbeispiel.

b) Erläutern Sie, warum die Forderungskategorien (nach *Kano*) im Rahmen der Qualitätsplanung eine unterschiedliche Beachtung finden.

Lösung s. Seite 69

Aufgabe 3: Qualitätsplanung und Lieferanten

Beschreiben Sie, wie Lieferanten in die Qualitätsplanung mit einbezogen werden.

Lösung s. Seite 70

Aufgabe 4: Qualitätsplanung und Qualitätsdaten

Erläutern Sie, welche Bedeutung die Qualitätsdaten für die Qualitätsplanung haben und geben Sie ein Beispiel.

Lösung s. Seite 70

2.3 Qualitätsprüfung

Aufgabe 1: Qualitätsprüfung (Vermischte Aufgaben)

Beantworten Sie folgende Fragen:

a) Was ist unter Qualitätsprüfung zu verstehen?

b) Wie lautet der oberste Grundsatz der Qualitätsprüfung?

c) Bezieht sich die Qualitätsprüfung nur auf materielle Produkte?

d) In welchem Unternehmensbereich ist die klassische Form der Qualitätsprüfung am ausgeprägtesten?

e) Welche Funktion hat die Qualitätsprüfung im QM-System?

Lösung s. Seite 71

Aufgabe 2: Arten der Qualitätsprüfung

a) Stellen Sie zwei grundlegenden Arten der Qualitätsprüfung (nach der Technik) dar.

b) Beschreiben Sie den Unterschied zwischen der Eingangs-, Zwischen- und Endprüfung.

c) Beschreiben Sie drei ablauftheoretische Phasen der Qualitätsprüfung.

Lösung s. Seite 72

Aufgabe 3: Prüftechnik (Vermischte Aufgaben)

Beantworten Sie folgende Fragen:

a) Welche Ausrüstung rechnet man zur Prüftechnik? Erwartet werden vier Kategorien.

b) Wodurch wird die Auswahl der Prüftechnik bestimmt?

c) Wer prüft die Prüftechnik?

d) Welche Maßnahmen müssen weiterhin getroffen werden, um die Funktionsfähigkeit der Prüftechnik zu gewährleisten? Nennen Sie drei Beispiele.

e) Beschreiben Sie den Unterschied zwischen Prüfmitteln, Lehren und Messmitteln.

Lösung s. Seite 73

Aufgabe 4: Prüfplanung

a) Welches Ziel hat die Prüfplanung?

b) Was ist ein Prüfplan und welche einzelnen Fragestellungen muss ein Prüfplan beantworten? Erwartet werden vier Aspekte.

c) *** Ihr Unternehmen fertigt Luftverdichter (Kompressoren). Entwerfen Sie einen Prüfplan für den Luftverdichter mit sieben Merkmalen.

Lösung s. Seite 74

Aufgabe 5: Prüfplanung, Wareneingangsprüfung

Ihr Betrieb fertigt Diagnosegeräte. Die dazu erforderlichen Platinen werden zugekauft. In den letzten drei Monaten hat sich in der Endkontrolle gezeigt, dass die Anzahl der NIO-Teile (Nicht-in-Ordnung-Teile) stark angestiegen ist. Ursache war zu 70 % eine Fehlfunktion der Platine. Daher soll die Systematik der Wareneingangsprüfung kontrolliert werden.

Nennen Sie vier Merkmale, die im Wareneingang bei allen Einkaufswaren geprüft werden sollen.

Lösung s. Seite 76

Aufgabe 6: Selbstprüfung

Beantworten Sie folgende Fragen:

a)   Wodurch ist die Selbstprüfung charakterisiert?

b)   Welche Zielsetzung hat die Selbstprüfung? Erwartet werden vier Argumente.

c)   Welche Voraussetzungen müssen beim Mitarbeiter für die Durchführung der Selbstprüfung vorliegen bzw. geschaffen werden? Erwartet werden vier Argumente.

Lösung s. Seite 76

Aufgabe 7: Statistische Qualitätsprüfung

a)   Wodurch ist die statistische Qualitätsprüfung gekennzeichnet?

b)   Inwieweit stellt die Statistik ein wesentliches Hilfsmittel zur Qualitätsverbesserung dar?

c)   Beschreiben Sie die Grenzen der statistischen Qualitätsprüfung. Erwartet werden drei Argumente.

Lösung s. Seite 76

Aufgabe 8: Toleranz

a)   Warum werden Abweichungen in der Qualitätsprüfung definiert?

b)   Erläutern Sie, was die Toleranz kennzeichnet und nennen Sie zwei Beispiele.

Lösung s. Seite 77

Aufgabe 9: Versuchsmethoden

Beschreiben Sie die Versuchsmethoden nach Taguchi, Pareto und Kaizen.

Lösung s. Seite 78

Aufgabe 10: DoE

Worin besteht das Ziel der statistischen Versuchsplanung DoE? Gehen Sie dabei auf Anwendungsgebiete sowie Randbedingungen ein und nennen Sie jeweils zwei Vor- und Nachteile.

Lösung s. Seite 78

2.4 Qualitätslenkung

Aufgabe 1: Qualitätslenkung (Vermischte Aufgaben)

Bearbeiten Sie folgende Aufgaben:

a) Beschreiben Sie, was man unter „Qualitätslenkung" versteht.

b) Nennen Sie vier Aufgaben der Qualitätslenkung.

c) Stellen Sie die Qualitätslenkung als Teil des Qualitätsmanagements dar (Regelkreis).

d) Zeigen Sie in einer Skizze, welche Abweichungsursachen (6-M-Störgrößen) den Prozess im Arbeitssystem beeinflussen können und nennen Sie jeweils zwei Beispiele für die 6-M-Störgrößen.

e) Erläutern Sie den „Qualitätsregelkreis".

f) Nennen Sie Aufgabe und Ziel der Qualitätslenkung in der Fertigung.

g) Beschreiben Sie folgende Grundbegriffe der Qualitätslenkung:

- ► Dokumentenlenkung
- ► qualitätsbezogene Kosten
- ► Qualitätssicherung
- ► Qualitätsüberwachung
- ► Qualitätsverbesserung
- ► Reklamationsmanagement
- ► SPC
- ► statistische Qualitätslenkung.

Lösung s. Seite 79

Aufgabe 2: Instandhaltung und Qualitätslenkung

Erläutern Sie, welcher Zusammenhang zwischen Instandhaltung und Qualitätslenkung besteht. Beschreiben Sie drei Aufgabengebiete der planmäßigen, vorbeugenden Instandhaltung (PVI).

Lösung s. Seite 83

Aufgabe 3: Prüfmittelverwaltung und Qualitätslenkung

Beschreiben Sie die sechs Phasen der Prüfmittelverwaltung.

Lösung s. Seite 83

Aufgabe 4: Qualitätslenkung und Abweichungen

a) Wann müssen Abweichungen von den Qualitätsforderungen durch die Qualitätslenkung korrigiert werden?

b) Mit welchen Maßnahmen der Qualitätslenkung können Abweichungen korrigiert werden? Nennen Sie zwei Beispiele.

Lösung s. Seite 84

2.5 Qualitätssicherung

Aufgabe 1: Qualitätssicherung

a) Definieren Sie, was man unter „Qualitätssicherung" versteht.

b) Beschreiben das interne und externe Ziel der Qualitätssicherung nach DIN EN ISO 8402.

Lösung s. Seite 84

Aufgabe 2: Maßnahmen zur Fehlerbehebung im Rahmen der Qualitätssicherung

Im Rahmen der Qualitätssicherung müssen erkannte Fehler behoben werden. Nennen Sie sechs Beispiele für geeignete Maßnahmen zur Fehlerbehebung.

Lösung s. Seite 85

Aufgabe 3: Statistische Methoden zur Qualitätsüberwachung

Die DIN EN ISO 9000:2015 verweist bezüglich der Auswahl und Anwendung statistischer Methoden auf die ISO/TR 10017. Damit wirkt diese Norm als Ergänzung zur DIN EN ISO 9000:2015 und als Leitfaden zur Auswahl und Anwendung statistischer Methoden.

Beschreiben Sie acht statistische Methoden zur Qualitätsüberwachung in Kurzform.

Lösung s. Seite 85

2.6 Qualitätsverbesserung

Aufgabe 1: Begriff und Zielsetzung

Beschreiben Sie den Begriff „Qualitätsverbesserung" und dessen Zielsetzung.

Lösung s. Seite 86

Aufgabe 2: Vorgaben und Methoden der Qualitätsverbesserung

a) Beschreiben Sie, warum die QM-Ziele als Vorgaben zur Qualitätsverbesserung gelten.

b) Nennen Sie drei vorbeugenden Methoden der Qualitätsverbesserung.

Lösung s. Seite 87

3. Qualitätsmanagementsystem

Aufgabe 1: Qualitätsmanagementsystem, QMS (Vermischte Aufgaben)

Beantworten Sie folgende Fragen bzw. Aufgaben:

a) Was ist ein Qualitätsmanagementsystem?

b) Beschreiben Sie vier Ziele eines Qualitätsmanagementsystems.

c) Nennen Sie drei Aufgaben eines Qualitätsmanagementsystems.

d) Erläutern Sie, welche interne und externe Bedeutung ein Qualitätsmanagementsystem für das Unternehmen hat.

e) Stellen Sie grafisch dar, wie das Qualitätsmanagement auf den kontinuierlichen Verbesserungsprozess wirkt.

f) Stellen Sie grafisch dar, welchen Einfluss das Qualitätsmanagementsystem auf die Kunden-Lieferanten-Kette hat.

g) Stellen Sie dar, welcher Zusammenhang zwischen Wirtschaftlichkeit und Qualitätsmanagement besteht.

h) Stellen Sie dar, wann die Beeinflussung des Unternehmens durch das Qualitätsmanagement beginnt.

i) Warum ist Qualitätsmanagement eine Querschnittsfunktion?

Lösung s. Seite 89

Aufgabe 2: QMS, Normen

a) Auf welchen Normen/Standards basieren Qualitätsmanagementsysteme (QMS)?

b) Welche allgemein gültigen Normen sind für ein QMS maßgebend?

c) Was sind Branchenstandards? Beschreiben Sie drei Beispiele.

Lösung s. Seite 91

Aufgabe 3: Normenfamilie ISO 9000

Beantworten Sie folgende Fragen:

a) Welchen Inhalt haben die Normen der DIN EN ISO 9000:2015 bis 9004:2009?

b) Warum ist die ISO 9001:2015 von zentraler Bedeutung für QM-Systeme?

c) Wie werden die unterschiedlichen Qualitätsmanagement-Anforderungen der Unternehmen in der DIN EN ISO 9001:2015 berücksichtigt?

d) Wodurch sind die drei Module der DIN EN ISO 9001:2015 gekennzeichnet und welches Beispiel lässt sich für jedes Modul geben?

e) Wie ist die Prozessvalidierung nach DIN EN ISO 9001:2015 definiert?

Lösung s. Seite 92

Aufgabe 4: Qualitätsmanagement, Grundsätze

Das DIN EN ISO 9000:2015 Modell stellt allgemeine Forderungen mit acht übergeordneten Managementgrundsätzen. Nennen Sie sechs davon.

Lösung s. Seite 94

Aufgabe 5: QMS, Prozessmodell der DIN EN ISO 9001

Erläutern Sie das Prozessmodell der DIN EN ISO 9001.

Lösung s. Seite 95

Aufgabe 6: QMS, Einführung, Vorteile

a) Stellen Sie grafisch den Ablauf zur Einführung eines QMS dar und erläutern Sie fünf Schritte.

b) Nennen Sie vier Vorteile eines QMS.

Lösung s. Seite 97

Aufgabe 7: Lean-Management

Beschreiben Sie, wie marktorientierte Unternehmen nach dem Lean-Management-Prinzip arbeiten.

Lösung s. Seite 98

Aufgabe 8: Lean-Production-Prinzip

Was sind die Auswirkungen des Lean-Production-Prinzips? Erwartet werden fünf Beispiele.

Lösung s. Seite 99

Aufgabe 9: EFQM-Modell

a) Erläutern Sie das EFQM-Modell.

b) Worin unterscheiden sich die DIN EN ISO 9000:2015 ff. und das EFQM-Modell? Erwartet werden drei Unterschiede.

Lösung s. Seite 99

Aufgabe 10: TQM (1)

Nach der Definition der Deutschen Gesellschaft für Qualität (DGQ) ist TQM eine „auf der Mitwirkung aller Mitglieder beruhende Führungsmethode einer Organisation, die Qualität in den Mittelpunkt stellt …".

Nennen Sie jeweils vier detaillierte Inhalte die mit „T", „Q" und „M" verbunden sind.

Lösung s. Seite 101

Aufgabe 11: TQM und traditionelle Qualitätskontrolle

Von der Geschäftsleitung wird die Einführung eines Qualitätsmanagements erwogen.

a) Beschreiben Sie jeweils anhand von drei Aspekten, worin sich

- ▸ das Qualitätsmanagement (TQM) im Vergleich
- ▸ zur traditionellen Qualitätskontrolle

unterscheidet.

b) Nennen Sie sechs Maßnahmen, die Sie innerbetrieblich einleiten müssen, um die Forderung nach einem Total Quality Management zu erfüllen.

Lösung s. Seite 102

Aufgabe 12: TQM (2)

Erläutern Sie die zwei Säulen des TQM.

Lösung s. Seite 103

Aufgabe 13: QM-Dokumentations-Pyramide

Ein QM-System muss in schriftlicher Form dokumentiert werden. Man verwendet im Allgemeinen die Darstellung in sog. Dokumentationsebenen (QM-Dokumentations-Pyramide).

a) Stellen Sie den Inhalt der QM-Dokumentations-Pyramide grafisch dar.

b) Beschreiben Sie vier darin enthaltene QM-Dokumente.

c) Welche Dokumentationsebenen gibt es in einem QM-System?

Lösung s. Seite 104

Aufgabe 14: QM-Handbuch und dokumentierte Verfahren

Beantworten Sie folgende Fragen:

a) Wozu dient das Qualitätsmanagementhandbuch?

b) Was ist unter „dokumentierten Verfahren" zu verstehen?

c) Wozu dienen dokumentierte Verfahren?

d) Ist die Erstellung eines Qualitätsmanagementhandbuches erforderlich?

e) In welcher Form ist das Qualitätsmanagementhandbuch aufgebaut? Geben Sie ein Beispiel mit zehn Inhalten.

f) Was sind Qualitätsaufzeichnungen? Nennen Sie fünf Beispiele.

Lösung s. Seite 105

Aufgabe 15: Designlenkung und Produktlebenslauf

a) Beschreiben Sie, was unter Designlenkung zu verstehen ist.

b) Beschreiben Sie, wie die Designlenkung den Produktlebenslauf beeinflusst.

Lösung s. Seite 107

Aufgabe 16: Qualitätsmanagement (Multiple Choice)

Bitte beantworten Sie die folgenden Fragen. Es ist jeweils eine Antwort richtig (ankreuzen):

1. Wann verjähren die Ansprüche eines Geschädigten nach dem Produkthaftungsgesetz?

   ☐ nach 2 Jahren

   ☐ nach 3 Jahren

   ☐ nach 5 Jahren

   ☐ nach 10 Jahren

2. Welches ist keine Prozessregelkarte?

   ☐ xR-Karte

   ☐ XbarS-Karte

   ☐ z-Karte

   ☐ np-Karte

3. Was enthält die DIN EN ISO 19011?

   ☐ Anforderungen an ein QM

   ☐ Effizienz des QMs

   ☐ Auditierung von QM- und Umweltmanagementsystemen

   ☐ Begriffe zu QM-Systemen

4. Wie lässt sich der Begriff Qualitätsmanagement zutreffend umschreiben?

   ☐ Personengruppe, die eine Organisation auf der obersten Ebene hinsichtlich der Einhaltung der Qualität lenkt und leitet.

   ☐ Einsetzen eines Qualitätsmanagementbeauftragten.

   ☐ Organisierte Maßnahmen, die der Verbesserung von Produkten, Prozessen oder Dienstleistungen dienen.

5. Wer ist für die Qualität verantwortlich?

   ☐ der Geschäftsführer

   ☐ die Mitarbeiter der Produktion

   ☐ Alle Mitarbeiter eines Unternehmens, die Einfluss auf die Qualität haben.

6. Qualitätsmanagement verlangt ...

   ☐ die Einsparung personeller Ressourcen

   ☐ die kontinuierliche Verbesserung aller Abläufe

   ☐ die kontinuierliche Erweiterung der Umsätze des Unternehmens

7. Was gehört nicht zu den zentralen qualitätsbestimmenden Faktoren?

   ☐ Preisgestaltung

   ☐ Kundenerwartungen

   ☐ Normen und Gesetze

8. Welches Stichwort kann für QM als Teil der Unternehmenspolitik eingesetzt werden?

   ☐ aktives Handeln

   ☐ Entfaltungsspielraum

   ☐ Kundenorientierung

   ☐ Kundenzufriedenheit

   ☐ Wirtschaftlichkeit

9. Was sind zentrale Dokumente für den Nachweis der Produktqualität?

   ☐ Arbeitsanweisungen

   ☐ Prüfpläne

   ☐ Prüfanweisungen

   ☐ Qualitätsaufzeichnungen

10. Welche Hilfsmittel sind besonders für die Überwachung der Prozessfähigkeit geeignet?

   ☐ Ausschusskennzahlen

   ☐ Regelkarten

   ☐ Pareto-Analysen

   ☐ Histogramme

Lösung s. Seite 107

4. Werkzeuge des Qualitätsmanagements

Aufgabe 1: Werkzeuge (Überblick und Einsatz)

Nennen Sie vier Werkzeuge des TQM und stellen Sie dar, wie sich diese Werkzeuge in den Phasen Produktkonzept, Produktentwicklung, Fertigung und Absatz (Kunde) einsetzen lassen.

Lösung s. Seite 111

4.1 Qualitätswerkzeuge Q7

Aufgabe 1: Werkzeuge Q7 (Überblick)

Welches sind die sieben klassischen Qualitätswerkzeuge (Q7)? Geben Sie jeweils eine Kurzbeschreibung im Überblick.

Lösung s. Seite 111

Aufgabe 2: PDCA-Zyklus nach Deming

Beschreiben Sie, in welchen Einzelschritten der PDCA-Zyklus nach Deming durchgeführt wird.

Lösung s. Seite 112

Aufgabe 3: Zyklus nach Deming

Ordnen Sie folgende Ablaufschritte sachlogisch nach Deming zu:

- Ausarbeitung eines Verbesserungsplans
- Analyse der Istsituation
- die Mitarbeiter mit dem Plan vertraut machen
- die geplanten Verbesserungen durchführen
- Zielsetzung der Planungsphase prüfen
- Ergebnisse standardisieren und einführen.

Lösung s. Seite 113

Aufgabe 4: Flussdiagramm (1)

Erläutern Sie, was ein „Flussdiagramm" ist und welche Regeln bei der Erstellung gelten. Nennen Sie sechs unterscheidbare Folgebeziehungen.

Lösung s. Seite 113

Aufgabe 5: Flussdiagramm (2)

Stellen Sie in einem Flussdiagramm den folgenden Ablauf in einer Druckerei dar. Die Vorgänge sind zuvor sachlogisch zu ordnen:

- ▸ Prüfung der Daten

- ▸ Eingang des Auftrags

- ▸ Weiterleitung

- ▸ Kundenkorrektur mit Auftragsbestätigung; wenn der Kunde den Auftrag nicht frei gibt, muss der Vorgang „Druckvorstufe" wiederholt werden.

- ▸ Druckvorstufe

- ▸ Druck

- ▸ Auslieferung

- ▸ Weiterverarbeitung.

Lösung s. Seite 114

Aufgabe 6: Pareto-Analyse

a) Beschreiben Sie das Pareto-Prinzip.

b) Nennen Sie drei Anwendungsbereiche, drei Randbedingungen und jeweils einen Vor- und Nachteil.

c) Bei der Prüfung eines Analysegerätes wurden über eine bestimmte Periode fünf Fehlerarten mit folgender Häufigkeit gefunden:

Fehlerart		Häufigkeit, N_i
F1	Ein-/Ausschalter nicht bedruckt	1.200
F2	Einfallstellen an einem Gehäuseteil für einen Rauchgassensor	1.000
F3	Einfallstellen an zwei komplementären Kunststoffteilen	500
F4	Sensoren nicht langzeitstabil, Lieferant Monolux	700
F5	Sensoren nicht langzeitstabil, Lieferant IT GmbH	375

Ermitteln Sie die Rangordnung der Fehlerarten mithilfe der Pareto-Analyse. Verbessern Sie dabei die Aussagefähigkeit der Analyse, indem Sie nicht die (einfachen) relativen Häufigkeiten in eine Rangordnung bringen, sondern jede Fehlerart mit einem Faktor gewichten, der die Qualifikation nach DIN 40 080 repräsentiert. Verwenden Sie folgendes Gewichtungsschema:

- ▸ Kritische Fehler: Gewichtungsfaktor 10

- ▸ Hauptfehler: Gewichtungsfaktor 5

Lösung s. Seite 115

Aufgabe 7: Pareto-Diagramm

In der monatlichen Besprechung zur Qualitätssicherung werden für das Produkt XY folgende Fehlerzahlen und -kosten je Fehler für das zurückliegende Quartal vorgelegt:

Bereich	Fehleranzahl (in Stück)	Kosten je Fehler (in €)
Vorfertigung	20	1,50
Beschaffung	30	3,00
Fertigung	15	15,00
Montage	10	25,00
Arbeitsvorbereitung	7	60,00
Konstruktion	5	250,00

a) Erstellen Sie auf der Basis der gesamten Fehlerkosten je Bereich ein Pareto-Diagramm in Form der Summenkurve.

b) Interpretieren Sie das Ergebnis der Summenkurve bezüglich notwendiger QM-Maßnahmen.

Lösung s. Seite 117

Aufgabe 8: Pareto

Ihr Unternehmen stellt Antriebswellen her. Im Rahmen des Qualitätsmanagements ermitteln Sie folgende Fehleranzahl sowie die betreffenden Fehlerkosten je Stück:

Fehler	Anzahl der Fehler	Fehlerkosten je Stück in €
Dichtung	200	1,20
Bohrung	30	1,55
Anschluss	110	5,60
Ring	25	2,80
Verbindung	75	8,40
Summe	440	

Entscheiden Sie aufgrund der Fehlerkosten, mit welchen zwei Fehlerarten Sie bei der Beseitigung beginnen werden.

Lösung s. Seite 118

Aufgabe 9: Ishikawa-Diagramm (1)

Sie sind Mitglied in einem Qualitätszirkel. Zum Einstieg für die nächste Sitzung sollen Sie eine Präsentation halten. Insbesondere wird die Bearbeitung folgender Aufgaben erwartet.

a) Beschreiben Sie das Ursache-Wirkungsdiagramm.

b) Nennen Sie drei Anwendungsgebiete.

c) Nennen Sie vier Randbedingungen, die zu beachten sind.

d) Nennen Sie jeweils zwei Vor- und Nachteile.

e) Stellen Sie den Ablauf bei der Bearbeitung dar.

Lösung s. Seite 119

Aufgabe 10: Ishikawa-Diagramm (2)

Sie sind seit kurzem Gruppenleiter in der Montage eines Herstellers für Pkw-Standheizungen. Aufgrund organisatorischer Änderungen wird ein Mitarbeiter aus einer anderen Abteilung in Ihren Verantwortungsbereich versetzt. Bereits nach wenigen Tagen stellen Sie fest, dass das Leistungsniveau deutlich unter dem Durchschnitt liegt. Da auch die Qualität der Arbeitsausführung der gesamten Gruppe nicht befriedigend ist (u. a. Fehler in der Montage, Fehlverhalten im Prüfvorgang, Fehler bei der Endkontrolle), beschließen Sie, mithilfe des Ishikwa-Diagramms mögliche Ursachen zu systematisieren.

Nennen Sie sechs Hauptursachenfelder sowie jeweils drei mögliche, konkrete Ursachen und stellen diese im Diagramm dar.

Lösung s. Seite 121

Aufgabe 11: Verlaufsdiagramm

Erklären Sie, was ein Verlaufsdiagramm ist. Stellen Sie die Schritte bei der Erstellung eines Verlaufsdiagramms dar und skizzieren Sie ein Beispiel Ihrer Wahl.

Lösung s. Seite 121

Aufgabe 12: Baumdiagramm

Erklären Sie, was ein Baumdiagramm ist und skizzieren Sie ein Beispiel Ihrer Wahl.

Lösung s. Seite 122

Aufgabe 13: Fehlerbaumanalyse

a) Beschreiben Sie die Methode „Fehlerbaumanalyse".

b) Nennen Sie vier Anwendungsgebiete.

c) Nennen Sie drei Randbedingungen, die zu beachten sind.

d) Nennen Sie drei Vorteile und zwei Nachteile.

e) *** Bei einem Pkw überschreitet die Kühlflüssigkeit die vorgesehene Temperatur (er „kocht").

   Als Fehlerursachen kommen potenziell infrage:

   ▸ Elektrolüfter ohne Arbeit: Stromversorgung defekt, Kabelbruch, Kabel defekt, Stecker defekt

   ▸ Ausgleichsbehälter defekt

- ▸ Wasserpumpe ohne Arbeit: Antrieb ohne Arbeit, Keilriemen defekt
- ▸ Thermoschalter ohne Arbeit.

Skizzieren Sie nach diesen Vorgaben ein Fehlerbaumdiagramm.

Lösung s. Seite 124

Aufgabe 14: Histogramm (1)

Das Histogramm gehört zu den klassischen Qualitätswerkzeugen (Q7). Beschreiben Sie dieses Werkzeug und nennen Sie vier Anwendungsbeispiele.

Lösung s. Seite 126

Aufgabe 15: Klasseneinteilung, Histogramm

Es liegt folgende ungeordnete Messwertreihe vor:

4,35	4,80	3,75	4,95	4,20	5,10	4,65	6,00	4,05	5,25
5,10	4,50	3,15	5,25	4,65	3,45	5,85	4,50	5,55	4,80
6,45	4,05	3,00	4,20	5,10	3,15	5,40	4,65	5,10	4,50

Erstellen Sie eine Klasseneinteilung für die vorliegenden Daten, beschreiben Sie die einzelnen Schritte der Erstellung und zeichnen Sie das dazugehörige Histogramm.

Lösung s. Seite 126

Aufgabe 16: Histogramm (2)

Bei einer Umfrage in einer festgelegten Region wurden 200 Personen nach ihrem Zigarettenkonsum gefragt: 10 Personen gaben an 0 bis unter 5 Zigaretten zu rauchen, 40 Personen 5 bis unter 10 Zigaretten, 90 Personen 10 bis unter 20 Zigaretten und 60 Personen 20 bis unter 40 Zigaretten.

Erstellen Sie das Histogramm und beachten Sie dabei die unterschiedliche Breite der Klassen.

Lösung s. Seite 128

Aufgabe 17: Streudiagramm (Korrelationsdiagramm)

a) Erläutern Sie das Streudiagramm (Korrelationsdiagramm), nennen Sie zwei Anwendungsbeispiele und jeweils drei Vor- und Nachteile.

b) Interpretieren Sie den Verlauf der sog. Ausgleichsgeraden.

Lösung s. Seite 129

4.2 Sonstige Techniken, Tools und Konzepte

Aufgabe 1: Strichliste (Fehlersammelkarte)

Erläutern Sie, wie eine Fehlersammelkarte erstellt wird, geben Sie ein Beispiel dazu und nennen Sie zu folgenden Aspekten jeweils drei Argumente:

► Anwendungsbereich

► Randbedingungen

► Vorteile

► Nachteile.

Lösung s. Seite 131

Aufgabe 2: Matrixdiagramm (Paarvergleich)***

Erläutern Sie mithilfe eines selbstgewählten Beispiels die Methode des „Paarweisen Vergleichs".

Lösung s. Seite 132

Aufgabe 3: Brainstorming

In einem Qualitätszirkel haben Sie die Aufgabe, Ideen zur Problemlösung zu entwickeln.

a) Beschreiben Sie die methodische Arbeitsweise beim Brainstorming und nennen Sie fünf Regeln der Anwendung.

b) Nennen Sie jeweils vier Vor- und Nachteile beim Brainstorming.

Lösung s. Seite 134

Aufgabe 4: Kräftefeldanalyse

Erläutern Sie die Methode der „Kräftefeldanalyse".

Lösung s. Seite 136

Aufgabe 5: SPC

Aufgrund der Ausweitung der Serienproduktion will die Geschäftsleitung die Statistische Prozesskontrolle (SPC) forcieren.

a) Beschreiben Sie die Methode „SPC".

b) Nennen Sie drei Kernelemente der Methode.

Lösung s. Seite 137

4.3 Quality Function Deployment (QFD)

Aufgabe 1: QFD

Bearbeiten Sie folgende Fragen und Aufgaben:

a) Erläutern Sie Quality Function Deployment (QFD)?

b) Die QFD besteht aus vier Phasen („Qualitäts-Plänen"), die aufeinander aufbauen. Beschreiben Sie diese Phasen.

Lösung s. Seite 138

Aufgabe 2: Qualitätsplanung

Die letzten beiden Produktneuentwicklungen ergaben bei der Markteinführung nicht den gewünschten Verkaufserfolg. Die Analysen zeigten, dass die Produkte nicht den Erwartungen der Kunden entsprachen. Beide Produkte mussten nach ihrer Markteinführung aufwendig angepasst werden.

a) Nennen und beschreiben Sie die Methode, die bei der Qualitätsplanung die Kundenanforderungen und -erwartungen in den Mittelpunkt stellt und dabei eine spezielle Form der grafischen Darstellung nutzt.

b) Nennen Sie acht Vorteile dieser Methode.

c) Nennen Sie acht Bearbeitungsschritte dieser Methode in sachlogischer Reihenfolge.

Lösung s. Seite 139

4.4 Fehlermöglichkeits- und Einflussanalyse (FMEA)

Aufgabe 1: FMEA (1)

a) Beschreiben Sie die Methode „FMEA".

b) Nennen Sie fünf Aspekte, die bei der Anwendung zu beachten sind.

c) Nennen Sie zwei Randbedingungen, die zu beachten sind.

d) Nennen Sie jeweils zwei Vor- und Nachteile.

e) Die Methode „FMEA" soll in Ihrem Unternehmen eingeführt werden. Nennen Sie der Geschäftsleitung vier erforderliche Maßnahmen.

f) Sie sollen in der Einführungsveranstaltung „FMEA" die Ist-Situation des Unternehmens sowie den Projektablauf präsentieren.

Nennen Sie dazu vier geeignete Formen der grafischen Darstellung mit je einem Beispiel.

Lösung s. Seite 140

Aufgabe 2: FMEA (2)

Einer Ihrer Lieferanten führt bei Produktneuentwicklungen eine FMEA durch.

Erläutern Sie, welche Bedeutung eine RPZ = 30 bzw. eine RPZ = 300 hat.

Lösung s. Seite 141

Aufgabe 3: FMEA (3)

Beantworten Sie folgende Fragen:

a) Was ist die FMEA und welche Zielsetzung hat sie?

b) Welche Arten der FMEA werden unterschieden?

c) Wie stellen sich die Zusammenhänge der unterschiedlichen FMEA dar?

d) Wann gilt eine FMEA als abgeschlossen?

e) Wie wird eine FMEA durchgeführt? Nennen Sie acht Schritte.

f) Wie ist der Zusammenhang zwischen Fehlerursache und Fehlerfolge?

g) Wie erfolgt die Risikobewertung?

h) Erläutern Sie, wie die Risiko-Prioritäts-Zahl ermittelt wird.

i) Welches sind geeignete Abstellmaßnahmen zur Systemoptimierung? Nennen Sie vier Beispiele.

Lösung s. Seite 142

4.5 Statistische Methoden der Qualitätsüberwachung***

Aufgabe 1: Statistik (Grundlagen)

a) Was ist Statistik und worin besteht ihre Zielsetzung (im Rahmen des Qualitätsmanagements)? Unterscheiden Sie dabei die deskriptive (beschreibende) und die analytische (beurteilende) Statistik.

b) Beschreiben Sie folgende Fachbegriffe der Statistik:

- ► Grundgesamtheit, Abgrenzung der Grundgesamtheit
- ► Bestandsmassen/Bewegungsmassen
- ► Merkmal/Merkmalsausprägungen
- ► diskrete Merkmale/stetige Merkmale

- ▸ qualitative Merkmale/quantitative Merkmale

- ▸ Häufigkeit.

c) In welchen Schritten erfolgt die Lösung statistischer Fragestellungen? Erwartet wird die Nennung von vier Schritten.

d) Erläutern Sie, wie das statistische Zahlenmaterial aufbereitet wird, unterscheiden Sie qualitative und quantitative Merkmale und geben Sie dazu jeweils zwei Beispiele.

e) Entscheiden Sie, ob die nachfolgenden Tätigkeiten zur beschreibenden oder zur beurteilenden Statistik gehören:

Tätigkeit	Beschreibende Statistik	Beurteilende Statik
Eintragen der Daten in ein Blatt		
Beurteilung von Personen		
Einsatz von Stichprobenverfahren		
Berechnung von Kennwerten		
Ableitung einer Grafik aus Zahlenwerten		

Lösung s. Seite 147

Aufgabe 2: Arbeitsschritte der technischen Statistik

In welchen Arbeitsschritten geht die technische Statistik vor? Geben Sie eine Erläuterung in fünf Schritten.

Lösung s. Seite 149

Aufgabe 3: Erfassung und Verarbeitung technischer Messwerte

a) Beschreiben Sie vier Arten der Erfassung und Verarbeitung technischer Messwerte und nennen Sie zwei Beispiele.

b) Beschreiben Sie die zwei Arten von Fehlern bei der Erfassung von Messwerten und nennen Sie jeweils ein Beispiel.

Lösung s. Seite 151

Aufgabe 4: Aufbereitung von Messstichproben

Erläutern Sie die Aufbereitung von Messstichproben.

Lösung s. Seite 153

Aufgabe 5: Häufigkeitsverteilung

Beschreiben Sie, was man unter einer Häufigkeitsverteilung bzw. einer Verteilungsfunktion versteht.

Lösung s. Seite 155

Aufgabe 6: Maßzahlen (1)

Nennen Sie sechs Maßzahlen, die zur Charakterisierung einer Verteilungsfunktion relevant sind.

Lösung s. Seite 157

Aufgabe 7: Maßzahlen (2)

Gehen Sie von folgender Messwertreihe der Grundgesamtheit aus:

4,35	4,80	3,75	4,95	4,20	5,10	4,65	6,00	4,05	5,25
5,10	4,50	3,15	5,25	4,65	3,45	5,85	4,50	5,55	4,80
6,45	4,05	3,00	4,20	5,10	3,15	5,40	4,65	5,10	4,50

Berechnen Sie folgende Parameter der Messwertreihe:

a) das arithmetische Mittel

b) der Median

c) der Modalwert

d) die Spannweite

e) die Varianz

f) die Standardabweichung.

Lösung s. Seite 157

Aufgabe 8: Maßzahlen der Stichprobe (1)

Stellen Sie dar, wie Maßzahlen der Stichprobe berechnet werden.

Lösung s. Seite 161

Aufgabe 9: Maßzahlen der Stichprobe (2)

In einer Hochdruckdampfanlage soll der Wirkungsgrad der Kessel untersucht werden. Die Stichprobe vom Umfang n = 8 führte zu folgendem Ergebnis (x_i in Prozent):

x_i	90,3	91,6	90,9	90,4	90,3	91,0	87,9	89,4

Ermitteln Sie folgende Werte der Stichprobe:

a) den durchschnittlichen Wirkungsgrad

b) die Standardabweichung

c) den Zentralwert

d) den absolut größten Fehler.

Lösung s. Seite 162

Aufgabe 10: MAD (Mittlere absolute Abweichung)

a) Erläutern Sie den Kennwert „MAD".

b) Berechnen Sie aus folgenden Werten (Urliste) den MAD:

25 + 12 + 10 + 5 + 0 + 0 + 5 + 10 + 12 + 15

Lösung s. Seite 164

Aufgabe 11: Spannweite

Für die Stichprobe aus Aufgabe 9 soll die Spannweite ermittelt werden.

a) Berechnen Sie die Spannweite.

b) Welche Vor- und Nachteile hat der Parameter „Spannweite"?

Lösung s. Seite 164

Aufgabe 12: Statistische Qualitätskontrolle und Normalverteilung

Erläutern Sie, wie die statistische Qualitätskontrolle unter der Annahme der Normalverteilung erfolgt.

Lösung s. Seite 165

Aufgabe 13: Normalverteilung

Sie stellen fest, dass die Häufigkeitsverteilung Ihrer Messreihe annähernd die Form einer Normalverteilung hat. Als Mittelwert $\bar{x}$ erhalten Sie 20, als Standardabweichung $s = 0{,}6$.

Ermitteln Sie das Intervall (= Vertrauensbereich), das mit 99,73 % eingeschlossen wird.

Lösung s. Seite 166

Aufgabe 14: Fehleranteil im Prüflos

Stellen Sie an einem selbstgewählten Beispiel dar, wie der Fehleranteil im Prüflos und in der Grundgesamtheit berechnet wird.

Lösung s. Seite 167

Aufgabe 15: Fehlerwahrscheinlichkeit

a) In einem Behälter befinden sich 500 Werkstücke; davon weisen 20 Werkstücke einen Maßfehler auf.

Ermitteln Sie die Wahrscheinlichkeit bei der zufälligen Entnahme von Werkstücken, ein fehlerhaftes Teil zu erhalten (Fehlerwahrscheinlichkeit von Ereignis A).

b) In einer Untersuchung von 300 Konserven wurde festgestellt, dass 30 von ihnen einen bestimmten Zusatzstoff (Pferdefleisch) enthalten. Ein Kunde kauft wahllos eine Konserve aus dieser Produktpalette. Wie hoch ist die Wahrscheinlichkeit, dass die erste Konserve den Zusatzstoff enthält?

Lösung s. Seite 168

Aufgabe 16: Wahrscheinlichkeit

Wie groß ist die Wahrscheinlichkeit mit einem Würfel eine „5" zu werfen?

Lösung s. Seite 168

Aufgabe 17: Wahrscheinlichkeitsnetz und Vorliegen einer Normalverteilung

a) Erläutern Sie das „Wahrscheinlichkeitsnetz".

b) Gegeben sei folgende Stichprobe in gruppierter Form:

Klassen von ... bis unter	Klassenmitte	Absolute Häufigkeit	Relative Summenhäufigkeit in %
1,795 - 1,825	1,81	2	2
1,825 - 1,855	1,84	3	5
1,855 - 1,885	1,87	6	11
1,885 - 1,915	1,90	18	29
1,915 - 1,945	1,93	25	54
1,945 - 1,975	1,96	18	72
1,975 - 2,005	1,99	14	86
2,005 - 2,035	2,02	11	97
2,035 - 2,065	2,05	3	100
Σ		100	

Überprüfen Sie mithilfe des unten dargestellten Wahrscheinlichkeitsnetzes, ob die Stichprobenwerte normalverteilt sind und ermitteln Sie $\bar{x}$ und s rechnerisch und aus dem Wahrscheinlichkeitsnetz.

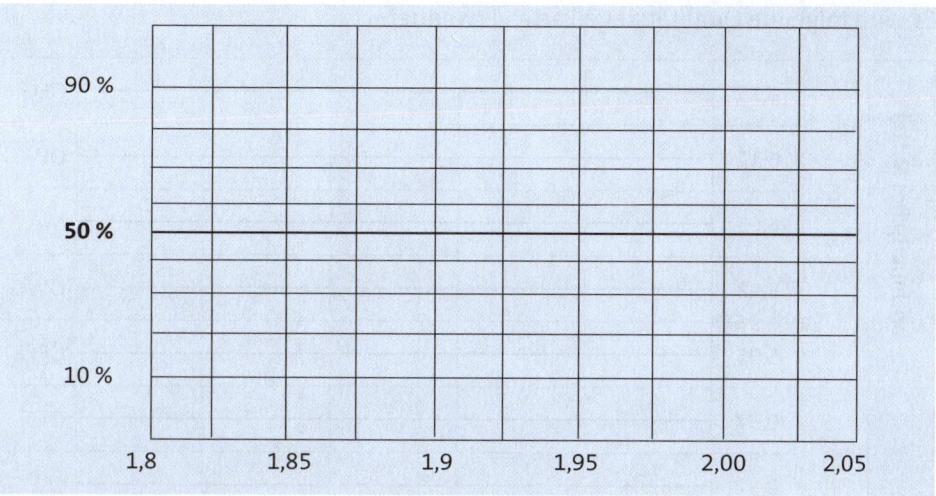

Lösung s. Seite 168

Aufgabe 18: Qualitätsregelkarte (1)

a) Beschreiben Sie, was eine Qualitätsregelkarte ist. Nennen Sie die Zielsetzung, zwei Randbedingungen für den Einsatz und zwei Vor- sowie Nachteile.

b) Stellen Sie an einem Beispiel dar, wie Qualitätsregelkarten zur Überwachung von Prozessen eingesetzt werden.

Lösung s. Seite 172

Aufgabe 19: Qualitätsregelkarte (2)

Bei der Produktion eines Bauteils ist der Durchmesser in mm ein relevantes Qualitäts-merkmal. Es wird mit einer zweispurigen QRK (Qualitätsregelkarte; $\overline{x}$ = arithmetisches Mittel der Stichprobe, R = Spannweite) überwacht. Es werden an vier Tagen jeweils fünf Stichproben gezogen, die folgende Werte ergeben:

	07:00	08:00	09:00	10:00	11:00
1. Tag	5,98	6,09	6,05	6,13	6,12
2. Tag	5,95	6,15	6,00	6,05	6,09
3. Tag	6,16	6,12	6,11	6,13	6,11
4. Tag	6,15	5,94	6,11	6,09	6,11

Es wird folgende Qualitätsregelkarte verwendet:

arithmetisches Mittel	$\bar{x}$ in mm	6,15					OEG
		6,12					OWG
		6,05					M
		5,98					UWG
		5,95					UEG
Spannweite	R in mm	0,37					OEG
		0,32					OWG
		0,17					M
		0,06					UWG
		0,04					UEG

a) Berechnen Sie die Werte von $\bar{x}$ und R.

b) Tragen Sie die berechneten Werte von $\bar{x}$ und R in die dargestellte Qualitätsregelkarte ein.

c) Kommentieren Sie den Verlauf der $\bar{x}$-Spur und der R-Spur.

Lösung s. Seite 174

Aufgabe 20: Interpretation von Histogrammen

Interpretieren Sie die dargestellten Histogramme 1 bis 6 anhand des Zielwerts und der oberen und unteren Toleranzgrenze (OTG, UTG) und nennen Sie die ggf. erforderliche(n) Eingreifmaßnahme(n).

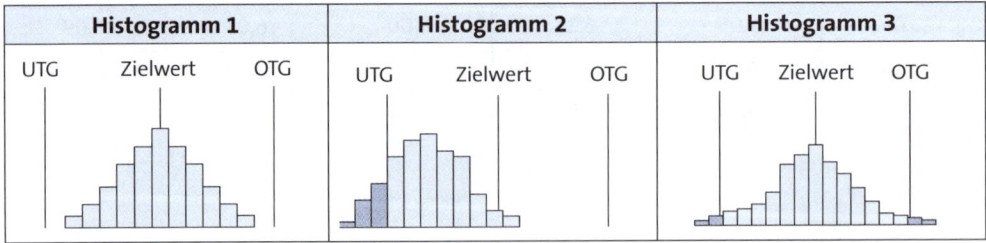

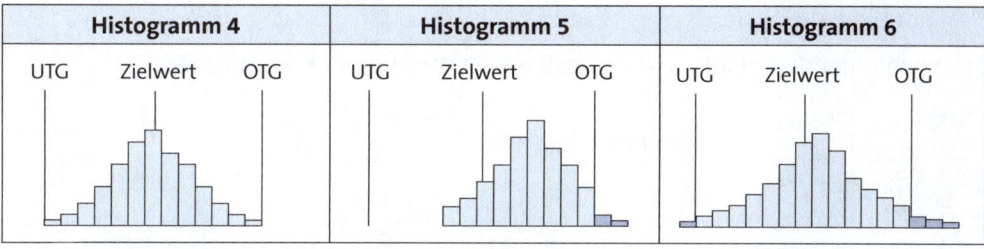

Lösung s. Seite 175

Aufgabe 21: Interpretation von Regelkarten

Nachfolgend sind sechs typische Prozessverläufe dargestellt:

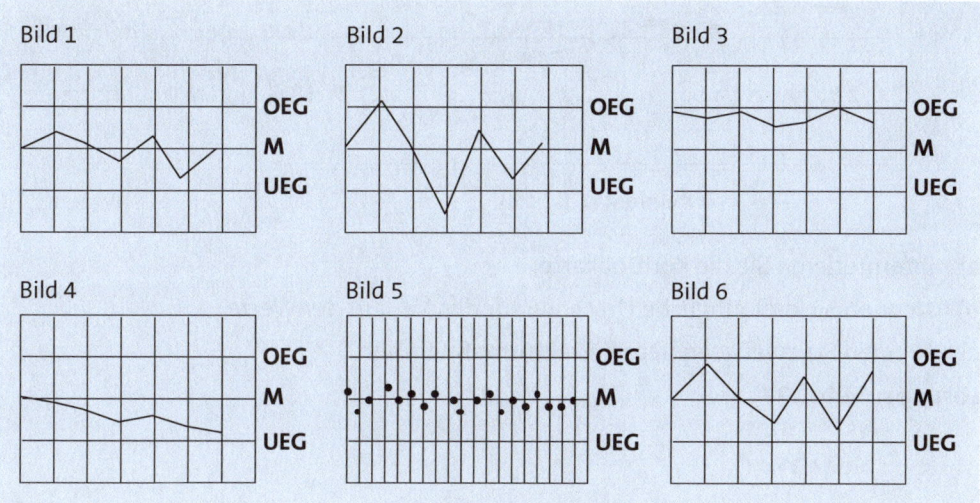

Erläutern Sie den jeweiligen Prozessverlauf, nennen Sie die (typische) Bezeichnung und stellen Sie dar, ob ggf. Eingreifmaßnahmen vorgenommen werden müssen.

Lösung s. Seite 176

Aufgabe 22: Qualitätsregelkarte (3)

Die nachfolgende Abbildung enthält den Ausschnitt einer Kontrollkarte:

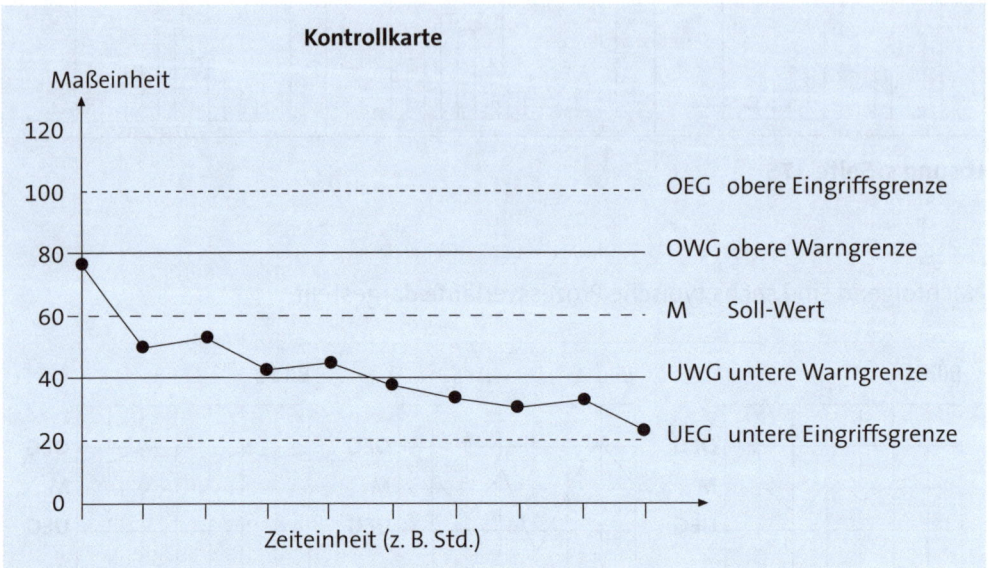

a) Interpretieren Sie die Kontrollkarte.

b) Nennen Sie drei mögliche Ursachen für den Verlauf der Werte.

c) Nennen Sie zwei geeignete Korrekturmaßnahmen.

Lösung s. Seite 177

Aufgabe 23: Qualitätsregelkarte (4)

Die nachfolgende Abbildung enthält den Ausschnitt einer Kontrollkarte:

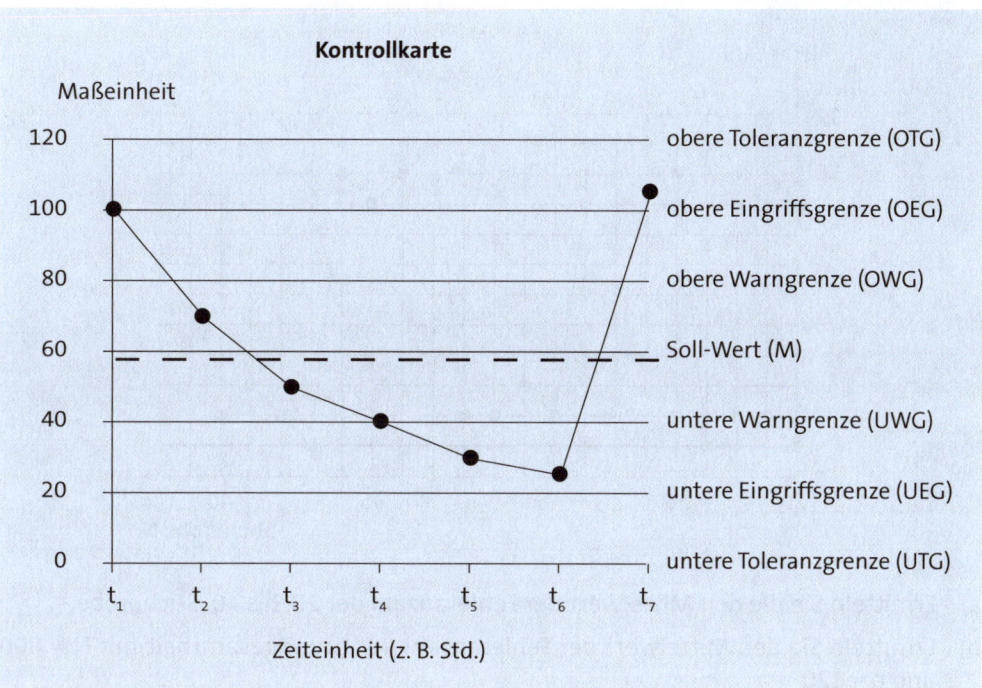

Interpretieren Sie die Kontrollkarte

a) zum Zeitpunkt t_4

b) zum Zeitpunkt t_6

c) zum Zeitpunkt t_7.

Lösung s. Seite 177

Aufgabe 24: Qualitätsregelkarte (5)

Die Stichprobe einer Fertigung zeigt folgende Fehleranzahl auf der Regelkarte:

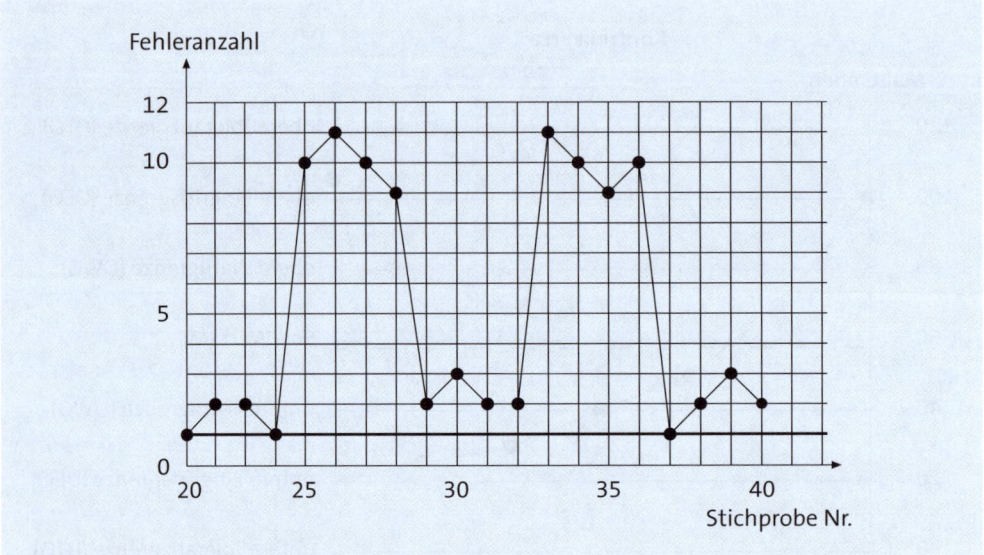

a)   Ermitteln Sie die den Mittelwert der Fehleranzahl der 20. bis 40. Stichprobe.

b)   Ermitteln Sie den Mittelwert der Fehleranzahl der Grundgesamtheit mit N = 800 und n = 120.

c)   Ermitteln Sie die Spannweite der 20. bis 40. Stichprobe.

d)   Nennen Sie zwei Ursachen für die auffälligen Abweichungen der 20. bis 40. Stichprobe:

Lösung s. Seite 178

Aufgabe 25: Qualitätsregelkarte (6)

Ihnen liegen die folgenden sechs Qualitätsregelkarten vor. Geben Sie eine begründete Antwort, in welchen Fällen der Prozess außer Kontrolle ist.

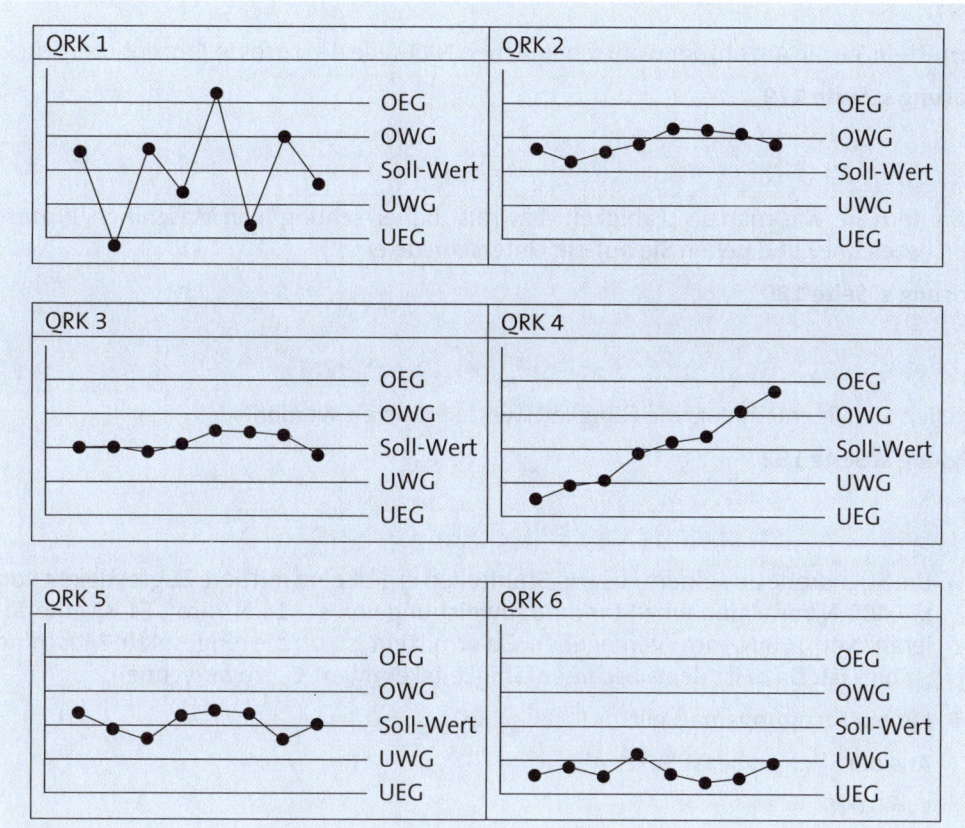

Lösung s. Seite 179

Aufgabe 26: NIO-Teile

Auf einem Halbautomaten werden Anlasser gefräst. Aus einem Los von 500 Stück werden 8 % entnommen und auf die Einhaltung der Toleranz überprüft. Die Stichprobe ergibt 6 NIO-Teile.

Ermitteln Sie die Anzahl der wahrscheinlichen NIO-Teile des Loses in Prozent und Stück.

Lösung s. Seite 179

Aufgabe 27: Fähigkeit und Beherrschung

Erläutern Sie, was man als „Fähigkeit" bzw. als „Beherrschung" von Maschinen/Prozessen bezeichnet und gehen Sie auf die Unterschiede ein.

Lösung s. Seite 180

Aufgabe 28: Berechnung von Fähigkeitswerten (1)

Stellen Sie allgemein dar, wie Fähigkeitswerte ermittelt werden.

Lösung s. Seite 182

Aufgabe 29: Berechnung von Fähigkeitswerten (2)

a) Die Stichprobe aus einem Los von Stahlteilen ergibt eine mittlere Zugfestigkeit von $\bar{x} = 400$ N/mm^2 und eine Standardabweichung von $s = 14$ N/mm^2. Es ist eine Toleranz von 160 N/mm^2 vorgegeben. Zu ermitteln ist, ob die eingesetzte Maschine „fähig" ist. Dazu ist der Maschinenfähigkeitskennwert C_m zu berechnen.

b) Für ein Fertigungsmaß gilt: $\qquad$ 100 $\qquad$ ± 0,1 $\qquad \longrightarrow \qquad$ T = 0,2

Aus der Stichprobe ist bekannt:

$s = 0,015$

$\bar{x} = 99,92$

Zu ermitteln sind C_m, C_{mk}.

Lösung s. Seite 183

Aufgabe 30: AQL (1)

Erläutern Sie den Begriff „AQL" (Acceptable Quality Level).

Lösung s. Seite 184

Aufgabe 31: AQL (2)

Das Unternehmen erhält regelmäßig Bauteile in Lösgrößen von N = 200. Mit dem Lieferanten wurde eine Annahme-Stichprobenprüfung als Einfach-Stichprobe bei Prüfniveau II und einem AQL-Wert von 0,40 vereinbart (vgl. DIN ISO 2859-1).

Ermitteln Sie die Prüfanweisung nach DIN ISO 2859-1:

Ausschnitt aus der Tabelle I:

Losumfang N			S-1	S-2	S-3	S-4	I	II	III	DIN ISO 2859-1
			Besondere Prüfniveaus				**Allgemeine Prüfniveaus**			
...	...	...								
51	bis	90	B	B	C	C	C	E	F	
91	bis	150	B	B	C	D	D	F	G	
151	bis	280	B	C	D	E	E	G	H	
281	bis	500	B	C	D	E	F	H	J	
501	bis	1200	C	C	E	F	G	J	K	
...	...	...								

Ausschnitt aus Tabelle II-A Einfachstichprobenanweisung für normale Prüfung

Kenn-buch-stabe	n	Annehmbare Qualitätsgrenzlage (normale Prüfung) AQL DIN ISO 2859-1																
			0,10		0,15		0,25		0,40		0,65		1,00		1,50		2,50	...
			c	d	c	d	c	d	c	d	c	d	c	d	c	d	c	d	...
...	...	...	...		...		...		...		...		...		...		...	...
D	8	...	↓		↓		↓		↓		↓		↓		0 1		↓	...
E	13	...											0 1					...
F	20	...									0 1				↓		1 2	...
G	32	...							0 1				↓		1 2		2 3	...
H	50	...					0 1				↓		1 2		2 3		3 4	...
J	80	...			0 1				↓		1 2		2 3		3 4		5 6	...
...	...	...	...		...		...		...		...		...		...		...	...

Lösung s. Seite 185

Aufgabe 32: Maschinenfähigkeitsindex

Es werden Edelstahlwellen auf einer CNC-Maschine hergestellt. Die Stichprobe vom Umfang n = 30 aus einer Losgröße von N = 2.000 ergibt einen Mittelwert von $\bar{x}$ = 430 bei einer Standardabweichung von s = 12,4. Die Toleranz T wurde bei 120 festgelegt. Der vorgegebene Grenzwert ist 200.

Beurteilen Sie, ob die Maschine fähig ist.

Lösung s. Seite 186

Aufgabe 33: Prozessfähigkeit

Rundstäbe werden in Serie hergestellt. Als Qualitätsmerkmal wird der Durchmesser geprüft. Es darf unterstellt werden, dass der Durchmesser eine normalverteilte Zufallsgröße ist. Als Toleranz für den Durchmesser ist 10 ± 0,05 mm zugelassen. Über einen längeren Zeitraum werden unter realen Bedingungen 25 Stichproben vom Umfang n = 5 entnommen. Man erhält einen Mittelwert $\bar{x}$ = 10,01 mm und eine Standardabweichung s = 0,008 mm.

Ermitteln Sie rechnerisch, ob der Prozess fähig ist. Der Kunde verlangt folgende Werte: $c_p \geq 1,66$ und $c_{pk} \geq 1,66$.

Lösung s. Seite 186

Aufgabe 34: Maschinenfähigkeit, Prozessfähigkeit (Unterschiede)

Welche Einflussgrößen werden bei der Ermittlung der Maschinenfähigkeit und welche bei der Prozessfähigkeit betrachtet? Stellen Sie die Unterschiede dar.

Lösung s. Seite 187

4.6 Rechnergestützte Qualitätssicherung***

Aufgabe 1: Rechnergestützte Qualitätssicherung, CAQ

Beantworten Sie folgende Fragen:

a)   Warum wird die Qualitätssicherung rechnergestützt durchgeführt?

b)   Welche Systeme eignen sich für die rechnergestützte Qualitätssicherung?

c)   Welche Aufgaben kann ein CAQ-System übernehmen?

d)   In welchem Umfang sollen CAQ-Systeme eingesetzt werden?

Lösung s. Seite 187

Aufgabe 2: CIM

Erläutern Sie, welche Fertigungstechnologie mit „CIM" umschrieben wird und nennen Sie fünf Komponenten dieser Fertigungsart.

Lösung s. Seite 188

5. Fehler und Qualitätskosten

Aufgabe 1: Fehler (Begriff)

Definieren Sie den Begriff „Fehler"?

Lösung s. Seite 191

Aufgabe 2: Fehlerarten

Beschreiben Sie drei Fehlerarten.

Lösung s. Seite 191

Aufgabe 3: Fehlerursachen

Was sind mögliche Fehlerursachen? Nennen Sie sechs Beispiele.

Lösung s. Seite 191

Aufgabe 4: Fehlerfolgen

Was sind mögliche Fehlerfolgen? Nennen Sie sechs Beispiele.

Lösung s. Seite 192

Aufgabe 5: Null-Fehler-Strategie und 99,9 % Fehlerfreiheit

a)   Beschreiben Sie, was man als „Null-Fehler-Strategie" bezeichnet.

b)   Beschreiben Sie anhand von Beispielen, was „99,9 % Fehlerfreiheit" bedeutet.

Lösung s. Seite 192

Aufgabe 6: Fehlerverhütung und Fehlerentdeckung

Beschreiben Sie, wodurch sich Fehlerverhütung und Fehlerentdeckung unterscheiden.

Lösung s. Seite 193

Aufgabe 7: Zehnerregel der Fehlerkosten (nach Pfeifer)

Skizzieren Sie, wie sich die Fehlerkosten im Produktentstehungs- und Realisierungsprozess entwickeln.

Lösung s. Seite 193

Aufgabe 8: Qualitätskosten

Nennen Sie fünf Arten von Qualitätskosten und erläutern Sie diese.

Lösung s. Seite 194

Aufgabe 9: Reduzierung der Qualitätskosten

Beschreiben Sie, wie sich Qualitätskosten durch das Qualitätsmanagement reduzieren lassen.

Lösung s. Seite 195

Aufgabe 10: Struktur der Qualitätskosten

Wie lassen sich Qualitätskosten strukturiert darstellen? Erwartet werden vier Merkmale.

Lösung s. Seite 195

6. Förderung des Qualitätsbewusstseins der Mitarbeiter

Aufgabe 1: Qualitätsbewusstes Handeln

a) Was kennzeichnet das qualitätsbewusste Handeln der Mitarbeiter? Nennen Sie drei Beispiele.

b) Durch welche Maßnahmen werden die Mitarbeiter zu einem qualitätsbewussten Handeln motiviert? Nennen Sie fünf Beispiele.

Lösung s. Seite 197

Aufgabe 2: Formen der Mitarbeiterbeteiligung

In welcher Form können Mitarbeiter in die Qualitätsverbesserung einbezogen werden? Erwartet werden sechs Beispiele.

Lösung s. Seite 197

Aufgabe 3: Qualitätsschulungen

Nennen Sie vier Ziele von Qualitätsschulungen.

Lösung s. Seite 198

Aufgabe 4: KVP (1)

Wodurch ist der Kontinuierliche Verbesserungsprozess (KVP) gekennzeichnet?

a) Nennen Sie dabei drei Gegenstände einer KVP-Aufgabenstellung (Zielsetzungen).

b) Beschreiben Sie fünf Beispiele für kontinuierliche Verbesserungen am Büroarbeitsplatz.

Lösung s. Seite 198

Aufgabe 5: KVP (2)

In Ihrem Unternehmen wird der kontinuierliche Verbesserungsprozess (KVP) nur sehr wenig von den Mitarbeitern genutzt. Die Geschäftsleitung erwartet von Ihnen Vorschläge, wie Sie dieses Instrument in der Zukunft für die Mitarbeiter attraktiver gestalten können.

Nennen Sie vier Möglichkeiten, mit denen Sie den kontinuierliche Verbesserungsprozess für die Mitarbeiter attraktiver machen können.

Lösung s. Seite 199

Aufgabe 6: Kaizen

a) Erläutern Sie, welches Managementkonzept mit dem Begriff „Kaizen" gekennzeichnet wird.

b) Was sind die Ziele von Kaizen? Erwartet werden drei Beispiele.

c) Nennen Sie die „Sieben Verschwendungsarten in der Produktion"?

d) Schwachstellen sind Mängel innerhalb des zu untersuchenden Prozesses und können sowohl die Beteiligten, die Ergebnisse, den Prozess und das Unternehmen betreffen.

Nennen Sie beispielhaft sechs Fragestellungen, die im Rahmen einer Schwachstellenanalyse zu untersuchen sind.

Lösung s. Seite 199

Aufgabe 7: Betriebliches Vorschlagswesen (BVW)

a) Erläutern Sie, welchen Ansatz das „Betriebliche Vorschlagswesen" (BVW) verfolgt.

b) Welche Unterschiede bestehen zwischen KVP und BVW?

c) Stellen Sie den Ablauf bei der Bearbeitung von Verbesserungsvorschlägen im Rahmen des Betrieblichen Vorschlagswesens dar.

d) *** Erläutern Sie anhand eines Beispiel, wie Prämien im Rahmen des Betrieblichen Vorschlagswesens honoriert werden. Erwartet werden Ausführungen zu folgenden Aspekten:

➤ Kreis der Prämienberechtigten/nicht Prämienberechtigten

➤ fünf Prämienarten

➤ zwei Arten von Verbesserungsvorschlägen (mit Berechnungsbeispiel).

Lösung s. Seite 200

Aufgabe 8: Qualitätszirkel

Erläutern Sie den Begriff „Qualitätszirkel" und gehen Sie dabei auf Ziele, Teilnehmer und Vorgehensweise ein.

Lösung s. Seite 204

Aufgabe 9: Gruppenarbeit

Beantworten Sie folgende Fragen:

a) Was ist Gruppenarbeit?

b) Worin besteht die Zielsetzung der Gruppenarbeit im Rahmen vom QM? Erwartet werden acht Beispiele.

c) Welche Besonderheiten sind für die Gruppenarbeit von Bedeutung? Erwartet werden vier Aspekte.

d) Wie kann die Mitwirkung der Mitarbeiter bei Entscheidungen zur Qualitätsverbesserung gestaltet sein?

e) Ist die Einbeziehung von Mitarbeitern aus der Fertigung in die Projektarbeit sinnvoll?

f) Über welche Fähigkeiten/Kompetenzen sollten Mitarbeiter verfügen, die in Quali-
tätszirkeln/Projekten mitarbeiten? Erwartet werden vier Aspekte.

Lösung s. Seite 204

Aufgabe 10: Qualifizierungsmaßnahmen

Beantworten Sie folgende Fragen:

a) Warum ist es erforderlich, die Mitarbeiter qualitätsseitig zu qualifizieren?

b) Welche Formen der Qualifizierungsmaßnahmen gibt es? Gehen Sie dabei auf interne und externe Maßnahmen ein und nennen Sie jeweils vier Beispiele.

c) Wann ist eine Qualifizierung der Mitarbeiter erforderlich? Erwartet werden fünf
Beispiele.

d) Wie lässt sich der Schulungsbedarf ermitteln? Gehen Sie dabei auf die sog. „Qualifikationsmatrix" ein.

e) Wie muss die Qualifizierung der Mitarbeiter dokumentiert werden?

Lösung s. Seite 206

Aufgabe 11: 8D-Methode

Erläutern Sie die 8D-Methode. Geben Sie außerdem eine Kurzbeschreibung der acht
Einzelschritte der Standardmethode.

Lösung s. Seite 208

7. Mängelhaftung, Produkthaftung

Aufgabe 1: Mangel (Begriff), Mängelarten

a) Beschreiben Sie, was ein Mangel ist.

b) Welche Mängel gibt es? Erwartet werden drei Mängelarten.

Lösung s. Seite 211

Aufgabe 2: Haftung (Begriff)

Was bedeutet Haftung? Definieren Sie den Begriff und beschreiben Sie vier Arten der Haftung.

Lösung s. Seite 211

Aufgabe 3: Rechtsgrundlagen der Produkthaftung

Erläutern Sie die Rechtsgrundlagen der Produkthaftung.

Lösung s. Seite 212

Aufgabe 4: Mängelhaftung, Widerruf

Für Ihren Werkstattbetrieb soll ein gebrauchtes Kopiergerät angeschafft werden. Nach kurzfristiger Recherche ergeben sich zwei passende Angebote:

Angebot 1: Kopiergerät AX, von privat, gebraucht, Angebot über Online-Handel

Angebot 2: Kopiergerät AX, vom DRUCK-Verlag, gebraucht, Angebot über Homepage

Erläutern Sie, welches Angebot eine bessere Rechtsposition (Rückgabe/Widerruf, Mängelhaftung, Mehrwertsteuerausweis) hat.

Lösung s. Seite 215

Aufgabe 5: Produkthaftung (1)

Erläutern Sie die Beweislast bei der Produkthaftung.

Lösung s. Seite 215

Aufgabe 6: Produkthaftung (2)

Die Verlegeanleitung eines Herstellers von Dämmplatten ist fehlerhaft. Dadurch kommt es bei der Verlegung der Dämmplatten zu Knackgeräuschen im Haus des Eigentümers.

a) Kann der Hersteller zur Beseitigung der Geräusche verpflichtet werden?

b) Wann verjähren die Ansprüche nach § 1 Abs. 1 des Produkthaftungsgesetzes?

Lösung s. Seite 215

Aufgabe 7: Produkthaftung (3)

Der Kfz-Hersteller Blech bringt einen neuen Fahrzeugtyp auf den Markt. Der Pkw wird 20.000 mal verkauft. Auch Kfz-Händler Glück hat aus dieser Reihe bisher etwa 30 Fahrzeuge verkauft. Nach einiger Zeit stellt sich heraus, dass die Fahrzeuge einen schwerwiegenden technischen Defekt aufweisen, der auf einen Herstellerfehler zurückzuführen ist. Durch diesen Defekt kam es bereits zu mehreren Unfällen, bei denen auch Tote zu beklagen waren. Die Angehörigen der Verstorbenen und Geschädigten stellen nun Schadenersatzansprüche an den Hersteller und an den Kfz-Händler.

Mit Erfolg? Begründen Sie Ihre Antwort.

Lösung s. Seite 216

Aufgabe 8: Produktsicherheit und Ausfallrate

a) Worin liegt die Bedeutung der Produktsicherheit?

b) Stellen Sie dar, welcher Zusammenhang zwischen der Ausfallrate eines Produkts und dem Produktlebenslauf besteht.

Lösung s. Seite 216

8. Beschwerdemanagement

Aufgabe 1: Beschwerdemanagement (Vermischte Aufgaben)

Beantworten Sie folgende Fragen:

a) Was sind Reklamationen/Beschwerden?

b) Welche Bedeutung hat das Beschwerdemanagement? Erwartet werden vier Aspekte.

c) Was ist Ziel des Beschwerdemanagements?

d) Welche Aufgaben hat das Beschwerdemanagement? Unterscheiden Sie dabei „direktes" und „indirektes" Beschwerdemanagement und nennen Sie drei Rahmenbedingungen für ein effektives Beschwerdemanagement.

e) Was muss der Verkäufer bei Kundenreklamationen/-beschwerden beachten? Erwartet werden vier Aspekte.

f) Nennen Sie sechs typische Fehler bei der Annahme einer Beschwerde.

Lösung s. Seite 219

Aufgabe 2: Deeskalationstechniken

Geben Sie fünf Empfehlungen, um eine Eskalation bei Kundenbeschwerden zu vermeiden.

Lösung s. Seite 222

Aufgabe 3: Stufen des Beschwerdemanagements

Nennen Sie fünf Stufen eines erfolgreichen Beschwerdemanagements.

Lösung s. Seite 222

1. Grundlagen und Begriffe

Lösung zu Aufgabe 1: Historie des Qualitätsbegriffs

bis 1870
Handwerk, Zunft: Ganzheitlichkeit von Produkterstellung und Produktprüfung:
Im Handwerk liegen die Produkterstellung und die Produktprüfung bei einer Person (Handwerker, Meister).

ab 1870
Taylorismus: Arbeitsteilung, Qualitätskontrolle durch Endkontrolle:
Die Produktqualität wird in der Regel erst in der Endkontrolle ermittelt. Produkte, die nicht den Forderungen entsprechen, werden aussortiert bzw. nachgearbeitet.

ab 1960
Qualitätssicherung
Die Produktqualität wird überwacht (Kontrolle im Entwicklungs- und Produktionsprozess durch den Einsatz statistischer Methoden, Kontrollkarten und produktionsbegleitender Qualitätsprotokolle). Die Fehlerrate bzw. die Fehlerkosten können gesenkt werden durch:

- bedingte Prozessorientierung

- beginnende Qualitätsverbesserung durch Vorbeugung

- Kontrolle im Entwicklungs- **und** Herstellungsprozess.

ab 1980
Planung der Produkt- und Prozessqualität bereits im Vorfeld
Die Produktqualität wird konsequent geplant und geregelt: Mit der Entwicklung qualitätssichernder Methoden vor Produktionsbeginn soll erreicht werden, Einflüsse auf den Arbeitsprozess und die Produktqualität vorzeitig zu erkennen, z. B. statistische Versuchsmethodik, Fehler-Möglichkeits- und Einfluss-Analysen (FMEA) und statistische Prozessregelung (SPC). Die Fehlerrate bzw. die Fehlerkosten können noch weiter gesenkt werden.

ab 1995
Qualität als Systemziel, Total Quality Management (TQM), KVP
Das Qualitätsbewusstsein wird auf allen Unternehmensebenen und in allen Unternehmensbereichen gefördert und gefordert. Durch den kontinuierlichen Verbesserungsprozess (KVP) wird die Produktqualität laufend verbessert. Die Fehlerraten bzw. Fehlerkosten können minimiert werden (Null-Fehler-Rate).

Lösung zu Aufgabe 2: Qualität (Begriff)

Der Begriff „Qualität" ist abgeleitet vom lateinischen Wort „qualis" (= wie beschaffen). Daher bezeichnet der Begriff „Qualität" neutral die Beschaffenheit, die Güte oder den Wert eines Produkts/einer Dienstleistung. Ob eine Qualität als gut oder schlecht angesehen wird, ist von dem Erfüllungsgrad der erwarteten oder festgelegten Kriterien abhängig.

▶ Die DIN ISO 8402 definiert die Qualität als *„realisierte Beschaffenheit einer Einheit bezüglich der Einzelanforderungen an diese"*.

Der Qualitätsbegriff vereint also die Begriffe Beschaffenheit, Einheit und Qualitätsanforderung.

▶ Qualität ist demnach nicht das Maximum an Realisierbarkeit, sondern die korrekte Realisierung der für eine Einheit definierten Qualitätsforderungen.

$$\text{Qualität}_{\text{Einheit}} = \frac{\text{Realisierte Beschaffenheit}}{\text{Qualitätsforderung}} \cdot 100$$

- Hierbei beträgt der Wert für die Qualitätsforderung immer 100.
- Ist die $\text{Qualität}_{\text{Einheit}} < 100\,\%$, ist die Qualitätsforderung nicht erfüllt.

Lösung zu Aufgabe 3: Einheit (Begriff)

Eine Einheit ist der Gegenstand und die Basis aller Qualitätsbetrachtungen.

Einheit	Beispiel
Materielles Produkt	▶ Einzelteil (Zahnrad)
	▶ Baugruppe (Getriebe)
	▶ Angebotsprodukt (Auto)
Immaterielles Produkt	▶ Dienstleistung (Raumreinigung, Beratung, Software)
Prozess	▶ Fertigungsprozess (Montage einer Kamera)
Verfahren	▶ Arbeitsverfahren (Blechumformung)
Organisation	▶ Servicebereich (Informationsfluss)
Person	▶ Monteur, Dreher, Abteilungsleiter

Lösung zu Aufgabe 4: Qualitätsanforderungen

Forderer	Ursachen
Kunde z. B. Handel, Endkunde, Verbraucher	► Entwicklungs- und Modetrends ► geändertes Anspruchsdenken ► Preisbewusstsein ► Zeitgeist ► mangelhafter Service
Markt	► moralischer Verschleiß des Produkts ► Konkurrenzvergleich ► Anpassung an Regionalmärkte ► neue Technologien und Materialien
Produktlebenszyklus	► erforderliche Produktverbesserung ► Materialsubstitution ► Rationalisierung der Prozesse
Gesetzliche Regelungen	► Umweltgesetze ► Zulassungs- und Betriebsbestimmungen ► Arbeitsschutzvorschriften

Lösung zu Aufgabe 5: Qualitätsmerkmal (Begriff)

Ein Qualitätsmerkmal ist die Eigenschaft einer Einheit, auf deren Grundlage die Qualität dieser Einheit beurteilt werden kann.

Eine Einheit kann mehrere Qualitätsmerkmale haben. Beispielsweise besitzt eine gedrehte Welle die Qualitätsmerkmale:

► Längenmaß
► Durchmesser
► Oberflächenrauheit.

Lösung zu Aufgabe 6: Merkmalsklassen

Anforderungsmerkmal = Beschaffenheitsmerkmal

Merkmalsklassen (in Anlehnung an DIN EN ISO 9000:2015)	
Funktionale Merkmale	▸ Geschwindigkeit, Temperatur
Ergonomische Merkmale	▸ Anwendungsfreundlichkeit, Handhabungssicherheit
Physische Merkmale	▸ stoffliche Beschaffenheit, Eigenschaften
Sensorische Merkmale	▸ audiell und visuell, Geruch, Berührung, Geschmack
Verhaltensbezogene Merkmale	▸ personenbezogen: Offenheit, Ehrlichkeit ▸ objektbezogen: Veränderungsverhalten bei geänderten Bedingungen
Ökonomische Merkmale	▸ Beschaffungs-, Betriebs-, Entsorgungskosten
Umweltbezogene Merkmale	▸ Gefahrstoff, Schadstoffemission, Umweltverträglichkeit
Statusbezogene Merkmale	▸ Markenbewusstsein, Image
Zeitraumbezogene Merkmale	▸ Zuverlässigkeit, Lebensdauer, Wartungsfreundlichkeit
Zeitpunktbezogene Merkmale	▸ Verfügbarkeit, Pünktlichkeit

Lösung zu Aufgabe 7: Qualitätskreis

Nach DIN ISO 8402 und DIN ISO 9004 ist der Qualitätskreis ein Begriffsmodell der zusammenwirkenden, die Qualität in den verschiedenen Stadien beeinflussenden Tätigkeiten. Es reicht von der Feststellung der Erfordernisse bis hin zur Bewertung, ob diese Erfordernisse erfüllt worden sind.

Der Qualitätskreis nach W. Masig ist in aufeinanderfolgende Zeitabschnitte eingeteilt:

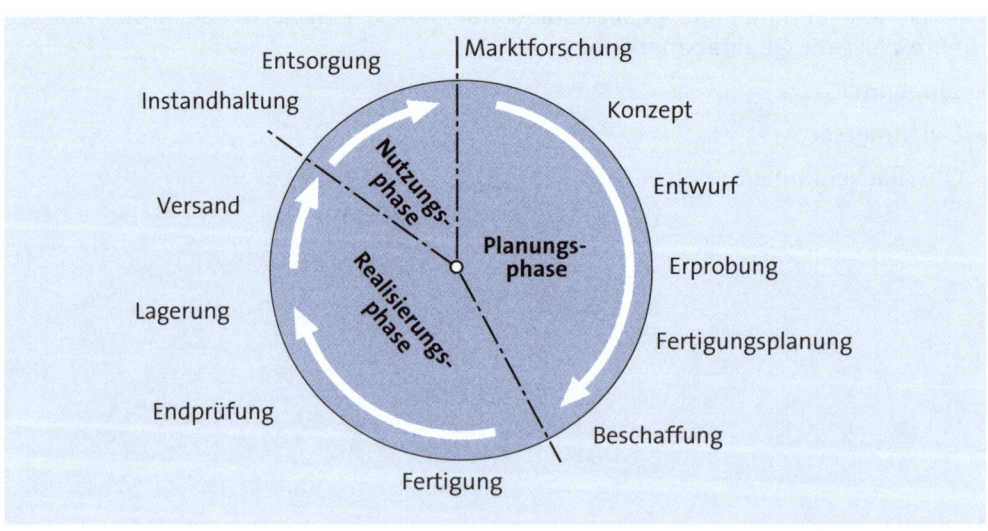

Die Anordnung zeigt das Ineinandergreifen der Funktionen – nicht den zeitlichen Ablauf.

Der Qualitätskreis ist kein Regelkreis im Sinne von DIN 19226 und spiegelt auch nicht den Ablauf der einzelnen Tätigkeiten im konkreten Auftragsfall wieder. So ist bei Wiederholfertigungen z. B. eine erneute Qualitätsplanung meist nicht mehr nötig.

Lösung zu Aufgabe 8: Ziele, SMART-Prinzip

Ziele	ja	nein	Kommentar
Wir planen, die Kundenzufriedenheit zu verbessern.		x	nicht terminiert, nicht messbar
Die Anzahl der Unfälle soll im kommenden Jahr gesenkt werden.		x	nicht terminiert
Die Anzahl der Kundenreklamationen soll im kommenden Jahr um 15 % gesenkt werden.	x		
In der Fertigung sollte darauf geachtet werden, die Abfälle drastisch zu reduzieren.		x	nicht terminiert, nicht messbar
Der QM-Zirkel soll innerhalb eines Jahres Schulungen zur Pareto-Analyse vorbereiten.	x		
In der Forschung und Entwicklung sollen ab sofort KVP-Workshops eingerichtet werden.		x	nicht messbar
Bis Ende des Jahres sorgt jeder Vorgesetzte dafür, dass der Ausschuss in seiner Abteilung um 7 % gesenkt wird.	x		

2. Funktionen des Qualitätsmanagements

2.1 Überblick

Lösung zu Aufgabe 1: Funktionen des Qualitätsmanagements (Überblick)

Die Festlegung der Qualitätspolitik wird mit folgenden Funktionen (auch: Elemente) im Herstellungsprozess zur Ausführung gebracht:

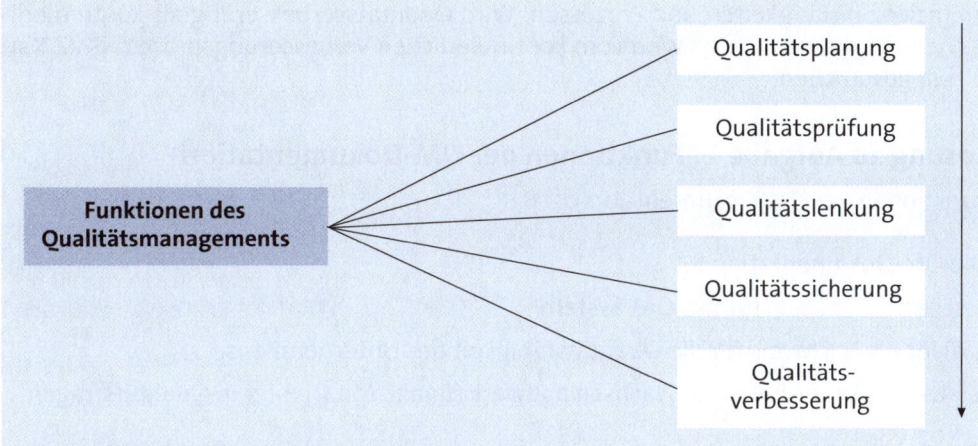

- **Qualitätsplanung** ist die grundlegende Festlegung der qualitativen Produkteigenschaften durch Spezifizierung der Qualitätsmerkmale und deren Realisierungsprozesse.

  Sie bezieht sich auf drei Komplexe:

  1. das QM-System

  2. die Produkte

  3. die Abläufe und technischen Prozesse.

  Die Qualitätsplanung ist bezüglich der Qualitätskosten von besonderer Bedeutung, denn je später ein Fehler entdeckt wird, um so höher sind die Kosten der Fehlerbeseitigung.

- Durch die **Qualitätsprüfung** wird festgestellt, inwieweit ein Produkt oder eine Dienstleistung die Qualitätsforderungen erfüllt.

- Die **Qualitätslenkung** überwacht und korrigiert die Realisierung eines Produkts oder einer Dienstleistung mit dem Ziel, die Qualitätsforderung zu erfüllen. Dabei werden die Ergebnisse von Qualitätsprüfungen mit den Vorgaben aus der Qualitätsplanung verglichen. Bei Abweichungen (Fehlern) werden Korrekturmaßnahmen durchgeführt (= Qualitätsregelkreis).

  Qualitätslenkung wird nach DIN EN ISO 8402 realisiert durch „die Arbeitstechniken und Tätigkeiten, die zur Erfüllung der Qualitätsforderungen angewendet werden".

▸ **Qualitätssicherung** beinhaltet im umgangssprachlichen Sinne alle Maßnahmen, um eine dauerhafte Erfüllung der Qualitätsforderungen einer Einheit zu erzielen.

Gemäß DIN ISO 8402 und DGQ ist unter Qualitätssicherung die *„Qualitätsmanagementdarlegung"* zu verstehen. Es sind *„alle geplanten und systematischen Tätigkeiten"* darzulegen, die ein *„angemessenes Vertrauen schaffen, dass eine Einheit die Qualitätsforderungen erfüllen wird"*.

▸ **Qualitätsverbesserung** umfasst alle Maßnahmen zur Steigerung von Effektivität und Effizienz in Tätigkeiten und Prozessen. Wird Qualitätsverbesserung als kontinuierliche Aufgabe betrachtet, wird vom kontinuierlichen Verbesserungsprozess (KVP, Kaizen) gesprochen.

Lösung zu Aufgabe 2: Funktionen der QM-Dokumentation

Funktionen der QM-Dokumentation, z. B.:

Die QM-Dokumentation

▸ schafft eine Basis für das QM-System

▸ dient als Nachweis für die Qualitätsfähigkeit des Unternehmens

▸ ist als QM-Handbuch ein Nachschlagewerk für alle Mitarbeiter in Qualitätsfragen.

2.2 Qualitätsplanung

Lösung zu Aufgabe 1: Bestimmung der Qualitätsmerkmale

Die aus der Marktforschung ermittelten und durch den Kunden direkt geäußerten Wünsche stellen die ersten Qualitätsmerkmale dar, die in der Regel im weiteren Verlauf bis zur Auftragsauslösung und darüber hinaus noch präzisiert bzw. ergänzt werden. Aus diesen Qualitätsmerkmalen definieren sich die Qualitätsforderungen:

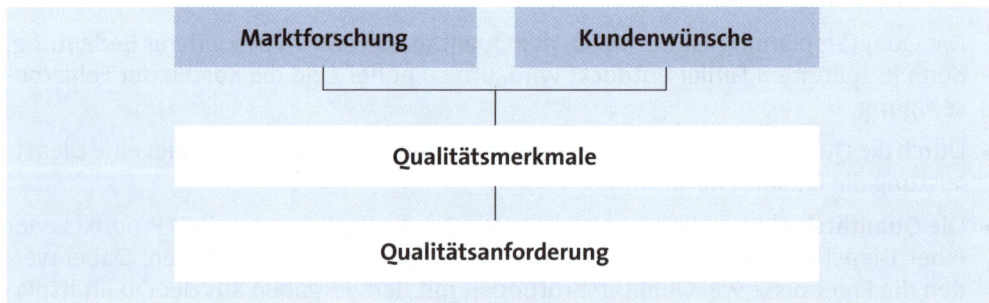

Lösung zu Aufgabe 2: Kano-Modell der Kundenanforderungen

a) Nach *Kano* lassen sich Kundenforderungen an ein Produkt in drei Kategorien einteilen. Diese Kategorien können unterschiedliche Einflüsse auf die Qualitätsplanung haben:

► **Grundforderungen:**
Diese Forderungen müssen erfüllt werden. Sie stellen die grundlegenden Eigenschaften des Produkts oder der Dienstleistung dar.

► **Normalforderungen:**
Sie beinhalten die Forderungen, die die überwiegende Mehrheit der Kunden als üblichen Standard ansehen oder die dem allgemeinen Zeitgeschmack entsprechen. Diese Forderungen sollten erfüllt werden.

► **Begeisterungsforderungen:**
Die Funktion dieser Forderungskategorie liegt darin, die Kaufentscheidung des Kunden zielführend zu beeinflussen. Häufig sind die Begeisterungsmerkmale die einzigen Unterschiede in einer gleichartigen Produktpalette mehrerer Wettbewerber. Die Begeisterungsforderungen können erfüllt werden.

Diese Anforderungen lassen sich im *Kano*-Modell im Verhältnis zu Zufriedenheit und Erfüllungsgrad abbilden (z. B. Kaffeemaschine, vgl. Abbildung).

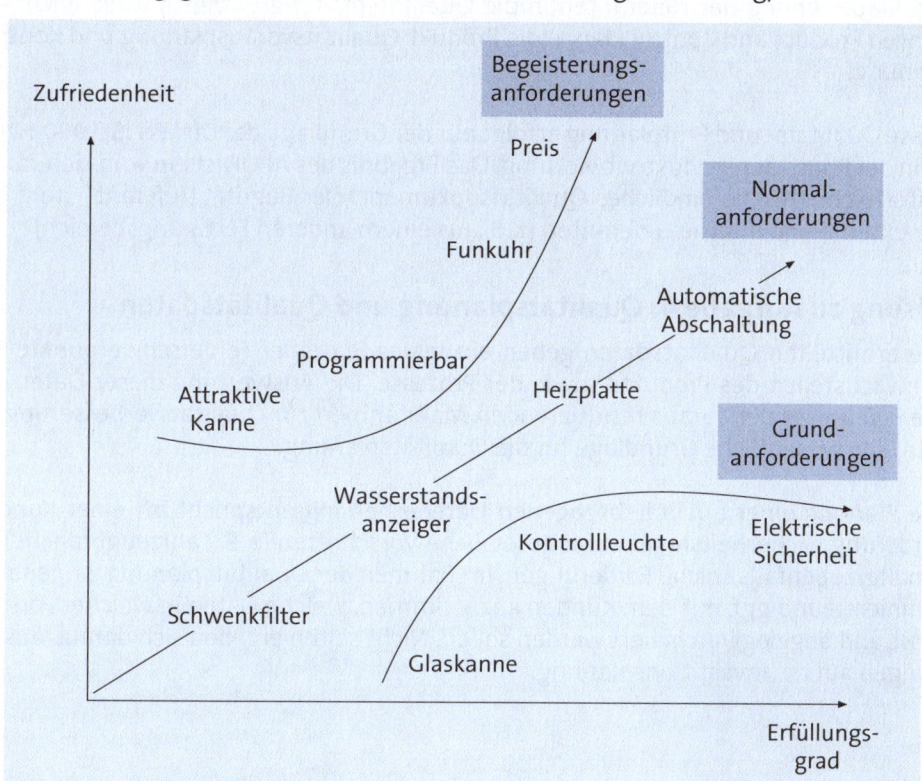

b) In der Praxis wird kaum zwischen Normal- und Grundforderungen unterschieden. Die Grundforderungen werden eher als fundamentaler Bestandteil der Normalforderungen betrachtet.

Die für die Realisierung der Normalforderungen (einschließlich Grundforderungen) notwendigen Prozesse orientieren sich am Auftrags- bzw. Marktvolumen und definieren sich über Planungseinheiten (z. B. Stückzahl, Hektoliter, Kubikmeter) in einer bestimmten Planungsperiode. Dementsprechend variieren Umfang und Inhalt der Qualitätsplanung für das betreffende Produkt.

Das Auftrags- bzw. Marktvolumen der Begeisterungsforderungen liegt üblicherweise unter dem Volumen der Normalforderungen. Es werden z. B. mehr Pkws eines Typs in Normalausstattung verkauft, als vom gleichen Typ mit Sonderausstattung. Die Qualitätsforderungen der Begeisterungskategorie liegen aber meist höher, als die der Normalkategorie bei niedrigerem Auftragsvolumen. Die Folge davon können ein Einsatz anderer Materialien oder andere Realisierungsprozesse und Technologien sein. Damit ändert sich der Umfang und Inhalt des betreffenden Teils der Qualitätsplanung.

Lösung zu Aufgabe 3: Qualitätsplanung und Lieferanten

Die Einbeziehung der Lieferanten in die Qualitätsplanung erfolgt mittels APQP (Advanced Product and Control Plan) – die Produkt-Qualitätsvorausplanung und Kontrollplanung.

Diese Qualitäts- und Prüfplanung erfolgt auf der Grundlage der DIN EN ISO 9000:2015 ff. in der Phase der Produktentwicklung. Das Ergebnis des APQP ist ein vom Lieferanten unterzeichnetes, verbindliches Qualitätsdokument. Der Begriff „Lieferant" steht hier für externe und interne Lieferanten (z. B. aus einem anderen Fertigungsbereich).

Lösung zu Aufgabe 4: Qualitätsplanung und Qualitätsdaten

Die ermittelten Qualitätsdaten geben ein reales Bild über Fehlerschwerpunkte und Schwachstellen des Produkts sowie der Prozesse. Die Auswertung dieser Daten und die Ergebnisse der daraus resultierenden Maßnahmen zur Qualitätsverbesserung bilden eine wesentliche Grundlage für die Qualitätsplanung.

Die Planung einer qualitätsbezogenen Datenerhebung entspricht oft einer Kundenforderung. Sicherheitsregeln und gesetzliche Vorschriften (z. B. Fahrzeugbranche) beinhalten ebenfalls solche Forderungen. Im Rahmen der Qualitätsplanung ist genau zu definieren und ggf. mit dem Kunden abzustimmen, welche Daten in welcher Form erfasst und abgelegt/archiviert werden sollen. Nicht selten ergeben sich daraus Auswirkungen auf die Investitionsplanung.

Beispiel

Ein Behälter ist nach einem Fügeprozess auf Dichtheit zu prüfen. Der Kunde fordert die dem konkreten Teil zugeordnete Erfassung der Ist-Werte des Prüfdruckes und das Prüfergebnis (IO/NIO = in Ordnung/nicht in Ordnung) mit den Abweichungen vom Soll-Druck. Diese Qualitätsdaten sind in einem Prüfprotokoll dem Teil bei der Lieferung beizulegen.

Im Rahmen der Qualitätsplanung ist in diesem Beispiel nicht nur der Prüfplan zu erstellen, sondern auch die Art und Weise der Prüfdatenerfassung, -zuordnung und -verarbeitung zu planen.

2.3 Qualitätsprüfung

Lösung zu Aufgabe 1: Qualitätsprüfung (Vermischte Aufgaben)

a) Nach DGQ ist Qualitätsprüfung die Feststellung, *„inwieweit eine Einheit die Qualitätsforderung erfüllt".*

Durch den Prüfprozess erfolgt keine Fehlervermeidung sondern eine Fehlerfeststellung. Dazu haben Qualitätsaufzeichnungen zu erfolgen. Diese dienen der Auswertung der Ergebnisse der Qualitätsprüfung und bilden u. a. die Grundlage für Maßnahmen zur Fehlervermeidung im Rahmen der Qualitätsplanung.

Ausgehend von den Qualitätsanforderungen ist zur Durchführung der Qualitätsprüfung gegebenenfalls die Anwendung entsprechender Prüftechnik erforderlich.

b) Für die Qualitätsprüfung gilt der oberste Grundsatz:

Qualität wird nicht erprüft sondern hergestellt.

c) Nein! Entsprechend der Definition des Begriffes „Einheit" bezieht sich die Qualitätsprüfung auf materielle und immaterielle Produkte, Verfahren und Prozesse, Organisation und Personen.

d) Die klassische Form der Qualitätsprüfung findet man in ihrer ausgeprägtesten Form in der Fertigung. So erstreckt sich der Wirkungsbereich der produktbezogenen Qualitätsprüfung von der Wareneingangskontrolle über prozessorientierte oder prozessbegleitende Prüfungen bis zur Endkontrolle und Versandprüfung.

e) Erst die Einführung eines QM-Systems erweitert die Qualitätsprüfung auf die Gesamtheit der vor- und nachgelagerten Bereiche.

Lösung zu Aufgabe 2: Arten der Qualitätsprüfung

a)

```
                    ┌─────────────────────────┐
                    │   Qualitätsprüfung      │
                    └─────────────────────────┘
```

Vergleichende Prüfung	Messende Prüfung
Prüfen von Anforderungen durch Beurteilung, Lehren, Vergleichen, teilweise unter Verwendung von Prüfmitteln (Grenzlehrdorn, Vergleichsnormale, Checklisten), nach dem Gut-Schlecht-Prinzip. Die vergleichende Prüfung wird auch als „Attributive Prüfung" bezeichnet.	Prüfen von numerisch definierten Anforderungen (Durchmesser, Gewicht, Druck) mittels Messmittel (Messschieber, Feinwaage, Kraftmessdose) auf ihre Einhaltung innerhalb vorgegebener Toleranzen.

b) ► **Eingangsprüfung:**
   Sie stellt sicher, dass ein zugeliefertes Produkt nicht verwendet oder verarbeitet wird, solange es nicht geprüft wurde und die festgelegten Qualitätsanforderungen erfüllt.

   ► **Zwischenprüfung:**
   Sie ist jede Prüfung während der Fertigung mit Ausnahme der Wareneingangsprüfung und der Endprüfung (Statistische Prozessregelung).

   ► **Endprüfung:**
   Sie ist die Letzte der Qualitätsprüfungen vor Übergabe der Einheit an den Kunden.

c) Phasen der Qualitätsprüfung:

Prüfplanung	Prüfdurchführung	Auswertung der Prüfdaten
Im Prüfplan werden festgelegt z. B.:	Festgelegt werden die geforderten Qualitätsdaten, z. B.:	Erfassung und Auswertung der Prüfdaten, z. B.:
► Prüfmerkmale		
► Prüfstand	► Durchmesser	► Messprotokolle
► Prüfmittel	► Länge	► Qualitätsregelkarten

Lösung zu Aufgabe 3: Prüftechnik (Vermischte Aufgaben)

a) Unter Prüftechnik versteht man die Gesamtheit der zur Qualitätsprüfung erforderlichen technischen Ausrüstung einschließlich zugehöriger Software.

Die DIN EN ISO 9001:2015 definiert diese Ausrüstung als *„Überwachungs- und Messmittel zur Verwirklichung von Überwachungen und Messungen"*.

Ausgehend von den grundlegenden Arten der Qualitätsprüfung lässt sich die Prüftechnik folgendermaßen unterteilen:

Prüftechnik			
Prüfmittel	**Prüfverfahren**	**Lehren**	**Messmittel**
z. B. Prüfmittel zur elektromagnetischen Verträglichkeit	▸ zerstörende Prüfung ▸ zerstörungsfreie Prüfung	▸ Fühlerlehre ▸ Anschlagmittel ▸ Grenzlehre	▸ direkte/indirekte Messung ▸ analoge/digitale Messung

b) Die Auswahl und Anwendung der Prüftechnik ergibt sich aus der Art der erforderlichen Prüfung und aus der konkreten Prüfungsaufgabe.

Bei der Prüfung mit Messmitteln ist weiterhin die Größenordnung des Soll-Werts und die geforderte Genauigkeit (Toleranz) für die Auswahl bestimmend.

Beispiele:

Soll-Wert	Messmittel
Durchmesser 12,3 mm ± 0,007 mm	Bügelmessschraube
Länge 65 mm ± 2 mm	Stahllineal
Gewicht 98,5 g ± 0,3 g	Feinwaage

c) Die **Prüftechnik** unterliegt ebenfalls einem Verschleiß und ist in festgelegten Abständen auf ihre Genauigkeit und Funktionsfähigkeit zu überprüfen (z. B. nachkalibrieren, neu eichen). Dies erfolgt ggf. durch den Hersteller der Prüftechnik, durch zertifizierte Prüflabore oder durch den TÜV; der Vorgang wird dokumentiert.

d) Beispiele:

▸ Die Prüftechnik wird an zentraler Stelle im Betrieb gelagert und überwacht.

▸ Es werden nur funktionsfähige Prüfmittel ausgegeben.

▸ Für jedes Werkzeug der Prüftechnik wird eine Prüfkarte geführt.

▸ Benutzte Prüfmittel und Messwerkzeuge werden bei Rückgabe überprüft (ggf. ausgesondert).

e) ▸ **Prüfmittel** dienen zur Beurteilung oder zum Vergleich von Qualitätsergebnissen innerhalb vorgegebener Toleranzbereiche, ohne deren genauen Wert zu ermitteln. Je nach Art der Qualitätsanforderungen kann das erreichte Ergebnis zerstörungsfrei oder nur durch Zerstörung der Einheit festgestellt werden.

Beispiele für eine **zerstörungsfreie Prüfung:**

- Ultraschallprüfung von Schweißnähten

- digitale Bildverarbeitung zur Prüfung des Vorhandenseins von Merkmalen

- Sensorabfrage zur Unterscheidung von falschen und richtigen Teilen.

Beispiele für eine **zerstörende Prüfung:**

- Ausknöpfprobe von Punktschweißungen durch Auseinanderreißen der ge-
schweißten Teile

- Schleifprobe zur Materialanalyse

- Auflösen von Materialien bei chemischen Analysen.

➤ **Lehren** werden zur Abweichungsfeststellung nach dem Gut-Schlecht-Prinzip
verwendet. Es wird geprüft, ob sich das Prüfmerkmal einer Einheit innerhalb vorgegebener Grenzen (Toleranzen) befindet, ohne dessen genauen Wert zu ermitteln. Die Einhaltung der Qualitätsforderung wird nur in „Gut" oder „Schlecht" unterschieden.

➤ **Messmittel** werden zur Feststellung des genauen Ist-Ergebnisses eingesetzt.
Durch Messung kann der Ist-Wert und dessen Abweichung vom Soll-Wert exakt
festgestellt werden. Die Lage des Ist-Werts im Bezug zum Soll-Wert und seinem
vorgegebenen Toleranzbereich lässt sich somit grafisch darstellen und mittels
statistischer Methoden auswerten. Die Messung kann auf direktem oder indi-
rektem Weg erfolgen.

Beispiele für eine **direkte Messung:**

- Messung eines Längenmaßes in mm mittels Messschieber

- Messung von 3D-Positionen mittels Messmaschine

- Messung einer Pumpenleistung in Liter/Stunde mittels eines Durchflussmen-
genmessgerätes.

Beispiele für **indirekte Messung:**

- digitale Bildverarbeitung zur Messung von Abständen

- Dickenmessung der Bodendicke von Clinchpunkten mittels Ultraschallsensoren

- Geschwindigkeitsmessung mittels Lasertechnik.

Lösung zu Aufgabe 4: Prüfplanung

a) Das Ziel der Prüfplanung ist nach DIN 55350-11 die Planung der Qualitätsprüfung.

b) Im Ergebnis der Prüfplanung entsteht ein auf die jeweilige Einheit bezogener Prüfplan. Er gibt vor, was an der Einheit geprüft werden muss und basiert auf Prüfspe-
zifikationen und -anweisungen. Er beinhaltet weitere Informationen über den Arbeitsplatz, Prüfdaten, zu verwendende Prüfmittel, usw.

Im Einzelnen muss ein Prüfplan folgende Fragen beantworten:

Prüfplan		
Frage		**Beispiel**
Was?	Prüfmerkmal	Durchmesser, Beschaffenheit der Oberfläche
Wie viel?	Prüfumfang	100 %-Prüfung, Stichprobe mit Umfang n
Womit?	Prüfmittel	Messuhr, Messschieber
Wie?	Prüfmethode	Variablen-, Attributprüfung
Wann?	Prüfzeitpunkt	Eingangs-, Zwischen- oder Endprüfung
Wer?	Prüfer	Werker, QM-Fachmann
Wo?	Prüfort	Maschine, Messraum
Wie?	Art der Dokumentation	Prüfprotokoll, SPC

c) ***

Prüfplan	Luftverdichter

Prüfmerkmale	► Funktionsfähigkeit und Leichtgängigkeit der beweglichen Teile
	
	► Dichtigkeit des Systems
	
	► Druckaufbau
	
	► Vorhandensein folgender Teile:
	  - Ansaugrohr
	  - 2 x Kegelventil
	  - Schutzkappe
	  - Verschlussdeckel
	  - 2 x Verschlussschraube

Prüfumfang	100 %-Prüfung
Prüfmittel	► Sichtprüfung ► automatische Prüfstation mit Differenzdruckmessgerät ► Abfrage-Sensoren
Prüfzeitpunkt	Zwischen- und Endprüfung
Prüfer	► Sichtprüfung: Werker ► Prüfstation: QM-Fachmann
Prüfort	► Fertigung ► Prüfstation
Prüfmedium	Luft
Prüfwerte	entsprechend Pflichtenheft
Dokumentation	► IO-/NIO-Anzeige (in-Ordnung/nicht-in-Ordnung-Anzeige) am Display der Prüfstation ► IO-Kennzeichnung durch automatischen Stempelaufdruck auf dem Zylinderdeckel

Lösung zu Aufgabe 5: Prüfplanung, Wareneingangsprüfung

► Prüfung des äußeren Zustands der Ware auf Transportschäden

► Prüfung der Übereinstimmung der gelieferten Waren mit den Bestellangaben

► Prüfung der Quantität (Mengenprüfung durch Zählen, Messen, Wiegen)

► Prüfung der Qualität (zerstörende/zerstörungsfreie Werkstoffprüfung)

► Prüfung der Qualität hinsichtlich der Funktionalität der Ware.

Lösung zu Aufgabe 6: Selbstprüfung

a) Die Selbstprüfung ist mitarbeiterbezogen. Der Mitarbeiter führt an seinem Arbeitsplatz die Qualitätsprüfung seines Arbeitsergebnisses selbst durch.

b) Zielsetzung der Selbstprüfung, z. B.:

► Stärkung des Qualitätsbewusstseins des Mitarbeiters

► Durchführung der Prüfung direkt im Fertigungsprozess

► Verkürzung der Durchlaufzeiten durch Entfall von separaten Prüfprozessen

► Reduzierung der Qualitätskosten

► Steigerung der Motivation des Mitarbeiters.

c) Voraussetzungen, die beim Mitarbeiter für die Durchführung der Selbstprüfung vorliegen bzw. geschaffen werden müssen:

► Zuverlässigkeit und Ehrlichkeit

► Qualifikation hinsichtlich Qualitätsprüfungen

► Kenntnisse über die Anwendung geeigneter Prüftechniken

► Kenntnisse über die Auswirkungen von Fehlern

► Kenntnisse im Umgang mit Prüfanweisungen.

Lösung zu Aufgabe 7: Statistische Qualitätsprüfung

a) Die statistische Qualitätsprüfung ermöglicht auf der Grundlage der – durch die Prüfverfahren ermittelten – Daten die gewichtete Aussage über Abweichungen von Qualitätsmerkmalen, deren Häufigkeiten und Auftretenswahrscheinlichkeiten.

Mit der statistischen Qualitätsprüfung lässt sich anhand einer Stichprobe die Fehlerwahrscheinlichkeit in einer Gesamtmenge (Grundgesamtheit) bestimmen.

b) Durch die Auswertung der ermittelten Daten mithilfe geeigneter statistischer Methoden wird die Qualitätssituation exakt dargestellt. Daraus lassen sich Fehlerschwerpunkte eindeutig erkennen und gewichten. Auf dieser Grundlage erfolgt die Festlegung gezielter Maßnahmen zur Qualitätsverbesserung.

c) Grenzen der statistischen Qualitätsprüfung liegen z. B.:

▸ in der Wirtschaftlichkeit der Anwendung von statistischen Methoden

▸ in den Auftrags- bzw. Losgrößen bezüglich der statistisch erforderlichen Datenmenge

▸ im personellen bzw. zeitlichen Aufwand für die Ermittlung der erforderlichen Daten und der statistisch erforderlichen Datenmenge

▸ in der Kompliziertheit der Prüfmerkmale

▸ in den Kosten für Prüftechnik hinsichtlich der Datenermittlung.

Lösung zu Aufgabe 8: Toleranz

a) Abweichungen vom Soll-Wert liegen praktisch immer vor, da es nahezu unmöglich
ist, den absoluten Soll-Wert mit einer Abweichung ± 0 zu erreichen. Deshalb ist es
zwingend erforderlich, zusammen mit den Soll-Werten zulässige Abweichungen
zu definieren und sie, zugeordnet, zu dokumentieren. Die Gesamtheit der zulässigen Abweichungen ist die Toleranz.

b) Die Toleranz kennzeichnet die Differenz zwischen der kleinsten zulässigen Abweichung und der größten zulässigen Abweichung in Bezug zum Soll-Wert.

Wird durch die Qualitätsprüfung festgestellt, dass der Ist-Wert die Unter- oder die
Obergrenze überschreitet, liegt ein Fehler vor.

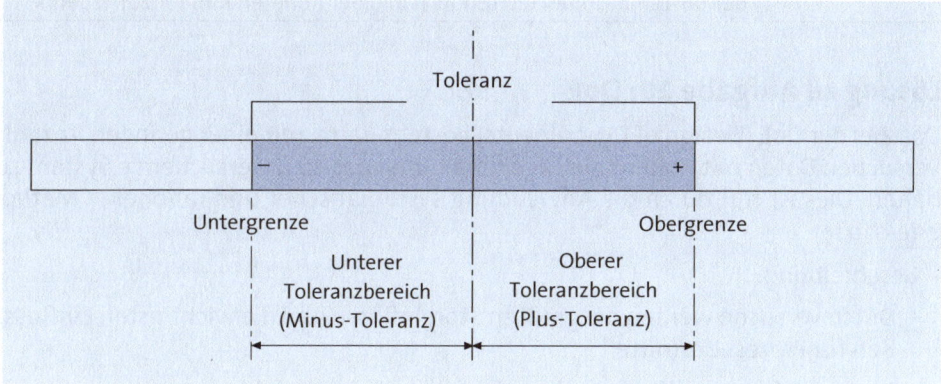

Die Toleranzbereiche können, entsprechend den Anforderungen, unterschiedliche Größen haben. Es wird nur ein Toleranzbereich angegeben, wenn die Abweichungen nur in eine Richtung zulässig sind.

Beispiele:

Soll-Wert	Gemessener Ist-Wert	Ergebnis
125 ± 0,7	125 + 0,3	Gut
	125 - 0,6	Gut
98 - 0,5	98 - 0,5	Gut
247 + 0,3	247 + 0,4	Fehler

Lösung zu Aufgabe 9: Versuchsmethoden

Versuchs-methode	Definition
Taguchi	Die **Taguchi-Methode** ist eine Methode zur statistischen Versuchsplanung, deren hauptsächlicher Einsatzbereich die Entwicklung ist. Die Strategie dieser Versuchsmethodik zielt darauf ab, Erkenntnisse zu gewinnen, welche Einflussfaktoren mit welcher Stärke auf den Prozess einwirken. Er ist (kostenneutral) auf die kleinstmögliche Streuung der Merkmalswerte auszurichten und die dazu erforderlichen Versuche sind auf eine effektive Anzahl zu reduzieren. Das Ziel liegt in robusten Prozessen mit geringer Anfälligkeit gegenüber Störgrößen.
Pareto	Die **Pareto-Analyse** ist eine einfache Methode, um mit minimalem Aufwand wesentliche Einflussgrößen oder Fehler von unwesentlichen zu unterscheiden. Fehlerschwerpunkte werden übersichtlich dargestellt und Abarbeitungsprioritäten werden festgelegt. Der Einsatz qualitätssichernder Maßnahmen erfolgt in der Praxis oft nicht zuerst dort, wo die meisten Fehler auftreten, sondern wo die höchsten Kosten entstehen.
Kaizen	**Kaizen** geht von der Erkenntnis aus, dass in einem Unternehmen jedes System einem allgemeinen Verschleiß unterliegt. Die Philosophie besteht darin, diese Probleme in einem ständigen Verbesserungsprozess zu lösen. Die Verbesserungen der Qualität der Produkte und Prozesse sowie die Senkung der Kosten münden letztendlich in einer höheren Kundenzufriedenheit.

Lösung zu Aufgabe 10: DoE

Das Ziel der DoE (Design of Experiments) besteht darin, mit einer geringen Anzahl von Versuchen Daten mit hohem Aussagegehalt über das zu untersuchende System zu erhalten. Dies ist nur durch die Anwendung systematischer und rationeller Methoden erreichbar.

► Beschreibung:
  - Durch Versuche werden die größten Störeinflüsse und die wichtigsten Einflussgrößen für Prozesse ermittelt.
  - Die Durchführung der Versuche erfolgt bereits im Vorfeld.

► Anwendungsbereiche:
  - Verbesserung der Prozess- und der Produktqualität
  - Ermittlung der Störgrößen vor Herstellungseinsatz
  - frühzeitige Abstellmaßnahmen.

► Randbedingungen:
  - Durchführung von Vorversuchen unter definierten Einsatzbedingungen.
  - Durchführung von Versuchen mit spezifizierter Überbelastung.

- Jedes Fehlverhalten muss dokumentiert und untersucht werden.

- Abstellmaßnahmen mit Termin und Verantwortlichkeit.

► Vorteile, z. B.:

- konstruktive Verbesserungen

- Optimierung der Prozesse vor Produktionsbeginn

- Termine und Verantwortlichkeiten für Verbesserungen werden festgelegt.

► Nachteile, z. B.:

- Klärung der Zuständigkeiten und

- Klärung des Umfanges notwendig.

2.4 Qualitätslenkung

Lösung zu Aufgabe 1: Qualitätslenkung (Vermischte Aufgaben)

a) Nach DIN EN ISO 8402 versteht man unter Qualitätslenkung *„Arbeitstechniken und Tätigkeiten, die zur Erfüllung von Qualitätsforderungen angewendet werden".*

Diese Definition wurde durch die DIN EN ISO 9000:2015 entsprechend dem Anliegen eines Qualitätsmanagementsystems neu formuliert: Qualitätslenkung ist der *„Teil des Qualitätsmanagements, der auf die Erfüllung von Qualitätsanforderungen gerichtet ist."*

b) Die Deutsche Gesellschaft für Qualität (DGQ) definiert fünf Aufgaben der Qualitätslenkung:

1. Strukturieren der wettbewerbsentscheidenden Prozesse

2. Maßnahmen zur Erreichung der Konformität

3. Messen der Produkt- und Prozessqualität

4. Verantwortlichkeiten für Messen und Prüfen festlegen

5. Arbeiten in Regelkreisen.

c) Die Qualitätslenkung findet in einem geschlossenen Regelkreis statt: Die Zielformulierung ist zu erstellen. Sie ist durch alle Mitarbeiter des Unternehmens umzusetzen. Der Grad der Zielerreichung ist durch das Audit zu überprüfen und wird im Qualitätsbericht dargestellt:

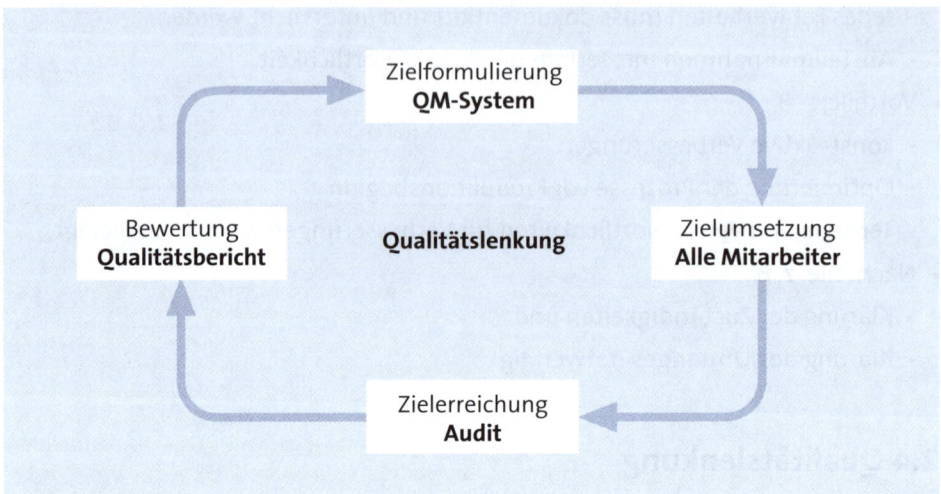

Die Qualitätslenkung ist somit das „Handwerkszeug" des Qualitätsmanagements, um die gestellten Ziele dauerhaft zu erreichen. Sie dient der Umsetzung der Qualitätsplanung.

d)

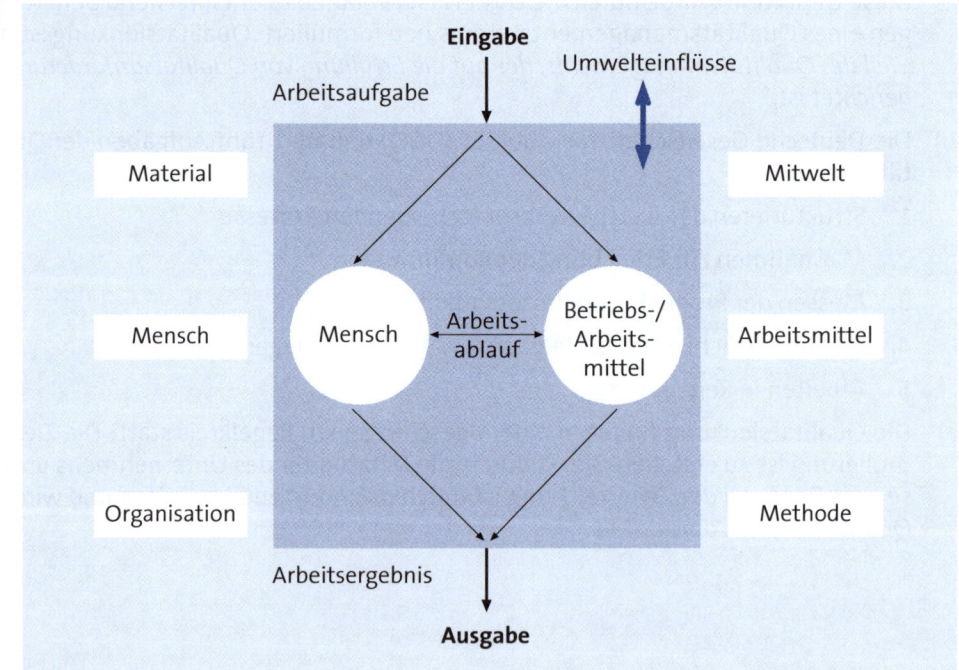

Die 6-M-Störgrößen beeinflussen den Prozess. Sie beeinflussen die Streuung der Messwerte. Ziel der Qualitätslenkung ist es, die Streuung der Messwerte innerhalb bestimmter Grenzen zu halten.

6-M-Störgrößen	Beispiele
Material	Abmessungen, Festigkeit, Spannungen, Gefüge, Stoffeigenschaften, Stoffunterschiede
Mensch	Qualifikation, Kondition, Verantwortungsgefühl, Motivation, Grad der Belastung
Organisation (Management)	fehlerhafte Qualitätsziele, fehlerhafte Qualitätsstandards, Schwächen im Führungsstil
Mitwelt	Staub, Temperatur, Feuchte, Licht, Gase, Schwingungen
Arbeitsmittel (Maschine)	Positionsgenauigkeit, Steifigkeit, Geradheit, Rundlauf, Verschleiß, Geometrie der Schneiden, Toleranz der Werkzeuge
Methode	Fertigungsverfahren, Arbeitsfolge, Prüfmethode

e) ▸ Der **Qualitätsregelkreis** ist ein Prozessablauf zur Feststellung von Anforderungsabweichungen und Einleitung von Regulierungsmaßnahmen für eine Einheit.

Die Qualitätsplanung, -prüfung, -lenkung und -verbesserung bilden zusammen einen operativen und einen evolutionären Regelkreis. Beim operativen Regelkreis wird bei festgestellten Abweichungen lenkend in Prozesse eingegriffen, um die Entstehung von Fehlern zu verhindern oder um das Auftreten weiterer Fehler zu unterbinden. Der evolutionäre Regelkreis führt auf Basis von Erkenntnissen und Resultaten aus der Produktherstellung oder der Ausführung von Leistungen zu Verbesserungen, die wieder in die Qualitätsplanung einfließen. Ziel der evolutionären Regelung ist das Verhindern von Fehlern in der Zukunft. Die Funktionen Qualitätslenkung und Qualitätsverbesserung im operativen und evolutionären Regelkreis werden unterstützt durch die Anwendung von Werkzeugen des Qualitätsmanagements.

Wirkungsweise des Qualitätsregelkreises:

Ähnlich der Wirkungsweise des Qualitätsmanagements im kontinuierlichen Verbesserungsprozess wirkt der Qualitätsregelkreis konkret auf die betreffende Einheit:

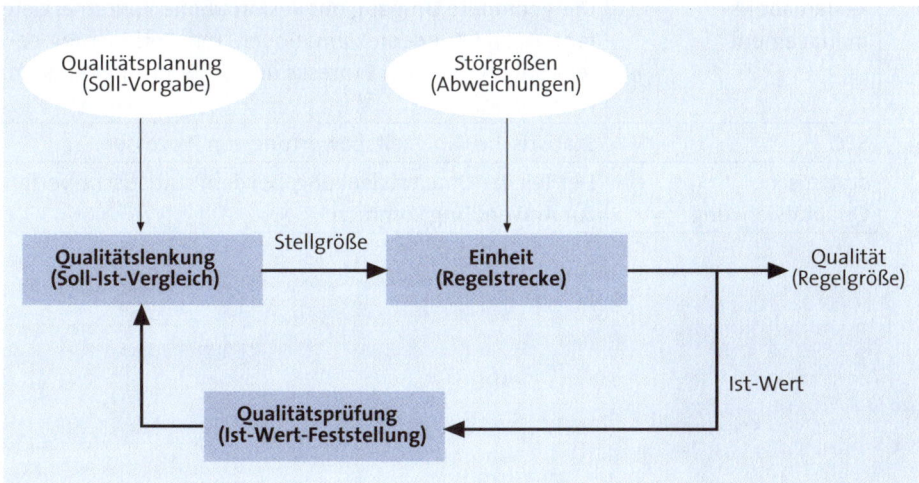

- Beim **Prozess-Regelkreis** wird die Zielgröße erst dann ermittelt, wenn das Produkt den Prozess bereits verlassen hat. Eingeleitete Maßnahmen aufgrund der Prüfergebnisse dienen der Prozessverbesserung.

- Der **Teile-Regelkreis** setzt an der Zwischen- oder Endprüfung an. Beanstandungen führen zu Ausschuss oder zur Nacharbeit beanstandeter Teile.

- Der **Produkt-Regelkreis** erstreckt sich auf die Funktionsprüfung des Produkts sowie auf den Einsatz beim Kunden. Die Beseitigung von Mängeln ist in diesem Feld sehr kostenintensiv und führt zur Unzufriedenheit des Kunden.

f) - **Aufgabe der Qualitätslenkung** ist die positive Beeinflussung eines Prozesses bei Einwirkung von Störgrößen.

- **Ziel der Qualitätslenkung** ist die Regulierung des Prozesses, um die weitere Realisierung der Qualitätsforderungen zu gewährleisten oder zu verbessern.

g)

Wesentliche Grundbegriffe der Qualitätslenkung	
Begriff	Erläuterung
Dokumentenlenkung	Regelung des Umgangs und der Verwaltung von Qualitätsdokumenten.
qualitätsbezogene Kosten	Kosten der Gesamtheit des Qualitätsmanagements.
Qualitätssicherung	*„Teil des Qualitätsmanagements, der auf das Erzeugen von Vertrauen darauf gerichtet ist, dass Qualitätsanforderungen erfüllt werden"* (DIN EN ISO 9000:2015)
Qualitätsüberwachung	Ständige Überwachung und Verifizierung (Bestätigung durch Nachweisführung) sowie die Analyse von Qualitätsaufzeichnungen zur Sicherstellung der Erfüllung der festgelegten Qualitätsanforderungen.
Qualitätsverbesserung	Vorbeugende, überwachende und korrigierende Maßnahmen zur Erhöhung der Qualität von Produkten und Prozessen.
Reklamationsmanagement	Der geordnete Umgang mit Reklamationen (interne, Lieferanten- und Kundenreklamationen) mit Optimierung bereichsübergreifender Prozesse und Erhöhung der Kundenzufriedenheit.
SPC	Statistische Fähigkeitsbewertung von Prozessen.
statistische Qualitätslenkung	Der Teil der Qualitätslenkung, bei dem statistische Verfahren zur Anwendung kommen.

Lösung zu Aufgabe 2: Instandhaltung und Qualitätslenkung

Die planmäßige, vorbeugende Instandhaltung (PVI; vgl. auch: TPM = Total-Productive-Maintenance) zählt zu den vorbeugenden Maßnahmen mit einem wesentlichen Einfluss auf die Qualitätssicherung und -verbesserung. Sie ist Bestandteil des Qualitätsmanagements und in den Regelkreis der Qualitätslenkung integriert.

Nach DIN 31051 wird Instandhaltung als *„Maßnahme zur Bewahrung und Wiederherstellung des Soll-Zustands sowie zur Feststellung und Beurteilung des Ist-Zustands von technischen Mitteln eines Systems"* definiert.

▶ Ziele:

- Sicherung der technischen Realisierungsgrundlagen zur Erfüllung der Qualitätsforderungen
- Erhaltung und Verbesserung der Funktionserfüllung der Fertigungssysteme
- Erhöhung der Sicherheit der Fertigungssysteme und Prozesse.

▶ Die PVI beinhaltet drei Aufgabengebiete:

Planmäßige, vorbeugende Instandhaltung (PVI)		
Wartung	**Inspektion**	**vorbeugende Instandsetzung**
In festgelegten Zeiträumen (Wartungsplan) durchzuführende Maßnahmen zur Beibehaltung des Soll-Zustands eines Objekts	Erfassung des gesamten Ist-Zustands eines Objekts einschließlich der Mängel- und Schadenaufnahme	Wiederherstellen des technischen Soll-Zustands eines Objekts
Beispiele:		
Reinigen, Hilfsstoffe auffüllen, Ölen/Schmieren, technische Kontrolle	Feststellen von Verschleiß, Abweichungen von Soll-Einstellungen, Erkennen nicht mehr voll funktionsfähiger Teile	Austausch von definierten Verschleißteilen, Austausch fehlerhafter Teile und Baugruppen

Lösung zu Aufgabe 3: Prüfmittelverwaltung und Qualitätslenkung

Die Prüfmittelverwaltung ist die Verwaltung der gesamten Prüftechnik und lässt sich in sechs Phasen unterteilen:

1. **Beschaffung:**
   Die Auswahl erfolgt entsprechend der damit zu realisierenden Prüfaufgabe.

2. **Erfassung:**
   Eindeutige Kennzeichnung (z. B. Nummerncode) und Registrierung.

3. **Freigabe:**
   Erstellung von Prüfmittelüberwachungsplänen und Freigabe zum Einsatz im Unternehmen.

4. **Lagerung:**
   Lagerbedingungen entsprechend den Herstellerangaben, meist bei Raumtemperatur (20 °C - 21 °C) und konstanter Luftfeuchtigkeit oder in klimatisierten Räumen (z. B. Messmaschinen).

5. **Überwachung:**
   Ähnlich der Instandhaltung dient sie der Sicherstellung der geforderten Genauigkeiten und Feststellung von Verschleiß. Sie erfolgt auf der Basis der Prüfmittelüberwachungspläne.

6. **Aussonderung:**
   Ist die Prüftechnik irreparabel verschlissen, erfolgt die Sperrung zur Verwendung und die Aussonderung (häufig mit anschließender Verschrottung).

Im Rahmen der Qualitätslenkung ist besonders Punkt „5. Überwachung" relevant.

Lösung zu Aufgabe 4: Qualitätslenkung und Abweichungen

a) Die Korrektur von Abweichungen ist dann erforderlich, wenn Toleranzgrenzen überschritten werden oder wenn durch eine zunehmend breiter werdende Streuung innerhalb des Toleranzbereichs eine bevorstehende Überschreitung erkennbar wird.

b) Die Art der Maßnahmen zur Korrektur der Qualitätsabweichungen ist abhängig von der Art des Fehlers und seiner Ursache. Es können sowohl organisatorische als auch technische Maßnahmen erforderlich werden, z. B.:

   ▸ **Organisatorische Maßnahmen:**

   - Umstellung der Arbeitsgangreihenfolge bzw. des Arbeitsablaufes
   - 8-D-Methode
   - Förderung des Vorschlagswesens.

   ▸ **Technische Maßnahmen:**

   - Reparatur oder Austausch eines Messsensors in einer prozessintegrierten Prüfeinrichtung
   - Einsatz einer speziellen Prüfvorrichtung.

2.5 Qualitätssicherung

Lösung zu Aufgabe 1: Qualitätssicherung

a) Qualitätssicherung (QS; auch: Qualitätskontrolle, Quality Assurance, QA) beinhaltet im umgangssprachlichen Sinne alle Maßnahmen, um eine dauerhafte Erfüllung der Qualitätsforderungen einer Einheit zu erzielen (QS als Sammelbegriff).

b) Für die Qualitätssicherung unterscheidet man im Sinne der DIN EN ISO 8402 interne und externe Ziele:

- ▶ Internes Ziel:
  Der Führung innerhalb einer Organisation Vertrauen zu verschaffen.

- ▶ Externes Ziel:
  Die Schaffung des Vertrauens bei den Kunden in vertraglichen oder anderen Situationen.

Dabei stehen Maßnahmen von Qualitätslenkung und Qualitätssicherung zueinander in Wechselbeziehungen.

Lösung zu Aufgabe 2: Maßnahmen zur Fehlerbehebung im Rahmen der Qualitätssicherung

Maßnahmen zur Fehlerbehebung, z. B.:

- ▶ Korrigieren/Neueinrichten der Maschinen
- ▶ Ersatz/Nacharbeit der Werkzeuge
- ▶ Unterweisung/Kritik des Mitarbeiters bei fehlerhafter Arbeitsweise
- ▶ Änderung des Fertigungsverfahrens (z. B. Kombination Mensch und Maschine)
- ▶ verbesserte Wareneingangsprüfung
- ▶ Qualitätsmaßnahmen in Zusammenarbeit mit dem Lieferanten
- ▶ verbesserte Verpackung beim Transport/Versand
- ▶ konstruktive Änderung der Einheit.

Lösung zu Aufgabe 3: Statistische Methoden zur Qualitätsüberwachung

Übersicht über wesentliche statistische Methoden zur Qualitätsüberwachung, z. B.:

		Fundstelle:
Fehlerbaumanalyse	Ist nach DIN 25424, Teil 1 die systematische Fehleruntersuchung zur Erkennung möglicher Fehlerursachen und die Ermittlung deren Eintrittshäufigkeiten	S. 124 f.
Maschinenfähigkeitsuntersuchung (MFU)	Untersuchung der Fähigkeit eines Arbeitsmittels, die Anforderungen stabil zu erfüllen	S. 182 ff.
Prozessfähigkeitsuntersuchung (PFU)	Untersuchung der Fähigkeit eines Prozesses hinsichtlich seiner Stabilität bei der Erfüllung der Anforderungen	S. 182 ff.
Statistische Prozesskontrolle (SPC)	Statistical Process Control, Bewertung der Prozessstabilität über die Zeit mittels Qualitätsregelkarten	S. 137
Messsystemanalyse	Bewertung der Messfähigkeit und Messunsicherheit von Messsystemen unter Anwendungsbedingungen	-

		Fundstelle:
Six Sigma	Dient als statistische Methode der Feststellung des Null-Fehler-Status. Dabei bedeutet *6 Sigma* 3,4 Ausfälle bei einer Million Möglichkeiten (3,4 ppm) oder einen Qualitätsgrad von 99,9997 %. Wird auch als allgemeine „Qualitätsphilosophie" und Bewertungsmethodik angewandt.	S. 256
Statistische Toleranzrechnung	Verfahren zur Bestimmung von Toleranzbereichen	S. 77
Stichprobenprüfung	Ermittlung der Fehleranteile einer Grundgesamtheit durch Untersuchung einer repräsentativen Stichprobe	-
Versuchsplanung (DoE)	Design of Experiments, ist die Planung und Auswertung von Versuchen mittels statistischer Methoden, vorrangig nach *Shainin* oder *Taguchi*. Das Ziel liegt darin, mit möglichst wenigen Versuchen Daten mit hohem Aussagegehalt zu erhalten.	S. 78

2.6 Qualitätsverbesserung

Lösung zu Aufgabe 1: Begriff und Zielsetzung

► Qualitätsverbesserung umfasst alle Maßnahmen zur Steigerung von Effektivität und Effizienz in Tätigkeiten und Prozessen, um damit zusätzlichen Nutzen sowohl für die Organisation als auch für deren Kunden zu erzielen (DIN EN ISO 8402). Wird Qualitätsverbesserung als kontinuierliche Aufgabe angesehen, spricht man vom kontinuierlichen Verbesserungsprozess (KVP, Kaizen).

► Ziel der Qualitätsverbesserung ist es also, ständig dafür zu sorgen, dass die Qualität durch geeignete Maßnahmen innerhalb des Unternehmens gesteigert wird. Wichtigstes Element ist dabei, dass Strukturen aufgebaut werden, die die Mitarbeiter einbeziehen (betriebliches Verbesserungswesen, BVW, kontinuierlicher Verbesserungsprozess, KVP bzw. Qualitätszirkel).

Besondere Gründe für die Qualitätsbewertung können z. B. sein:

- Einsatz neuer Bauteile und -gruppen

- Einsatz neuer Werkstoffe

- Einsatz neuer Fertigungsverfahren.

► In der Praxis der Systematik der DIN EN ISO 9001 ff. wird diese Qualitätsverbesserung durch interne Audits und die daraus gewonnenen Korrekturmaßnahmen, ferner durch Korrekturen nach Fehlern, externen Reklamationen und durch statistische Erkenntnisse erreicht. Vorbeugungsmaßnahmen können vor Eintritt eines Fehlers erfolgen (Risikoanalysen).

Lösung zu Aufgabe 2: Vorgaben und Methoden der Qualitätsverbesserung

a) Die globalen Ziele eines Qualitätsmanagementsystems müssen zur vollen Wirksamkeit des Systems weiter untersetzt werden. Mit der Detaillierung der Ziele und für die daraus folgenden Maßnahmen zur Qualitätsverbesserung sind Verantwortlichkeiten und Befugnisse zu definieren und zuzuordnen. Die Akzeptanz der Ziele durch alle Mitarbeiter ist dazu unerlässlich. Die Mitarbeiter müssen sich mit den Zielen identifizieren können. Die Zielsetzungen wiederum müssen so gestellt sein, dass diese Identifikation ermöglicht wird. Eine dauerhafte Qualitätsverbesserung, verbunden mit einer hohen Prozesssicherheit, kann nur durch konkrete Zielstellungen, nicht durch sporadische Qualitätsarbeit, erreicht werden.

b) Bekannte und häufig angewandte, vorbeugende Methoden der Qualitätsverbesserung sind

- die FMEA
- das Ursache-Wirkungs-Diagramm
- die Fehlerbaumanalyse
- Poka Yoke.

3. Qualitätsmanagementsystem

Lösung zu Aufgabe 1: Qualitätsmanagementsystem, QMS (Vermischte Aufgaben)

a) Die Einführung eines Qualitätsmanagementsystems ist eine strategische Entscheidung für eine Organisation. Ein Qualitätsmanagement ist die festgelegte Methode der Unternehmensführung, die der Verbesserung der Prozessqualität, der Leistungen und der Produkte dient. Ein QMS stellt sicher, dass die Qualität der Prozesse und Verfahren geprüft und kontinuierlich verbessert wird. Ziel eines QMS ist die dauerhafte Verbesserung der Prozesse innerhalb des Unternehmens.

b) ► Steigerung der Unternehmens-Effizienz und der Qualitätsfähigkeit in allen Bereichen und Prozessen des Unternehmens

   ► Schaffung von umfassenden Voraussetzungen zur Realisierung einer anforderungsgerechten Produktbeschaffenheit

   ► Festigung des Qualitätsgedankens bei allen Mitarbeitern

   ► Verbesserung der Kundenzufriedenheit.

c) **Durchsetzung des Qualitätsmanagements** zur Verbesserung der Produktqualität durch:

   ► gezielte Fehlervermeidung

   ► frühzeitige Ermittlung möglicher Fehlerursachen sowie ganzheitliche Fehlererfassung und Auswertung

   ► umfassende Fehlererkennung und effektive Fehlerbeseitigung.

d) ► **Interne Bedeutung:**

   - eindeutige Organisationsstruktur

   - klare Verantwortlichkeiten und Zuständigkeiten

   - geregelte Abläufe und Verfahren.

   ► **Externe Bedeutung:**

   - Erhöhung der Akzeptanz des Unternehmens auf dem Markt und bei den Kunden

   - Imagesteigerung.

Die führenden Branchen in der Anwendung von Qualitätsmanagementsystemen sind weltweit die Unternehmen der Luftfahrt- und Fahrzeugindustrie sowie ihre Zulieferer, wie z. B. Webasto (Fahrzeugheizungen, Schiebedächer), Bosch (Steuergeräte), Hella (Elektrik, Leuchten).

e)

Neue/höhere Qualitätsziele
für den Folgezeitraum

Qualitätsplanung für den Folgezeitraum

Definition der Qualitätspolitik

Überprüfung der Qualitätspolitik
bezüglich ihrer Wirksamkeit

Definition von Qualitätszielen

Qualitätsverbesserung

Qualitätsplanung

Qualitätssicheung

Qualitätslenkung

f) Die Globalität eines Qualitätsmanagementsystems schließt sämtliche Kunden-Lieferanten-Beziehungen mit ein und wirkt als permanente, intensive Wechselbeziehung zwischen ihnen.

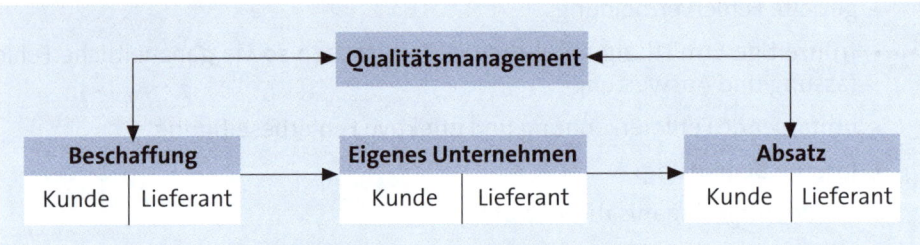

g) Alle Prozesse eines Unternehmens unterliegen den Anforderungen des Prinzips „Wirtschaftlichkeit".

Diese Anforderungen kennzeichnen die Qualität der Prozesse.

Die durch Störungen entstehenden Abweichungen und deren Beseitigung führen zu (ungeplanten) Mehrkosten und beeinträchtigen damit die Wirtschaftlichkeit der Prozesse.

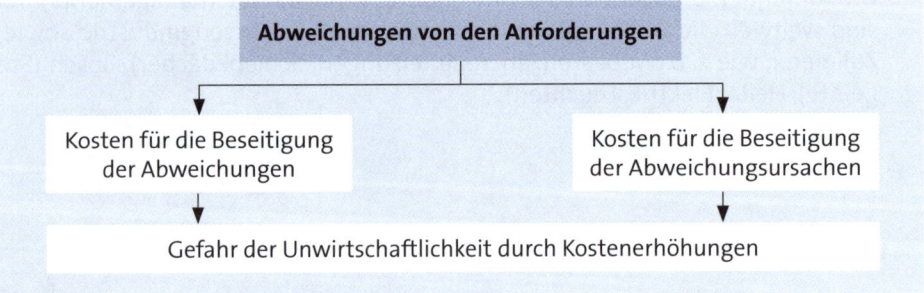

Die Wirtschaftlichkeit eines Unternehmens wird durch die konsequente Anwendung des Qualitätsmanagements nachhaltig verbessert.

h) Durch seine umfassende, auf die gesamte Organisation bezogene Wirkungsweise nimmt das Qualitätsmanagement bereits auf die Zielsetzungen eines Unternehmens direkten Einfluss:

Qualitätsmanagement – Zielsetzungen

Kunde	Innovation	Finanzen	Prozess	Mitarbeiter
► günstiger Preis	► Produktinnovation	► niedrige Kosten	► Kapazitätsauslastung	► Qualifizierung
► Termintreue	► Prozessinnovation	► hoher Umsatz	► hohe Produktivität	
► geringe Fehlerquote		► hoher Gewinn	► geringe Fehlerquote	
► Kundenzufriedenheit			► Vorgabeerfüllung	

i) Querschnittfunktionen durchdringen alle Funktionsbereiche. Auch für das Qualitätsmanagement trifft das zu: Nicht nur auf die Qualität der Produkte, sondern immer auch auf die Qualitätsfähigkeit der Organisation an sich richtet sich der Blick.

Lösung zu Aufgabe 2: QMS, Normen

a) Qualitätsmanagementsysteme basieren auf nationalen oder internationalen Normen und Standards. Diese sind branchenbezogen oder allgemein anwendbar. Eine Verknüpfung unterschiedlicher Normen zu einer gemeinsamen Basis für ein Qualitätsmanagementsystem eines definierten Unternehmens ist möglich und in bestimmten Branchen, z. B. der Fahrzeugindustrie, sogar gefordert.

Qualitätsmanagement-Modelle unterscheiden sich im Ansatz:

► **DIN EN ISO 9000 ff.:**
Dieses normenbasierte Zertifizierungsmodell legt **Mindeststandards** fest. Internationaler Leitfaden für den Aufbau eines prozessorientierten Qualitätsmanagementsystems; Möglichkeit der Zertifizierung.

► **TQM:**
Ist ein ganzheitliches Modell **ohne Minimalforderungen**. Qualität steht im Mittelpunkt und alle Unternehmensbereiche werden einbezogen.

➤ **EFQM-Modell**:
Es ist ein Bewertungsmodell für den Entwicklungsstand eines Unternehmens und basiert auf dem Konzept des TQM.

b) Normen für ein QMS:

Normen	Erläuterung
DIN EN ISO 9000:2015 bis 90004:2009 (Umgangssprachlich wird nur der Begriff „ISO 9000" verwendet.)	Abgestuftes, universelles internationales Normenwerk als Grundlage und Leitfaden zur Realisierung eines wirksamen QM-Systems. Gilt als weltweite qualitätsbezogene Bewertungsbasis von Unternehmen.
DIN EN ISO 14001	International gültiger Forderungskatalog für ein systematisches Umweltmanagement (UM). Wird im Rahmen des TQM voll in das Qualitätsmanagement integriert.

c) Branchenstandards sind Normen mit branchenbezogener Anwendung, die nationale oder internationale Gültigkeit besitzen können. Sie wirken häufig in Verbindung/auf der Grundlage der allgemeingültigen Qualitätsnormen. Die Tabelle unten zeigt ein Beispiel aus der Fahrzeugbranche.

Norm	Erläuterung
QS 9000	Qualitätsstandard der amerikanischen und europäischen Automobilindustrie
VDA 6.1	Deutsches Regelwerk der Automobilindustrie. Es basiert auf der Norm QS 9000 und bezieht sich auf die Zulieferer der Branche. Es beinhaltet u. a. umfassende Auditierungen (Überprüfungen) von Prozessen *und* Produkten.
ISO/TS-1 6949:2009	Weltweit einheitlicher technischer Standard (TS) zur Realisierung einheitlicher QM-Systeme in der Automobilindustrie. Er basiert auf der DIN EN ISO 9001:2015.

Lösung zu Aufgabe 3: Normenfamilie ISO 9000

a)

Normenfamilie ISO 9000		
ISO 9000	**ISO 9001**	**ISO 9004**
Grundlagen und Begriffe	Anforderungen	Leitfaden zur Leistungsverbesserung

➤ **DIN EN ISO 9000:2015**
Grundlagen und Begriffe von QM-Systemen und Leitfaden für die Anwendung auf Computer-Software

▸ **DIN EN ISO 9001:2015**
Anforderungen an die QM-Systeme

▸ **DIN EN ISO 9004:2009**
Leitfaden zur Leistungsverbesserung von QM-Systemen und für Dienstleistungen

Ergänzend:

▸ **DIN EN ISO 19011**
Sie stellt eine Anleitung für das Auditieren von Qualitäts- und Umweltmanagementsystemen bereit.

b) Die DIN EN ISO 9001:2015 stellt mit ihren Anforderungen den direkten Bezug zur Umsetzung eines QM-Systems im Unternehmen dar.

Die DIN EN ISO 9001 basiert auf drei Säulen:

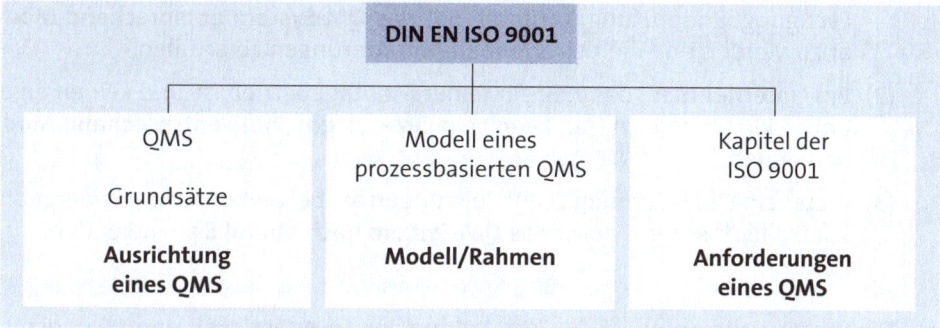

In dieser Norm werden definiert:

▸ das **Qualitätsmanagementsystem** als solches

▸ dessen grundlegende Dokumentation, das **„Qualitätsmanagementhandbuch"**

▸ die **Verantwortung der Leitung**

▸ das **Management von Ressourcen**

▸ die **Produktrealisierung**

▸ die **Messung, Analyse und Verbesserung.**

c) Die Unternehmen haben unterschiedliche Voraussetzungen, die eine vergleichbare Anwendung eines QM-Systems mit einheitlichen Anforderungen erschweren. Diese Voraussetzungen können z. B. bedingt sein durch die Betriebsstruktur, die Produktpalette oder die Einbindung des Unternehmens in übergeordnete Organisationsstrukturen.

In der DIN EN ISO 9001:2015 werden diese unterschiedlichen Voraussetzungen durch drei entsprechende Anwendungsmodule berücksichtigt. Unternehmen, die ein QMS anwenden wollen, müssen sich gemäß der Definition dieser Module einordnen.

d) Die DIN EN ISO 9001:2015 unterscheidet die Module **E, D** und **H** mit folgenden Anwendungsbereichen eines Unternehmens oder einer Organisation:

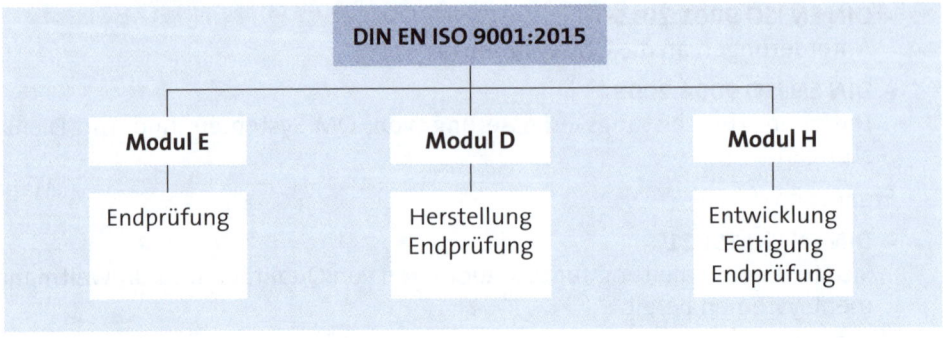

Beispiel

(1) Ein Unternehmen, dessen Organisationsstruktur alle Bereiche (Entwicklung, Fertigung, Endprüfung) umfasst, hat das **QM-System entsprechend Modul H** anzuwenden und die betreffenden Anforderungen zu erfüllen.

(2) Ein Unternehmen, das z. B. ein reiner Montagebetrieb ist und keinen eigenen Entwicklungsbereich hat, kann sein **QM-System „nur" entsprechend Modul D** anwenden.

(3) Bietet ein Unternehmen Dienstleistungen an, bei denen nur die Endergebnisse kontrolliert werden, so ist das **QM-System nach Modul E** anzuwenden.

e) Die Prozessvalidierung ist die Feststellung der Zuverlässigkeit eines Prozesses. Sie ist also ein Fähigkeitsnachweis darüber, dass der Prozess in der Lage ist, die geplanten Ergebnisse dauerhaft und reproduzierbar zu erreichen.

Lösung zu Aufgabe 4: Qualitätsmanagement, Grundsätze

Die Grundsätze des Qualitätsmanagements (nach der DIN EN ISO 9000:2015) lauten:

► Kundenorientierung

► Führung

► Einbeziehung der Menschen

► prozessorientierter Ansatz

► systemorientierter Managementansatz

► ständige Verbesserung

► sachbezogener Ansatz zur Entscheidungsfindung

► Lieferantenbeziehungen zum gegenseitigen Nutzen.

Lösung zu Aufgabe 5: QMS, Prozessmodell der DIN EN ISO 9001

Das Prozessmodell der DIN EN ISO 9001 bringt die Bestandteile eines QMS in einen strukturellen Zusammenhang. Dabei geht dieses Prozessmodell über das Unternehmen hinaus und schließt den Kunden mit ein (vgl. in der Abb. die „dünnen Pfeile").

Ausgehend von der **Verantwortung der Leitung** (Q-Politik, Q-Ziele) erfolgt ein **Management der Ressourcen** (Bereitstellung der Infrastruktur). Sie ist Voraussetzung für die **Produktrealisierung**. Die Ergebnisse der Produktrealisierung erfordern eine **Messung, Analyse und Verbesserung** um aus den erbrachten Leistungen zu lernen.

Das Ergebnis des Lernprozesses findet als Information wiederum Eingang in das Handeln der obersten Leitung. Aufgrund dieses Regelkreises ergibt sich zwangsläufig eine ständige Verbesserung der Unternehmensleistung.

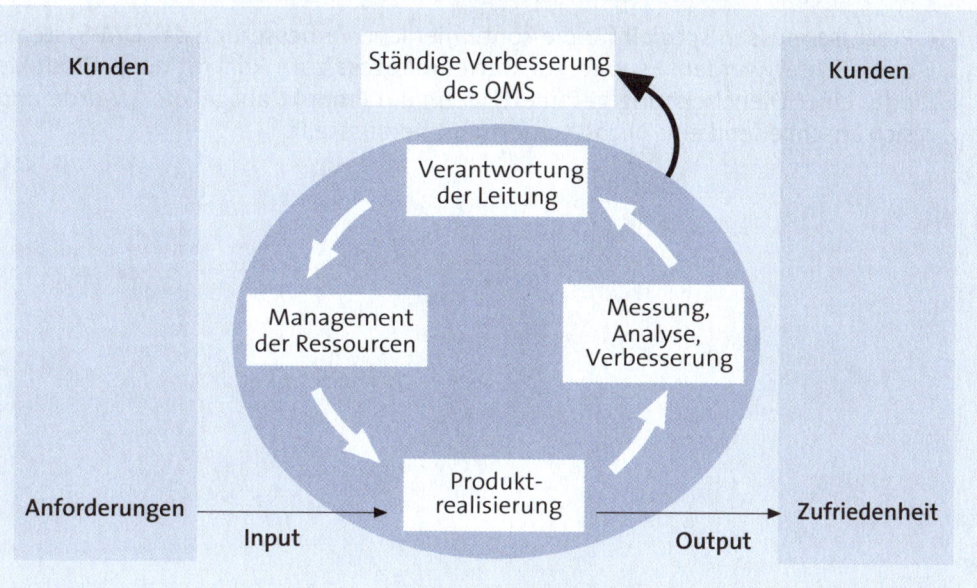

Quelle: in Anlehnung an ISO 9001

Die vier Elemente eines QMS sind mit folgenden Inhalten und Forderungen verbunden:

1. **Verantwortung der Leitung:**

   ► Betonung der besonderen Verantwortung des Managements, die Prozesse eines QM-Systems an dem Kunden auszurichten

   ► Dokumentation von Prozessbeschreibungen

   ► Kundenbedürfnisse sollen laufend in den Geschäftsprozessen bewusst gemacht werden

   ► Es werden konkrete Aktionslisten und Maßnahmenkataloge verlangt.

2. **Management der Ressourcen:**

   ► Es wird eine Infrastruktur gefordert, die geeignet ist, die Erfüllung von Kundenanforderungen zu gewährleisten

   ► Dazu gehört die Berücksichtigung eines geeigneten Arbeitsumfeldes zur Erfüllung von Kundenanforderungen.

3. **Produktrealisierung:**

   ► Die Prozesse müssen kundenbezogen sein

   ► Zur Bewertung von Lieferanten sollen auch Anforderungen an deren Managementsysteme herangezogen werden.

4. **Messung, Analyse, Verbesserung:**

   ► Messgrößen zur Ermittlung der Systemeffektivität sollen festgelegt werden. Dabei stellt die Kundenzufriedenheit einen wichtigen Aspekt dar.

   ► Prozesse müssen speziell für die kontinuierliche Verbesserung des QM-Systems eingerichtet werden. Es wird konkret ein Prozess zum Rückruf eines Produkts oder einer Dienstleistung gefordert, wenn ein Produkt ausgeliefert wurde und sich anschließend eine Nicht-Konformität herausstellt.

Lösung zu Aufgabe 6: QMS, Einführung, Vorteile

a)

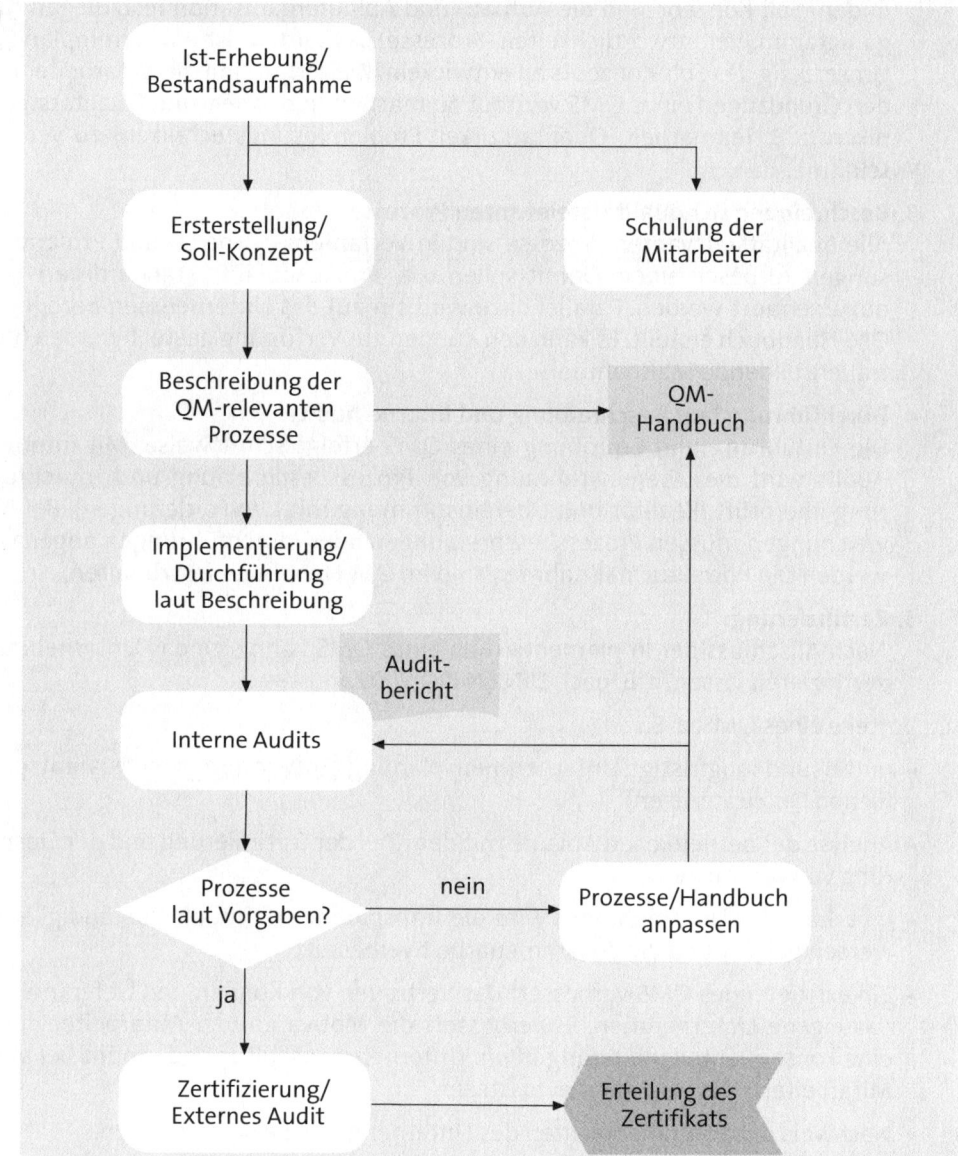

Erläuterung:

1. **Bestandsaufnahme:**
   Im Rahmen der Bestandsaufnahme sind die Schnittstellen zu den verschiedenen Bereichen zu untersuchen und die Verantwortlichkeiten sind festzulegen. Alle bestehenden Qualitätsvorschriften sind zu sichten zu bewerten.

2. **Soll-Konzept:**
In dem Soll-Konzept sind die Aufbau- und Ablauforganisation festzulegen (Organigramm, Verantwortlichkeiten, Prozesse). Außerdem ist ein Terminplan zur Umsetzung des Soll-Konzepts zu entwickeln. Weiterhin sind die Mitarbeiter mit den Grundzügen eines QMS vertraut zu machen und ihnen sind Qualitätstechniken (z. B. Teamarbeit, Qualitätszirkel, Problemlösungstechniken) zu vermitteln.

3. **Beschreibung der qualitätsrelevanten Prozesse:**
Alle qualitätsrelevanten Prozesse sind in Verfahrens-, Arbeits- und Prüfanweisungen zu beschreiben. Damit sollen u. a. Prozessabläufe standardisiert und dokumentiert werden. Parallel dazu wird ein auf das Unternehmen bezogenes QM-Handbuch erstellt. Es kann den Kunden zur Verfügung gestellt werden (vertrauensbildende Maßnahme).

4. **Durchführung laut Beschreibung und interne Audits:**
Die Einführung und Erprobung eines QMS erfolgt schrittweise. Mit internen Audits wird die Übereinstimmung von Prozessbeschreibung und -durchführung überprüft (Realität und Übereinstimmung mit den Forderungen). Bei Abweichungen müssen Prozessbeschreibungen oder -durchführungen angepasst werden Die Korrekturmaßnahmen sind im QM-Handbuch festzuhalten.

5. **Zertifizierung:**
Nach Abschluss der Implementierung eines QMS kann sich das Unternehmen zertifizieren lassen, z. B. nach DIN EN ISO 9001.

b) Vorteile eines QMS, z. B.:

- ► mittel- und langfristige Unternehmensplanung (Entwicklung von Qualitätspolitik und Qualitätszielen)

- ► Analyse der betrieblichen Abläufe mit dem Ziel der Optimierung und der Einsparung von Ressourcen

- ► Innerhalb des Unternehmens wird die Transparenz erhöht, die Zuständigkeiten werden geklärt und die Zusammenarbeit verbessert

- ► Ein existierendes QMS verbessert das Vertrauen von Kunden und Lieferanten in das eigene Unternehmen. Es verbessert die Motivation der Mitarbeiter durch eine konsequente Einbindung in die Unternehmenskultur und erhöht bei allen Mitarbeitern das Qualitätsbewusstsein

- ► Nachweis der Sorgfaltspflichten des Unternehmens bei Rechtsfragen.

Lösung zu Aufgabe 7: Lean-Management

Marktorientierte Unternehmen nach dem Lean-Management-Prinzip

- ► konzentrieren sich auf das Gesamtsystem und die zentrale Leistungskette
- ► haben einen kontinuierlichen Arbeitsablauf und Arbeitsfluss

- ändern das Vorgehen im vorgelagerten Bereich, um das nachgelagerte Problem zu lösen

- investieren, um den Zeitverbrauch zu reduzieren.

Im Hinblick auf Prozesse, die Organisation und das Management treten (im günstigen Fall) folgende Veränderungen ein:

- **Prozesse:** flussorientierte Ablauforganisation; qualifiziertes, flexibel einsetzbares Personal; unterstützende Technikkonzepte

- **Organisation:** flache Aufbauorganisation, mitarbeiterorientiertes Managementsystem, zielorientierte Personalentwicklung

- **Management:** konsensorientierte Unternehmenskultur, gruppenorientierte Arbeitsorganisation, Kooperationsbeziehungen zu Kunden und Lieferanten.

Lösung zu Aufgabe 8: Lean-Production-Prinzip
Beispiele

- Reduzierung der Qualitätsprobleme beim Kunden gegen Null

- Reduzierung der im Produktionsprozess auftretenden Fehler gegen Null

- Halbierung der Entwicklungszeiten für neue Produkte

- Reduzierung der Auftragsdurchlaufzeiten um die Hälfte und mehr

- Reduzierung der Bestände um die Hälfte und mehr

- Produktion kleinerer Stückzahlen bei höherer Variantenvielfalt und gleichbleibenden Kosten

- Reduzierung des Investitionsbedarfs in Betriebseinrichtungen, Werkzeuge, Vorrichtungen

- Reduzierung des Personaleinsatzes in der gesamten Prozesskette.

Lösung zu Aufgabe 9: EFQM-Modell

a) Das EFQM-Modell ist das TQM-Modell der **E**uropean **F**oundation **F**or **Q**uality **Ma**nagement (Europäische Gesellschaft für Qualitätsmanagement). Es wurde als Antwort auf das amerikanische Malcom Baldrige Model und den japanischen Deming-Preis entwickelt und dient als Rahmen für die Bewertung von Bewerbungen um den European Quality Award.

Das EFQM-Modell ist als unverbindliche Rahmenstruktur definiert, innerhalb derer sich Branchen und Unternehmen ihre spezifischen Konzepte auf dem Weg zum „exzellenten" Unternehmen suchen sollen. Es steht nicht in Konkurrenz zum Total Quality Management, sondern soll eine Hilfestellung bei dessen Umsetzung sein.

Das Modell definiert sich über die Unterscheidung zwischen *„Befähiger"* und *„Ergebnisse"*. Es weist damit der Unternehmensführung die Schlüsselrolle als „Befähiger" zu. Weiterhin enthält es eine festgelegte prozentuale Bewertungsmatrix, deren maximale Erreichbarkeit 100 % beträgt. Dieses Ziel ist praktisch kaum erreichbar.

- ▸ Die „Befähiger-Kriterien" (Input) enthalten das „Wie" die Organisation vorzugehen hat.
- ▸ Die „Befähiger-Kriterien" (Input) im Einzelnen sind:

Befähiger-Kriterien (Input)	
Prozesse	Ermittlung, wie Prozesse eingeführt, gestaltet, analysiert und verbessert werden können. Dabei steht die Ausrichtung der Prozesse auf die Kundenbedürfnisse im Mittelpunkt.
Mitarbeiterorientierung	Ermittlung wie Mitarbeiterressourcen gemanagt werden, wie die Qualifikation der Mitarbeiter verbessert werden kann und wie zwischen Führungskräften und Mitarbeitern effizient kommuniziert werden sollte.
Politik und Strategie	Ermittlung wie Politik und Strategie des Unternehmens auf Leistungsmessungen und Marktforschung basieren und ob dabei gegenwärtige und zukünftige Kundenwünschen einfließen.
Ressourcen	Ermittlung wie Gebäude, Technologien, Finanzen, Informationen, Wissen und Materialien gemanagt werden müssen.
Führung	Ermittlung wie die Maßnahmen der Führungskräfte geeignet sind die Visionen und Werte des Unternehmens zu erarbeiten und bei der Umsetzung zu unterstützen. Dabei ist das Bemühen der Führungskräfte um Kunden, Lieferanten, Vertreter der Gesellschaft sowie die Motivation der Mitarbeiter zu berücksichten.

► Die „Ergebnis-Kriterien" (Output) enthalten das „Was" die Organisation erreicht hat.

► Die „Ergebnis-Kriterien" (Output) im Einzelnen sind:

Ergebnis-Kriterien (Output)	
Geschäfts-ergebnisse	Nachweis, was das Unternehmen an Ergebnissen erbracht hat (Umsatz, Ergebnis, Wachstum, Neuprodukte, Patente, usw.)
Kunden-zufriedenheit	Nachweis wie die Kunden das Unternehmen, die Produkte und die Prozesse wahrnehmen (z. B. anhand der Kennziffern Rekla-mationen, Termineinhaltung, Kundenzufriedenheit)
Gesellschaftliche Verantwortung	Nachweis wie die Gesellschaft das Unternehmen und seine Pro-dukte wahrnimmt (z. B. Presseveröffentlichungen, Stellungnah-men des Verbraucherschutzes, Engagement in der Gemeinde, Zusammenarbeit mit gesellschaftlichen Einrichtungen)
Mitarbeiter-zufriedenheit	Nachweis wie hoch die Mitarbeiterzufriedenheit ist und wie das Unternehmen aus der Sicht der Mitarbeiter wahrgenommen wird (z. B. Messungen über Teamarbeit, Lohnniveau, Verbesse-rungsvorschläge)

b)

DIN EN ISO 9000:2015 ff.	**EFQM-Modell**
► konkret formulierte, allgemein gültige Anforderungen	► weniger konkretisiert, aber umfassender im Ansatz
► stellt festgeschriebene Mindestanfor-derungen dar	► wirkt als dynamisches Bewertungssystem
► weltweite Verbreitung und Anwendung	► geringere Verbreitung, vorwiegend im EU-Raum

Die Bewertungsergebnisse beider QM-Systeme sind *nicht vergleichbar*. Da das EF-QM-Modell schon in der Systemstruktur von der DIN EN ISO 9000:2015 ff. grund-legend abweicht, würde im direkten Vergleich der Erfüllungsgrad nach DIN EN ISO 9000 ff. dem Erfüllungsgrad des EFQM-Modells nur zu etwa 30 % entsprechen.

Lösung zu Aufgabe 10: TQM (1)

Inhalte die mit „T", „Q" und „M" verbunden sind:

► **T**otal:

- erfasst das gesamte Unternehmen (alle Funktionsbereiche) und sein Umfeld

- Kundenorientierung

- Mitarbeiterorientierung

- Gesellschafts- und Umweltorientierung.

► **Q**uality:

- Qualität der Unternehmensführung

- Qualität der Prozesse

- Qualität der Arbeit
- Qualität der Produkte.

► **M**anagement:
- Qualität der Führungsarbeit
- Qualitätspolitik
- Lernfähigkeit der gesamten Organisation
- konsequente Zielorientierung.

Die Entscheidung darüber was Qualität ist trifft der Kunde, indem er diejenigen Produkte oder Dienstleistungen nachfragt, die seinen Erwartungen entsprechen. Da sich die Wünsche der Kunden unentwegt ändern, müssen die vom Unternehmen angebotenen Produkte permanent verbessert werden. Die fortlaufende Verbesserung der Arbeitsabläufe impliziert dabei die ständige Anpassung und Optimierung der Arbeitsabläufe im gesamten Unternehmen. Infolgedessen kann TQM als „eine ablauforientierte Führungspraxis mit dem Ziel der kontinuierlichen Qualitätssicherung für den Kunden" bezeichnet werden.

Der entscheidende Motor des TQM sind die Führungskräfte, zu deren Aufgaben die „unbedingte Vorbildsfunktion in Sachen Kundenorientierung, Fehlerfreiheit der Produkte und Dienstleistungen sowie ständige Verbesserung von Prozessen und Leistungen des eigenen Arbeitsbereichs" gehören. Auch die Mitarbeiter spielen beim Qualitätsmanagement eine wesentliche Rolle. Sie werden durch Kommunikation, Ausbildung, Anerkennung und Übertragung von Verantwortung in den Prozess der kontinuierlichen Qualitätsverbesserung eingebunden.

Lösung zu Aufgabe 11: TQM und traditionelle Qualitätskontrolle

a) ► **Traditionelle Kontrolle:**
- Fehlerfolgekosten höher
- Prüfkosten höher
- Fehlerverhütungskosten niedriger.

► **Total Quality Management:**
- Fehlerfolgekosten niedriger
- Prüfkosten niedriger
- Fehlerverhütungskosten höher
- Qualität bezieht sich nicht nur auf das Leistungsergebnis, sondern auch auf die qualitative Gestaltung des Prozesses
- Qualität hat einen eigenständigen Wert (nicht nur Kostenfaktor).

b) Maßnahmen, die innerbetrieblich eingeleitet werden müssen, um die Forderung nach einem Total Quality Management zu erfüllen:

- ▶ Beantragen einer Zertifizierung nach DIN EN ISO 9000 ff.
- ▶ Auditierung der betrieblichen Abläufe
- ▶ Einführung der kontinuierlichen Verbesserung
- ▶ Zielsetzung der Null-Fehler-Strategie (Produktion ohne Ausschuss, keine akzeptable Fehlerquote)
- ▶ Einbindung der Kunden (Trendentwicklung, Vorschläge)
- ▶ Einbindung der Mitarbeiter (z. B. BVW)
- ▶ Einrichtung von Qualitätszirkeln.

Lösung zu Aufgabe 12: TQM (2)

Das TQM-Konzept hat zwei Säulen:

- ▶ die Menschen (Mitarbeiter und Führungskräfte)
- ▶ die Prozesse im Unternehmen unter Berücksichtigung der Kunden- und Lieferantenprozesse.

Beide „Säulen" müssen konsequent und vor allem gleichzeitig weiterentwickelt werden. Die Weiterentwicklung der Mitarbeiter geschieht Top-down, d. h. man beginnt mit der Schulung bei den Führungskräften, da diese die TQM-Philosophie verkörpern und vorleben müssen. Die Führungskräfte haben dabei die wichtige Aufgabe, ihre Mitarbeiter zu befähigen und zu motivieren, ihre Prozesse selbst zu organisieren und erfolgreich zu meistern.

Die Verbesserung der Prozesse geschieht Bottom-up, d. h. von unten nach oben. In diesem Fall sind zunächst die am Prozess beteiligten Mitarbeiter gefragt, den Prozess zu verbessern, da sie diesen am besten kennen. Von ihnen werden durch Arbeitsplatz- und Arbeitsablaufanalysen konkrete Optimierungsmaßnahmen selbst entwickelt und umgesetzt. Dabei sind Vorgehen und Spielregeln so ausgearbeitet, dass die Mitarbeiter immer im Mittelpunkt stehen. Sie sind es schließlich, die mit dem neuen Optimum leben und arbeiten.

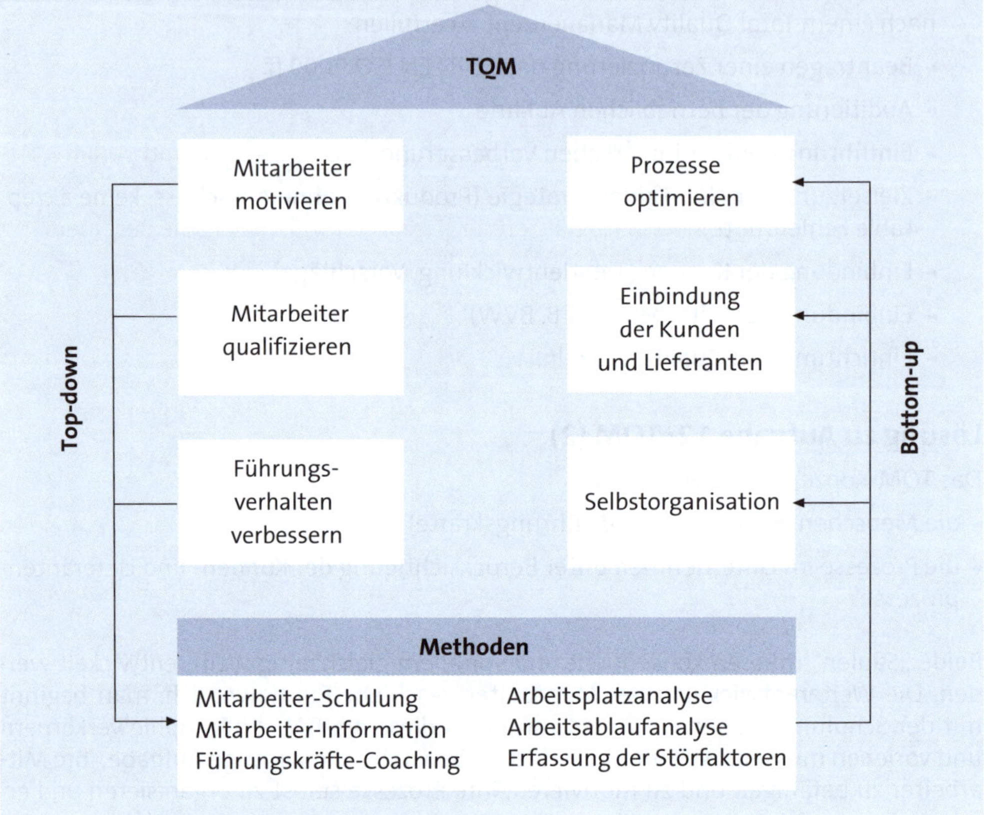

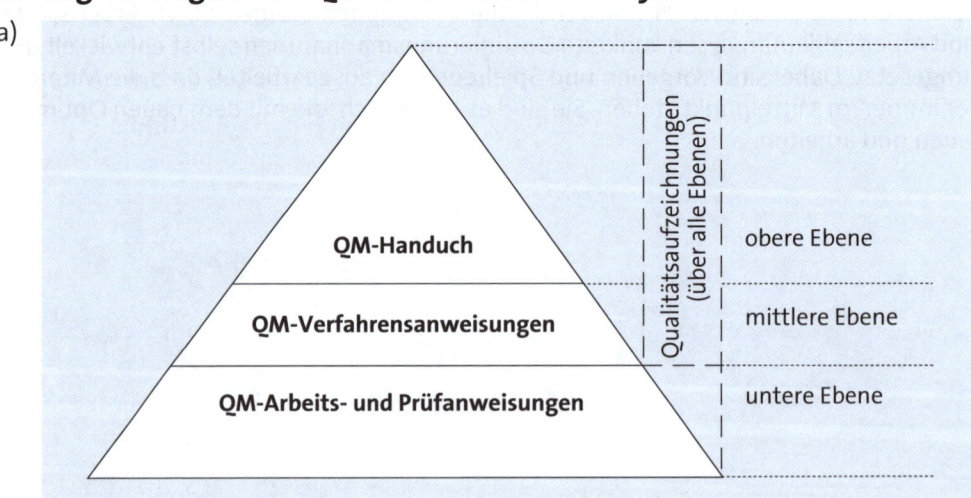

TQM

Mitarbeiter motivieren	Prozesse optimieren
Mitarbeiter qualifizieren	Einbindung der Kunden und Lieferanten
Führungs-verhalten verbessern	Selbstorganisation

Top-down — Bottom-up

Methoden

Mitarbeiter-Schulung
Mitarbeiter-Information
Führungskräfte-Coaching

Arbeitsplatzanalyse
Arbeitsablaufanalyse
Erfassung der Störfaktoren

Quelle: in Anlehnung an *Hering/Steparsch/Lindner, 1997, S. 212*

Lösung zu Aufgabe 13: QM-Dokumentations-Pyramide

a)

QM-Handuch — obere Ebene

QM-Verfahrensanweisungen — mittlere Ebene

QM-Arbeits- und Prüfanweisungen — untere Ebene

Qualitätsaufzeichnungen (über alle Ebenen)

b) QM-Dokumente:

1 **QM-Handbuch:**

- ► beschreibt alle QM-Elemente und -ziele sowie die Qualitätspolitik des Unternehmens

- ► beschreibt die für alle Prozesse definierten Zuständigkeiten und Verantwortlichkeiten

- ► enthält dokumentierte Verfahren für das QM-System sowie die Beschreibung der Wechselwirkungen der Prozesse des QM-Systems

- ► ist für den Kunden zugänglich.

2 **Verfahrensanweisung:**
Sie regelt die Anwendung eines definierten Verfahrens nach einer bestimmten Methodik und die Verantwortlichkeit; beschreibt die Ablauforganisation des Unternehmens in detaillierter Form.

3 **Arbeits- und Prüfanweisung:**
Ist eine Untersetzung der Verfahrensanweisung bezüglich der Anwendung der Methodik mit der dazu gehörigen Verantwortlichkeit; liefert eine exakte Beschreibung eines bestimmten qualitätsrelevanten Handelns; ist i. d. R. nicht für Externe bestimmt.

4 **Qualitätsaufzeichnungen:**
Sie sind der Nachweis über die Erfüllung der Qualitätsanforderungen und die Effektivität des QM-Systems.

c)

Ebene	Art der Dokumentation
► oberste Leitungsebene	Qualitätsmanagementhandbuch
► Führungsebene	Verfahrensanweisungen
► Ausführungsebene	Arbeits- und Prüfanweisungen
► alle Ebenen	Qualitätsaufzeichnungen

Lösung zu Aufgabe 14: QM-Handbuch und dokumentierte Verfahren

a) Das QM-Handbuch bildet als **Führungs- und Dokumentationsinstrument** die dokumentarische Grundlage des QM-Systems. In ihm sind enthalten:

- ► die Qualitätspolitik des Unternehmens

- ► die Qualitätsziele

- ► der Anwendungsbereich des QM-Systems

- ► die Organisation zur Sicherstellung einer wirkungsvollen Planung, Lenkung und Durchführung der Prozesse, sowie der erforderlichen Dokumente

- ► die für diese Prozesse definierten Zuständigkeiten und Verantwortlichkeiten

- ► dokumentierte Verfahren für das QM-System

- ► die Beschreibung der Wechselwirkungen der Prozesse des QM-Systems.

b) Dokumentierte Verfahren sind Verfahren des Qualitätsmanagements, die hinsichtlich der Erreichung der Qualitätsziele und der Bewertung der Ergebnisse in ihrer Gesamtheit zu dokumentieren sind.

c) Dokumentierte Verfahren dienen der Festlegung von Anforderungen, um

- ► potenzielle Fehler festzustellen
- ► Fehlerursachen zu ermitteln
- ► das Auftreten von Fehlern zu verhindern und
- ► dazu geeignete Maßnahmen festzulegen
- ► die erzielten Ergebnisse aufzuzeigen und
- ► die Maßnahmen auf ihre Wirksamkeit zu beurteilen.

d) Ja! Jedes Unternehmen, das mit einem QM-System arbeitet, ist verpflichtet, ein Qualitätsmanagementhandbuch zu erstellen und es permanent, entsprechend den Verbesserungs- bzw. Veränderungsprozessen, zu aktualisieren.

e) Das Qualitätsmanagementhandbuch besteht überwiegend aus, auf die Elemente bezogenen, Verfahrens- und Arbeitsanweisungen.

Beispiel

Inhaltsverzeichnis (Hauptkapitel) des QM-Handbuches eines mittelständischen Unternehmens aus der Fahrzeugzulieferindustrie:

1. Verantwortung der obersten Leitung

2. Grundsätze zum Qualitätsmanagement

3. Qualitätskosten und Wirtschaftlichkeit

4. Produktsicherheit und Produkthaftung

5. Personal

6. Vertrieb, Marketing und Kundendienst

7. Produktentwicklung und Designlenkung

8. Qualität bei der Beschaffung

9. Qualität in der Fertigung

10. Produktionslenkung

11. Produktverifizierung

12. Mess- und Prüfmittel

13. Fehler

14. Korrekturmaßnahmen

15. Handhabung, Lagerung, Verpackung und Versand

16. qualitätsrelevante Unterlagen

17. Gebrauch statistischer Methoden

18. vom Auftraggeber beigestellte Produkte

19. Umweltschutz

20. interne Qualitätsdarlegung

21. mitgeltende Unterlagen.

f) **Qualitätsaufzeichnungen** sind ein wesentlicher Bestandteil der Qualitätsdokumentation. Sie bilden den Nachweis über die Erfüllung der Qualitätsanforderungen und die Effektivität des QM-Systems. Beispielsweise Fehlererfassungslisten, Prüfberichte, Auditberichte, Reviews, Qualitätsauswertungen, Gutachten oder Datenbänke EDV-mäßig erfasster Qualitätsdaten.

Lösung zu Aufgabe 15: Designlenkung und Produktlebenslauf

a) Die **Lenkung des Produktentstehungsprozesses** (Designlenkung) ist ein komplexer Ablauf und beinhaltet in großem Umfang eine zum Teil sehr intensive Zusammenarbeit mit dem Kunden. Dieser Prozess kennzeichnet die Phase eines Produkts zur Erlangung der Serienreife. Hier wird der Lebenslauf des Produkts entscheidend beeinflusst.

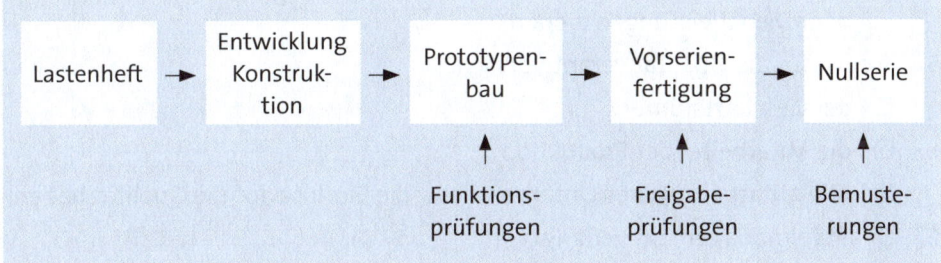

b) Die Beeinflussung ist durch die Qualität des Lenkungsprozesses gekennzeichnet. Wird z. B. der Produktentstehungsprozess so gelenkt, dass das Produkt die Kundenanforderungen nicht oder nur teilweise erfüllt, aber trotzdem zur Serienreife gelangt, kann das dazu führen, dass der Kunde das Produkt ablehnt.

Im schlechtesten Fall (*Worst Case*) muss das Produkt durch Rückrufaktionen nachgebessert oder ganz vom Markt genommen werden. Der geplante Produktlebenszyklus wird dadurch vorzeitig beendet; das Produkt erwirtschaftet Verluste.

Lösung zu Aufgabe 16: Qualitätsmanagement (Multiple Choice)

1. Wann verjähren die Ansprüche eines Geschädigten nach dem Produkthaftungsgesetz?

   ☐ nach 2 Jahren

   ☒ nach 3 Jahren

   ☐ nach 5 Jahren

   ☐ nach 10 Jahren

2. Welches ist keine Prozessregelkarte?

☐ xR-Karte

☐ XbarS-Karte

☐ z-Karte

☒ np-Karte

3. Was enthält die DIN EN ISO 19011?

☐ Anforderungen an ein QM

☐ Effizienz des QMs

☒ Auditierung von QM- und Umweltmanagementsystemen

☐ Begriffe zu QM-Systemen

4. Wie lässt sich der Begriff Qualitätsmanagement zutreffend umschreiben?

☐ Personengruppe, die eine Organisation auf der obersten Ebene hinsichtlich der Einhaltung der Qualität lenkt und leitet

☐ Einsetzen eines Qualitätsmanagementbeauftragten

☒ Organisierte Maßnahmen, die der Verbesserung von Produkten, Prozessen oder Dienstleistungen dienen

5. Wer ist für die Qualität verantwortlich?

☐ der Geschäftsführer

☐ die Mitarbeiter der Produktion

☒ Alle Mitarbeiter eines Unternehmens, die Einfluss auf die Qualität haben.

6. Qualitätsmanagement verlangt …

☐ die Einsparung personeller Ressourcen

☒ die kontinuierliche Verbesserung aller Abläufe

☐ die kontinuierliche Erweiterung der Umsätze des Unternehmens

7. Was gehört nicht zu den zentralen qualitätsbestimmenden Faktoren?

☒ Preisgestaltung

☐ Kundenerwartungen

☐ Normen und Gesetze

8. Welches Stichwort kann für QM als Teil der Unternehmenspolitik eingesetzt werden?

☐ aktives Handeln

☐ Entfaltungsspielraum

☒ Kundenorientierung

☐ Kundenzufriedenheit

☐ Wirtschaftlichkeit

9. Was sind zentrale Dokumente für den Nachweis der Produktqualität?

   ☐ Arbeitsanweisungen

   ☐ Prüfpläne

   ☐ Prüfanweisungen

   ☒ Qualitätsaufzeichnungen

10. Welche Hilfsmittel sind besonders für die Überwachung der Prozessfähigkeit geeignet?

    ☐ Ausschusskennzahlen

    ☒ Regelkarten

    ☐ Pareto-Analysen

    ☐ Histogramme

4. Werkzeuge des Qualitätsmanagements

Lösung zu Aufgabe 1: Werkzeuge (Überblick und Einsatz)

Die wichtigsten Werkzeuge des TQM sind:

- Q7 (Qualitätswerkzeuge)
- Statistische Prozessregelung (SPC)
- Fehlermöglichkeits- und Einflussanalyse (FMEA)
- Quality Function Deployment (QFD).

Sie lassen sich in den Phasen Produktkonzept, Produktentwicklung, Fertigung und Absatz (Kunde) folgendermaßen einsetzen:

Q7			
		SPC	
FMEA			
QFD			
Produktkonzept	Produktentwicklung	Fertigung	Absatz (Kunde)

4.1 Qualitätswerkzeuge Q7

Lösung zu Aufgabe 1: Werkzeuge Q7 (Überblick)

Die sieben klassischen Qualitätswerkzeuge (Q7)	
Werkzeug	**Anwendung**
1. **PDCA** (Plan Do Check Act)	Permanenter Kreislauf zur Reduzierung der Abweichungen vom Soll-Wert: Überlegen → Probieren → Prüfen → Anwenden
2. **Datenermittlung** qualitäts- bestimmender Produkt- und Prozessdaten	Methode der 7-W-Fragen: Warum – Was – Wie – Wie viel – Womit – Wann – Wer
3. **Fehlersammelkarte**	Geordnete Fehlererfassung mittels Strichliste
4. **Darstellung** der Auswertungs- ergebnisse	Übersichtliche Ergebnisdarstellung, z. B. durch Histogramme, Kurven, Ablaufpläne, Flussdiagramme
5. **Pareto-Analyse**	Visuelle Darstellung der Fehlerhäufigkeiten von Merkmalsfehlern nach ihrer Bedeutung
6. **Ursache-Wirkungs-Diagramm** (nach *Ishikawa*)	Erfassung möglicher Fehlerursachen und ihre Wirkung auf die Qualitätsanforderung
7. **Regelkarten**	Erfassung der Abweichungen vom Soll-Wert und ihre grafische Darstellung

Lösung zu Aufgabe 2: PDCA-Zyklus nach Deming

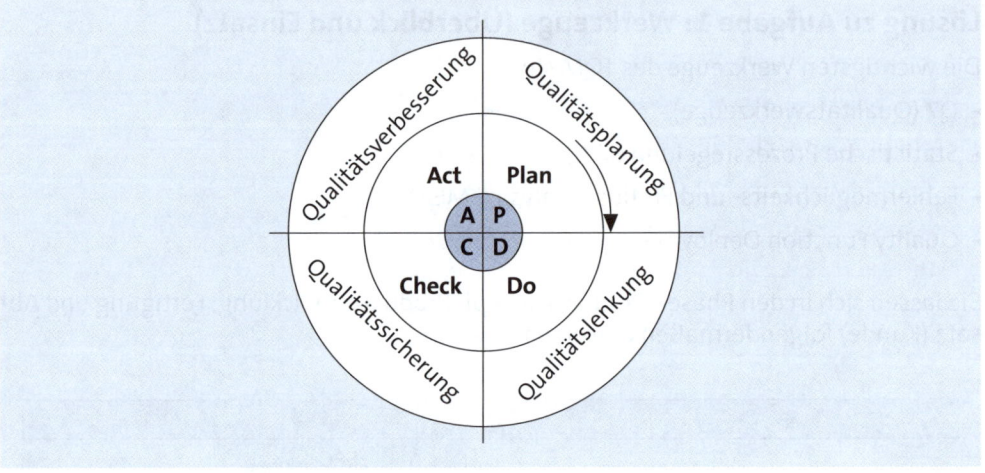

Plan

- ► Zielsetzung/Inhalte festlegen, z. B. Reduzierung der Liegezeiten
- ► Daten sammeln
- ► Daten analysieren
- ► Lösungsideen sammeln
- ► Lösungsansätze bewerten
- ► Lösungen und Methoden auswählen
- ► Realisierungsschritte planen: Wer? Was? Wie? Wann? Wo?

Do

- ► Realisierungsschritte/Aktionspläne umsetzen
- ► Zwischenergebnisse dokumentieren.

Check

- ► Ergebnisse dokumentieren
- ► Erreichung der Ziele überprüfen.

Act

- ► Aktionen zusammenfassen und als Standards verabschieden
- ► Ergebnisse visualisieren
- ► nächste Zielsetzung wählen.

Lösung zu Aufgabe 3: Zyklus nach Deming

1. Planungsphase (plan)
   - ▸ Analyse der Istsituation
   - ▸ Ausarbeitung eines Verbesserungsplans.
2. Planungsumsetzungsphase (do)
   - ▸ die Mitarbeiter mit dem Plan vertraut machen
   - ▸ die geplanten Verbesserungen durchführen.
3. Prüfphase (check)
   - ▸ Zielsetzung der Planungsphase prüfen.
4. Aktionsphase (act)
   - ▸ Ergebnisse standardisieren und einführen.

Lösung zu Aufgabe 4: Flussdiagramm (1)

Der Ist-Zustand verrichtungsorientierter Prozesse (Abläufe) lässt sich mithilfe eines Flussdiagramms darstellen. Durch die Verzweigung von Abläufen können auch parallel verlaufende Teilabläufe sowie Rückkopplungen dargestellt werden. Die Symbole sind in der DIN 66001 normiert:

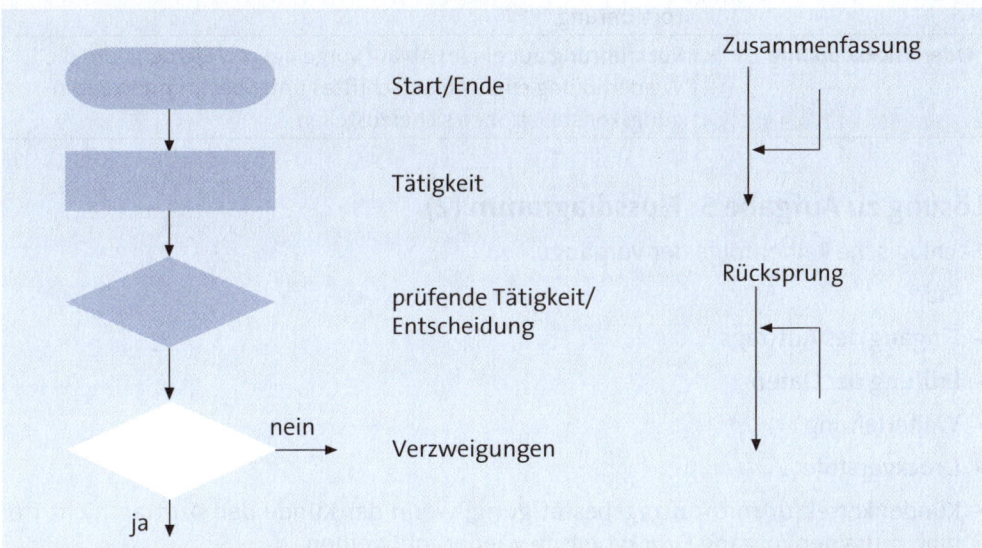

Dabei wird die einmal gewählte Logik – „Ja-Verzweigung: senkrecht", „Nein-Verzweigung: waagerecht" – im ganzen Diagramm beibehalten.

Weitere Regeln sind:

► Beginn und Ende des Vorgangs werden mit „Start" und „Ende" (Ellipse) gekennzeichnet.

► „Ja-Verzweigungen" (= senkrecht); „Nein-Verzweigungen" (= waagerecht)

► Vorgangsstufen werden mit Richtungspfeilen verknüpft.

► Bei den Vorgangsstufen wird zwischen „Tätigkeit" (= Rechteck) und „prüfender Tätigkeit" (= Entscheidungsraute) unterschieden.

Betriebliche Abläufe lassen sich auf sechs unterscheidbare Folgebeziehungen zurückführen:

Kette	Unverzweigte Aufeinanderfolge von Ablaufelementen; Flussrichtung wird durch Pfeile dargestellt.
Und-Verzweigung	Beginn von zwei oder mehr parallel angeordneten Ablaufelementen, welche unabhängig voneinander durchlaufen werden müssen.
Und-Zusammenführung	Ende von zwei oder mehr parallel verlaufenden Teilabläufen.
Oder-Verzweigung	Weichenstellung auf zwei oder mehr Teilabläufe die alternativ aufgrund der Bedingungskonstellation durchlaufen werden müssen.
Oder-Zusammenführung	Zusammenführung alternativer Teilabläufe zur gemeinsamen Fortführung.
Oder-Rückkopplung	Rückführung auf ein im Ablauf vorgelagertes Element, um die Wiederholung eines Ablaufschrittes unter bestimmten Bedingungskonstellationen sicherzustellen

Lösung zu Aufgabe 5: Flussdiagramm (2)

Sachlogische Reihenfolge der Vorgänge:

► Start

► Eingang des Auftrags

► Prüfung der Daten

► Weiterleitung

► Druckvorstufe

► Kundenkorrektur mit Auftragsbestätigung; wenn der Kunde den Auftrag nicht frei gibt, muss der Vorgang Druckvorstufe wiederholt werden.

► Druck

► Weiterverarbeitung

► Auslieferung

► Ende.

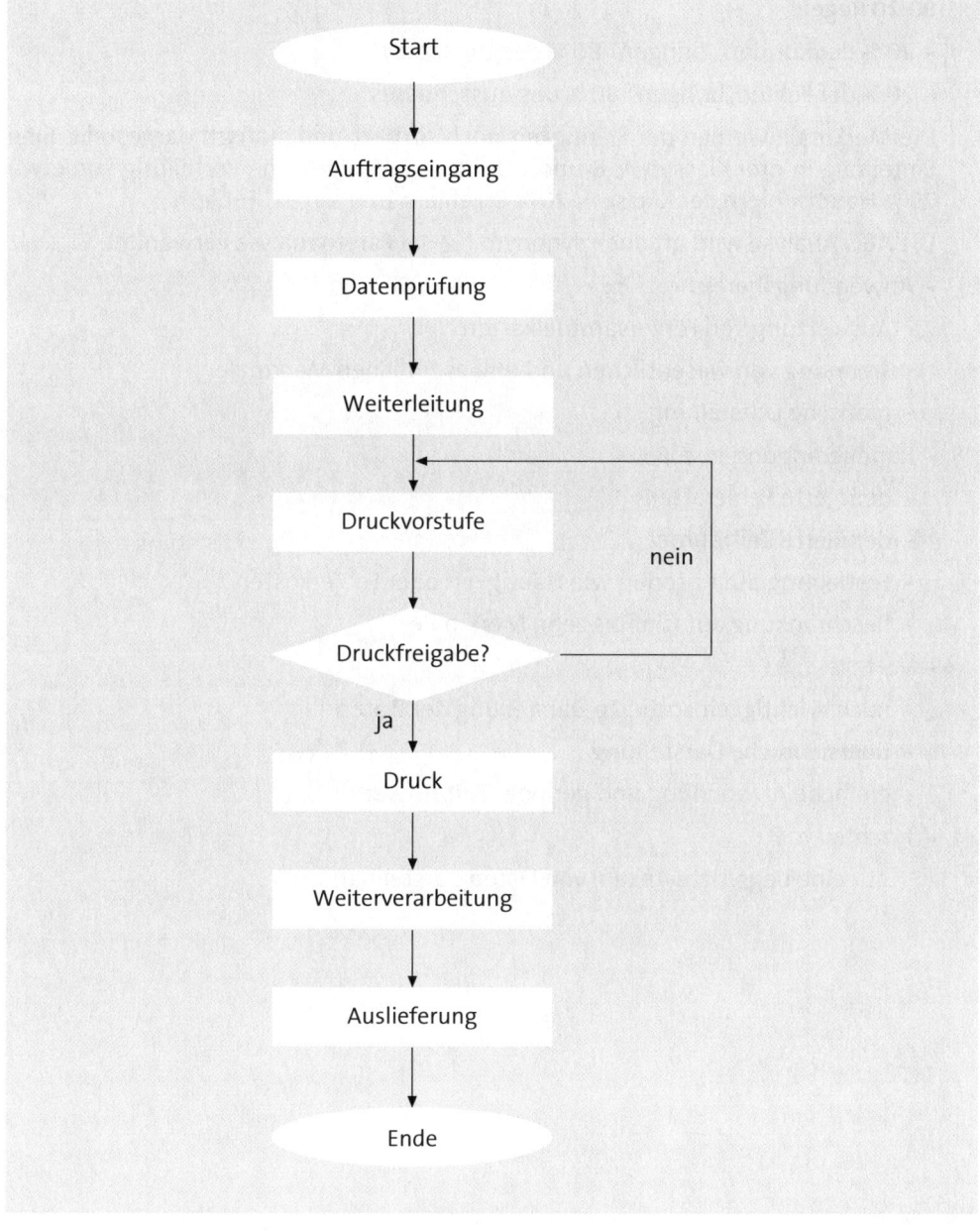

Lösung zu Aufgabe 6: Pareto-Analyse

a) Das Pareto-Prinzip (benannt nach dem italienischen Volkswirt und Soziologen Vilfredo Pareto, 1848 - 1923) besagt, dass wichtige Dinge normalerweise einen kleinen Anteil innerhalb einer Gesamtmenge ausmachen. Diese Regel hat sich in den verschiedensten Bereichen betrieblicher Fragestellungen als sog. 80:20-Regel bestätigt:

80:20 Regel:

▸ 20 % der Kunden „bringen" 80 % des Umsatzes

▸ 20 % der Fehler „bringen" 80 % des Ausschusses.

Die Merkmale werden der Häufigkeit nach sortiert und grafisch dargestellt. Eine Einteilung in drei Klassen A, B und C zeigt in der Regel eine Verteilung von etwa 70 % Hauptfehlern der Klasse A, 20 % B-Fehlern und 10 % C-Fehlern.

Die ABC-Analyse wird oft auch synonym für die Paretoanalyse verwendet.

b) ▸ Anwendungsbereiche, z. B.:

- Auswertung von Fehlersammelkarten

- Trennung von wesentlichen und unwesentlichen Merkmalen

- grafische Darstellung.

▸ Randbedingungen, z. B.:

- definierte Fehlerarten

- definierte Zeiträume

- Festlegung auf Kriterien wie Häufigkeit oder Fehlerkosten

- Beschränkung auf fünf bis zehn Merkmale.

▸ Vorteile, z. B.:

- nach Wichtigkeit sortierte Darstellung der Daten

- übersichtliche Darstellung

- einfache Anwendung und geringer Zeitaufwand.

▸ Nachteil, z. B.:

- nur eine begrenzte Anzahl von Daten darstellbar.

c) Es ergibt sich folgende Rangermittlung:

Fehlerart		Häufig-keit, N_i	Gewich-tungs-faktor, F_i	$N_i \cdot F_i$	$\dfrac{N_i \cdot F_i \cdot 100}{\sum N_i \cdot F_i}$	Rang
F1	Ein-/Ausschalter nicht bedruckt	1.200	5	6.000	19,0 %[1]	3
F2	Einfallstellen an einem Gehäuseteil für einen Rauchgassensor	1.000		10.000	31,5 %	1
F3	Einfallstellen an zwei komplementären Kunststoffteilen	500		5.000	15,7 %	4
F4	Sensoren nicht langzeitstabil, Lieferant Monolux	700	10	7.000	22,0 %	2
F5	Sensoren nicht lang-zeitstabil, Lieferant IT GmbH	375		3.750	11,8 %	5
Summe		3.775		31.750	100,0 %	

Ergebnis der Pareto-Analyse:

72,5 % der Fehler entfallen auf die Fehlerarten F1, F2 und F4.

Lösung zu Aufgabe 7: Pareto-Diagramm

a) Arbeitsschritte:

1. Ermittlung der gesamten Fehlerkosten pro Quartal je Bereich

2. Erstellen der Rangfolge je Bereich auf der Basis der gesamten Fehlerkosten

Bereich	Fehleranzahl (in Stück)	Kosten je Fehler (in €)	Fehlerkosten gesamt (in €)	Rang
Vorfertigung	20	1,50	30,00	6
Beschaffung	30	3,00	90,00	5
Fertigung	15	15,00	225,00	4
Montage	10	25,00	250,00	3
Arbeitsvorbereitung	7	60,00	420,00	2
Konstruktion	5	250,00	1.250,00	1
Summe			2.265,00	

---

[1] Rundungsdifferenz

3. Erstellen des Pareto-Diagramms (Summenkurve)

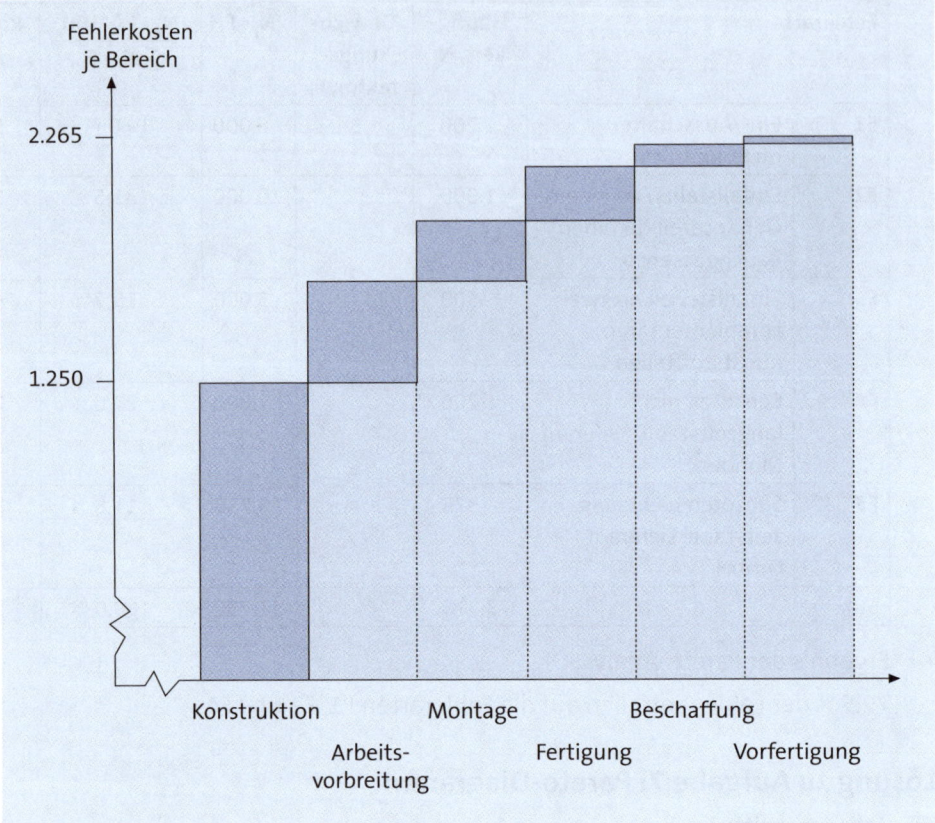

b) Auf die Bereiche Konstruktion und Arbeitsvorbereitung entfallen rund 74 % der Fehlerkosten. Die QM-Maßnahmen sollten hier ansetzen.

Lösung zu Aufgabe 8: Pareto

Fehler	Anzahl der Fehler	Fehlerkosten je Stück in €	Fehlerkosten gesamt in €	Anteil der Fehler-kosten in %
Dichtung	200	1,20	240	14,99
Bohrung	30	1,50	45	2,81
Anschluss	**110**	**5,60**	**616**	**38,48**
Ring	25	2,80	70	4,37
Verbindung	**75**	**8,40**	**630**	**39,35**
Summe	440		1.601	100

Sie sollten mit den Fehlern „Verbindung" und „Anschluss" beginnen. Beide Fehlerarten ergeben zusammen ca. 78 % der Fehlerkosten.

Lösung zu Aufgabe 9: Ishikawa-Diagramm (1)

a) Beschreibung:

Das **Ursache-Wirkungs-Diagramm** (auch Fischgräten- oder Ishikawa-Diagramm genannt) ist eine Methode zur Problemanalyse. Die Ursachen (7-M-Einflussfaktoren) werden in Bezug zu ihrer Wirkung (Problem) gebracht (Hinweis: In der Literatur werden sechs bis acht Einflussfaktoren genannt).

Die **8-M-Einflussfaktoren** sind:

Management, Maschine, Material, Mensch, Messbarkeit, Methode, Mitwelt und sonstige Einflüsse.

Allgemeines Beispiel eines Ishikawa-Diagramms:

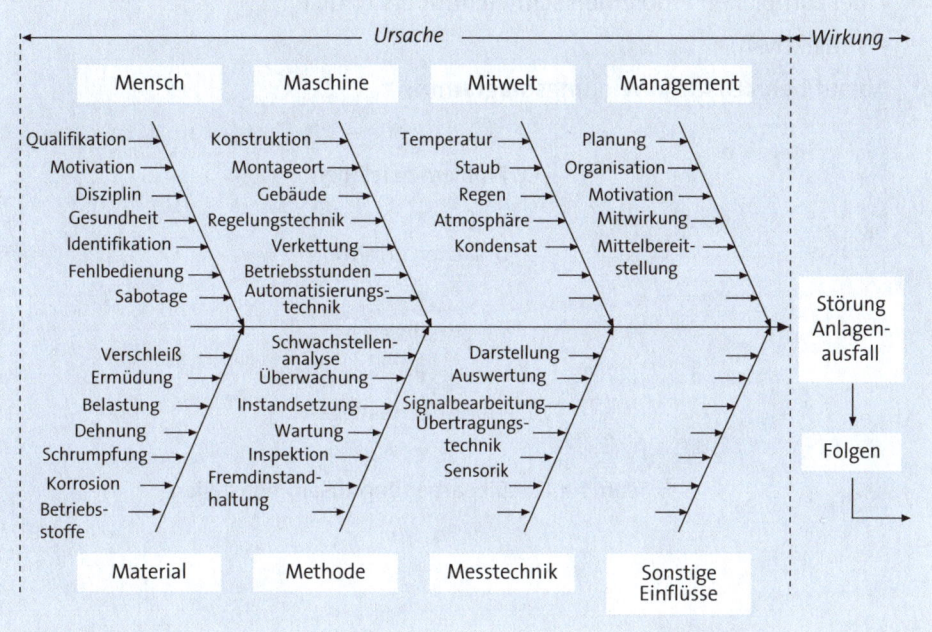

Die Haupteinflussfaktoren werden durch die weitere systematische Analyse mit ihren möglichen Nebenursachen ergänzt. Potenzielle Probleme und Fehler werden auf diese Weise erkennbar und können durch entsprechende Maßnahmen rechtzeitig vermieden werden.

b) Anwendung:

► grafische Darstellung verbaler oder logischer Abhängigkeiten

► Poka-Yoke (jap.: Poka: unbeabsichtigte Fehler; Yoke: Verminderung)

► FMEA (Fehlermöglichkeits- und Einfluss-Analyse).

c) Randbedingungen:

► Team aus mehreren Abteilungen bilden

► alle Probleme aufnehmen

- ► Problem eindeutig definieren
- ► Problem kurz beschreiben
- ► alle vorgebrachten Punkte sofort mit Karten visualisieren und den Hauptein-flussfaktoren zuordnen.

d) Vorteile, z. B.:

- ► vielseitige Betrachtungsweise durch abteilungsübergreifende Teamarbeit
- ► einsetzbar in allen Hierarchieebenen
- ► erleichtert strukturierte Problemanalyse.

Nachteile, z. B.:

- ► bei komplexen Problemen schnell unübersichtlich
- ► subjektiv.

e) Ablauf beim Ursache Wirkungsdiagramm:

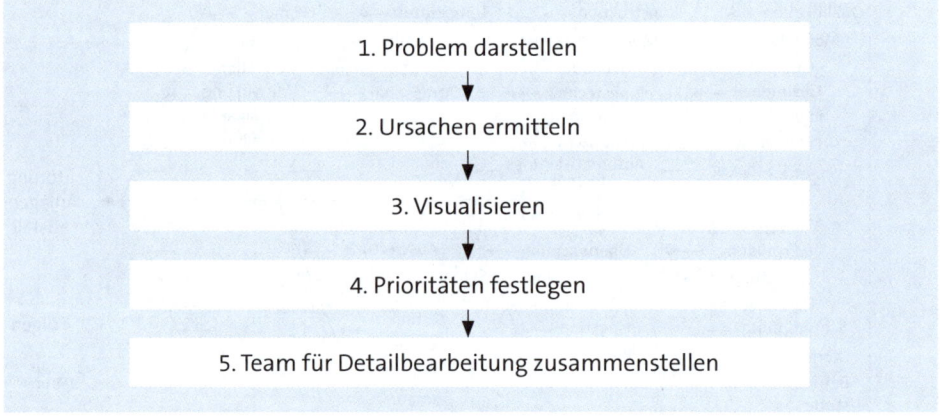

1. Problem darstellen

2. Ursachen ermitteln

3. Visualisieren

4. Prioritäten festlegen

5. Team für Detailbearbeitung zusammenstellen

Lösung zu Aufgabe 10: Ishikawa-Diagramm (2)

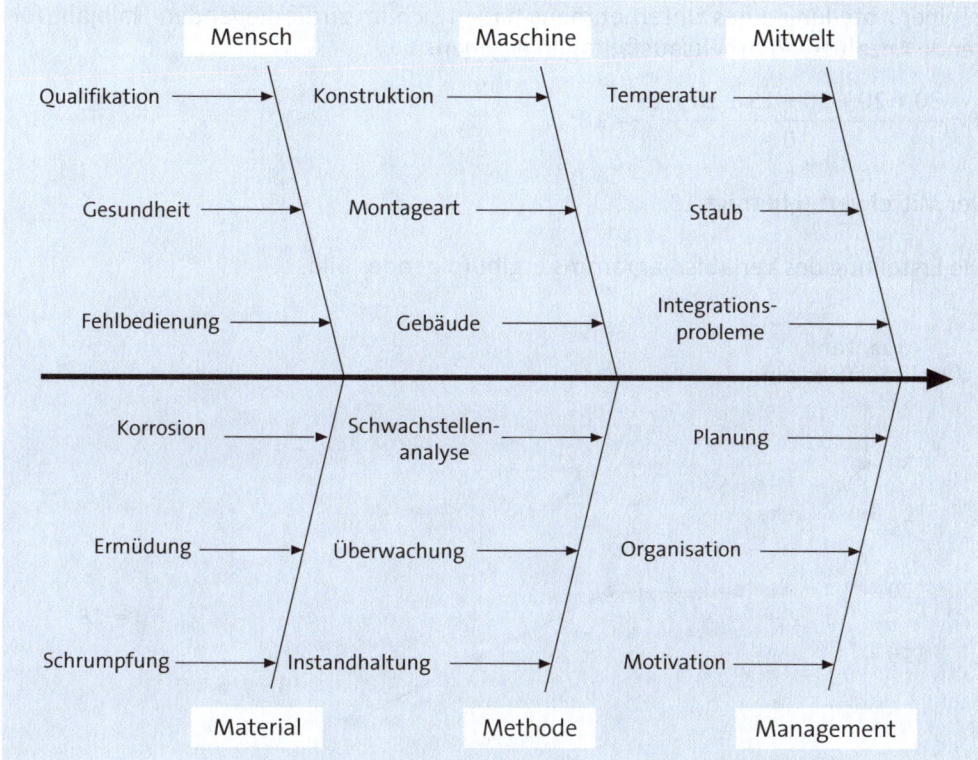

Lösung zu Aufgabe 11: Verlaufsdiagramm

Mithilfe eines Verlaufsdiagramms kann die Entwicklung einer oder mehrerer Merkmalsgrößen über einen bestimmten Zeitraum verfolgt werden. Diese Methode eignet sich zur Überwachung eines Systems im Hinblick auf die Art und den Umfang der Veränderung der betrachteten Merkmalsgröße.

Man geht in folgenden Schritten vor:

1. Achseneinteilung des Diagramms festlegen (größter und kleinster Wert müssen darstellbar sein)
2. Richtige Bezeichnung der Achsen eintragen
3. Eintragen der Messwerte in der Reihenfolge ihrer Ermittlung in das Diagramm und verbinden der Messwerte mittels einer Linie
4. Ermittlung des Mittelwerts μ der Messwerte. Dieser Mittelwert kann als Linie auf der y-Achse eingetragen werden.

Beispiel

In einer Abteilung eines Unternehmens haben sich im zurückliegenden Halbjahr folgende Anzahlen an Arbeitsausfalltagen ergeben:

$$\mu = \frac{30 + 20 + 20 + 15 + 10 + 13}{6} = 18$$

Der Mittelwert μ beträgt 18.

Die Erstellung des Verlaufsdiagramms ergibt folgendes Bild:

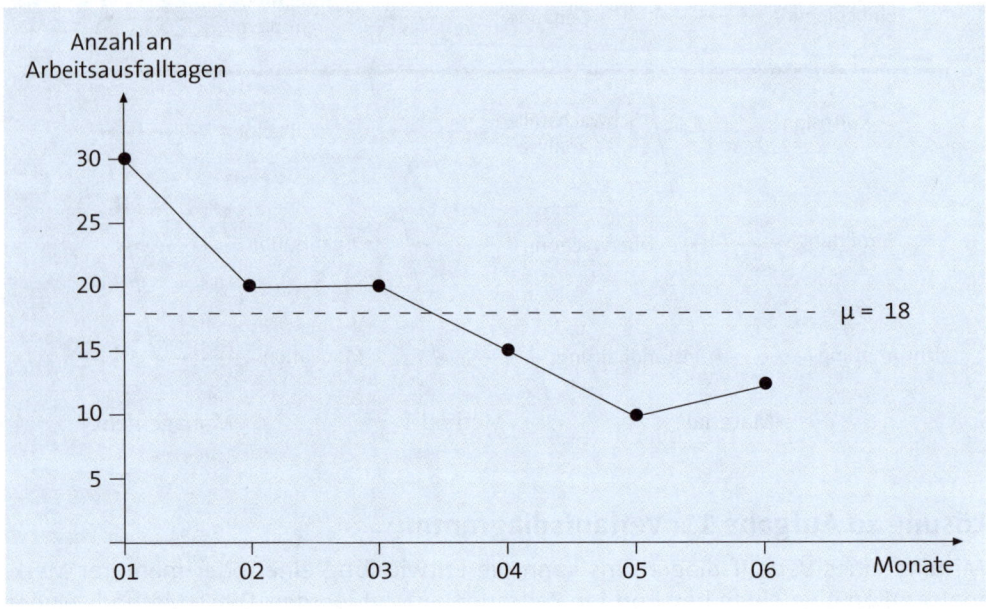

Lösung zu Aufgabe 12: Baumdiagramm

Das Baumdiagramm (auch: Verzweigungsdiagramm, Baumgraf) wird erstellt, um ein Hauptthema logisch in Untergruppen zu gliedern und diese Gruppen dann zur besseren Visualisierung grafisch darzustellen. Insbesondere bei kompliziert aufgebauten Prozessen oder Abläufen (z. B. Kennzahlen der Kombinatorik oder der Vorbereitung von Nutzwertanalysen) erweist sich das Baumdiagramm als sehr nützlich. Der Name leitet sich ab aus der verästelten Struktur der Darstellung. Das Baumdiagramm kann horizontal oder vertikal erstellt werden.

Beispiel

Baumdiagramm zur Gestaltung der Fahrzeugausstattung (Auszug)

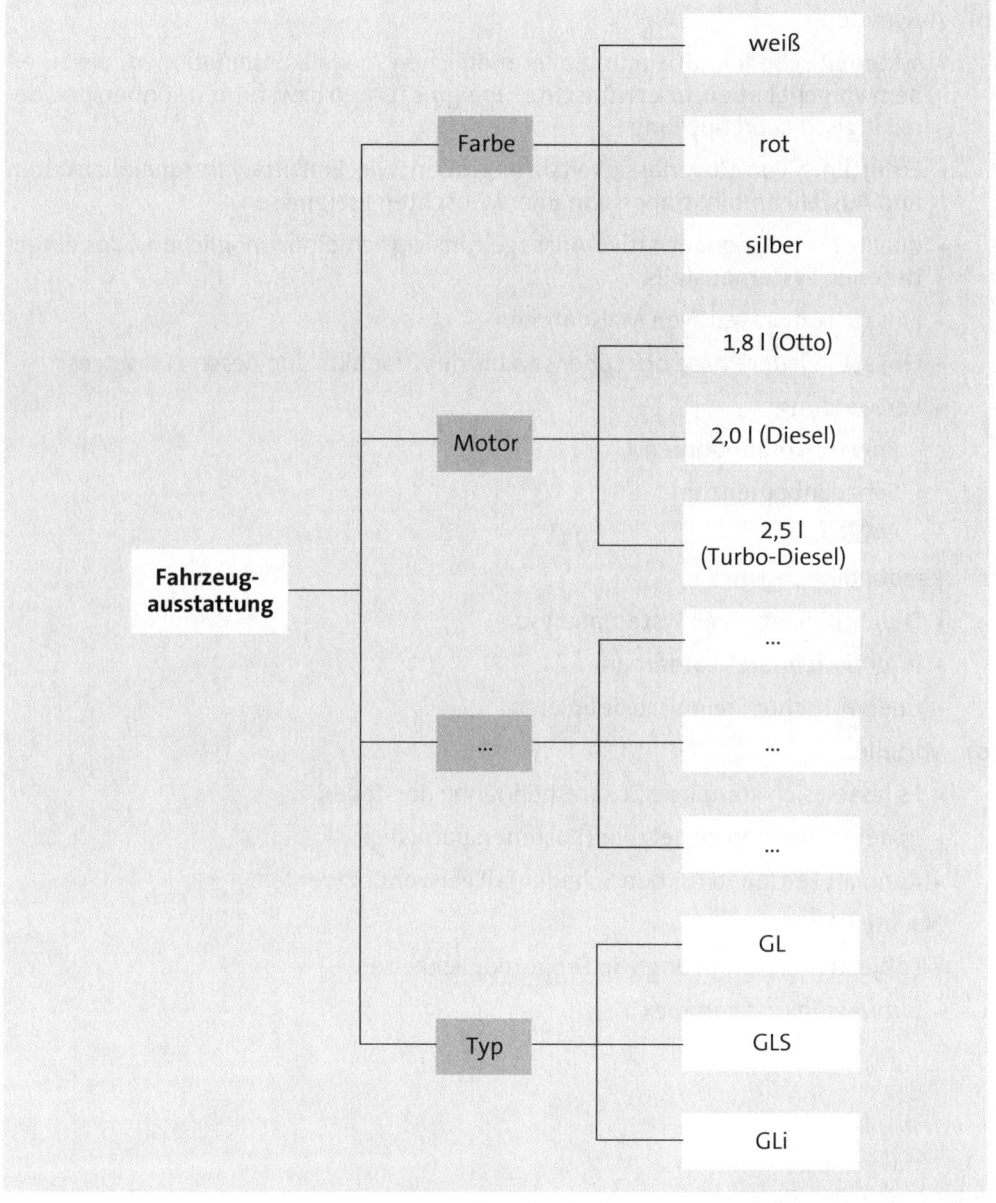

Lösung zu Aufgabe 13: Fehlerbaumanalyse

a) Beschreibung:

- ► grafische Darstellung von möglichen Fehlerkombinationen.

b) Anwendung:

- ► systematische Identifizierung aller möglichen Ausfallkombinationen, die zu einem vorgegebenen, unerwünschten Ereignis führen bzw. führen können und deren logische Verknüpfung

- ► Ermittlung von Zuverlässigkeitskenngrößen wie Eintrittswahrscheinlichkeiten und Ausfallkombinationen von unerwünschten Ereignissen

- ► qualitative und quantitative Aussage hinsichtlich eines möglichen oder eingetretenen Systemausfalls

- ► Einsatz von präventiven Maßnahmen

- ► Einsatz in jeder Phase des Lebenszyklus des Produkts und dessen Einsatzes

- ► Verwendung:

  - Präventivmaßnahmen
  - Schadenbegrenzung
  - FMEA.

c) Randbedingungen:

- ► Durchführung einer Systemanalyse

- ► interdisziplinäre Teamarbeit

- ► unerwünschte Ereignisse definieren.

d) Vorteile:

- ► Es lassen sich komplexe Zusammenhänge darstellen.

- ► in der Prävention einsetzbar (Kostenersparnis)

- ► Kann als Leitfaden für den Schadenfall verwendet werden.

Nachteil:

- ► subjektive Ausgrenzung von Fehlermöglichkeiten

- ► aufwendig und komplex.

e) ***

Beispiel

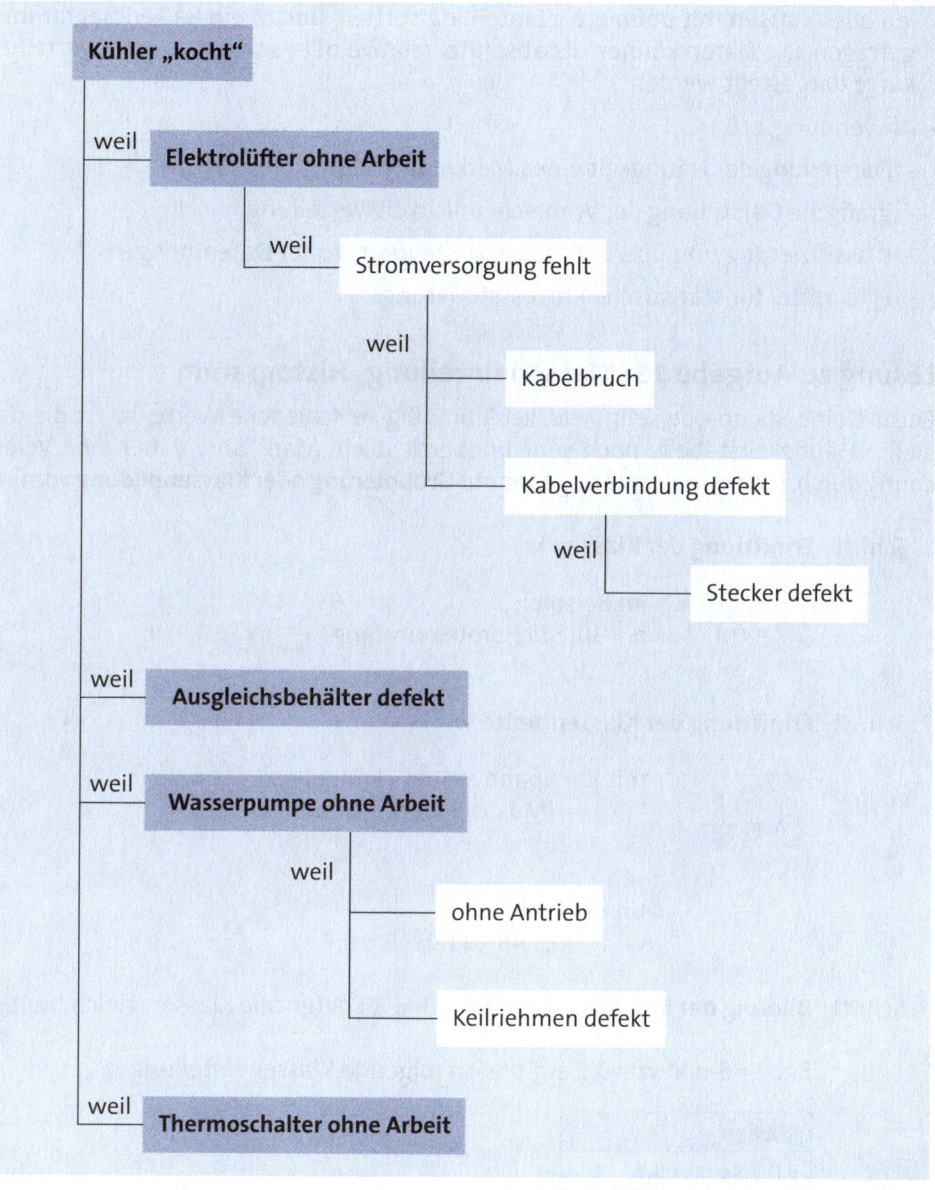

Kühler „kocht"

weil **Elektrolüfter ohne Arbeit**

weil Stromversorgung fehlt

weil Kabelbruch

Kabelverbindung defekt

weil Stecker defekt

weil **Ausgleichsbehälter defekt**

weil **Wasserpumpe ohne Arbeit**

weil ohne Antrieb

Keilriemen defekt

weil **Thermoschalter ohne Arbeit**

Lösung zu Aufgabe 14: Histogramm (1)

► Beschreibung:
Beim Histogramm werden einzelne Fehlerarten in Wertebereiche mit Teilintervallen oder Klassen mit definierter Einteilung sortiert und in ein Balkendiagramm eingetragen. Die Daten können als absolute, relative oder sortiert in einer Verteilungskurve dargestellt werden.

► Anwendung, z. B.:
- Darstellung der Häufigkeit eines Merkmals (Häufigkeit = Fläche)
- grafische Darstellung der Wahrscheinlichkeitsverteilung
- Klassifizierung und übersichtliche Darstellung großer Datenmengen
- Hilfsmittel für statistische Prozesssteuerung.

Lösung zu Aufgabe 15: Klasseneinteilung, Histogramm

Enthält eine Stichprobe sehr viele, zahlenmäßig verschiedene Werte, so ist die dargestellte Häufigkeitstabelle noch sehr unübersichtlich. Man führt daher eine Vereinfachung durch, indem man eine so genannte **Gruppierung** oder **Klassenbildung** vornimmt:

1. Schritt: **Ermittlung der Klassen** k

$$k = \sqrt{n}$$

Im Beispiel: $k = \sqrt{30} \approx 5$
n = 30; Stichprobenumfang

2. Schritt: **Ermittlung der Klassenbreite** w

$$w = \frac{R}{k}$$

mit R = Spannweite (= Range) = $x_{max} - x_{min}$
= (Maximalwert - Minimalwert)

Im Beispiel:
w = (6,45 - 3,00) : 5 ≈ 0,7

3. Schritt: **Bildung der Klassen**; nach Möglichkeit sollten alle Klassen gleich breit sein.

Bei k = 5 und w = 0,7 ergibt sich folgende Klasseneinteilung:

Klassen
3,0 bis unter 3,7
3,7 bis unter 4,4
4,4 bis unter 5,1
5,1 bis unter 5,8
5,8 bis unter 6,5

4. Schritt: **Zuordnung der Stichprobenwerte zu den einzelnen Klassen**; es ist üblich, dass die Klassenobergrenze nicht mit zur betreffenden Klasse hinzugerechnet wird; es werden also Klassenintervalle i. d. R. in folgender Form gebildet:

3 bis unter 3,7   bzw. $[3 \leq x_j < 3{,}7]$

3,7 bis unter 4,4 $[3{,}7 \leq x_j < 4{,}4]$ usw.

Klassen	Strichliste	absolute Häufigkeit
3,0 bis unter 3,7	IIII	4
3,7 bis unter 4,4	IIIII I	6
4,4 bis unter 5,1	IIIII IIII	9
5,1 bis unter 5,8	IIIII III	8
5,8 bis unter 6,5	III	3
Σ		30

5. Schritt: **Zeichnen des Histogramms**

→ Das Histogramm ist die grafische Darstellung der Häufigkeiten eines klassierten, quantitativen Merkmals durch rechteckige Flächen über den Klassen; dabei entspricht die Größe der Flächen der Häufigkeit der jeweiligen Klasse.

→ Sind alle Klassen gleich breit, können die Häufigkeiten durch die Höhe der Fläche dargestellt werden (häufig gewählter Fall in der Praxis).

Klassen	Strichliste	absolute Häufigkeit	absolute Häufigkeit, kumuliert	relative Häufigkeit	relative Häufigkeit, kumuliert
3,0 bis unter 3,7	IIII	4	4	0,1333	0,1333
3,7 bis unter 4,4	IIIII I	6	10	0,2000	0,3333
4,4 bis unter 5,1	IIIII IIII	9	19	0,3000	0,6333
5,1 bis unter 5,8	IIIII III	8	27	0,2666	0,8999
5,8 bis unter 6,5	III	3	30	0,1000	1,0000
Σ		30		1,0000	

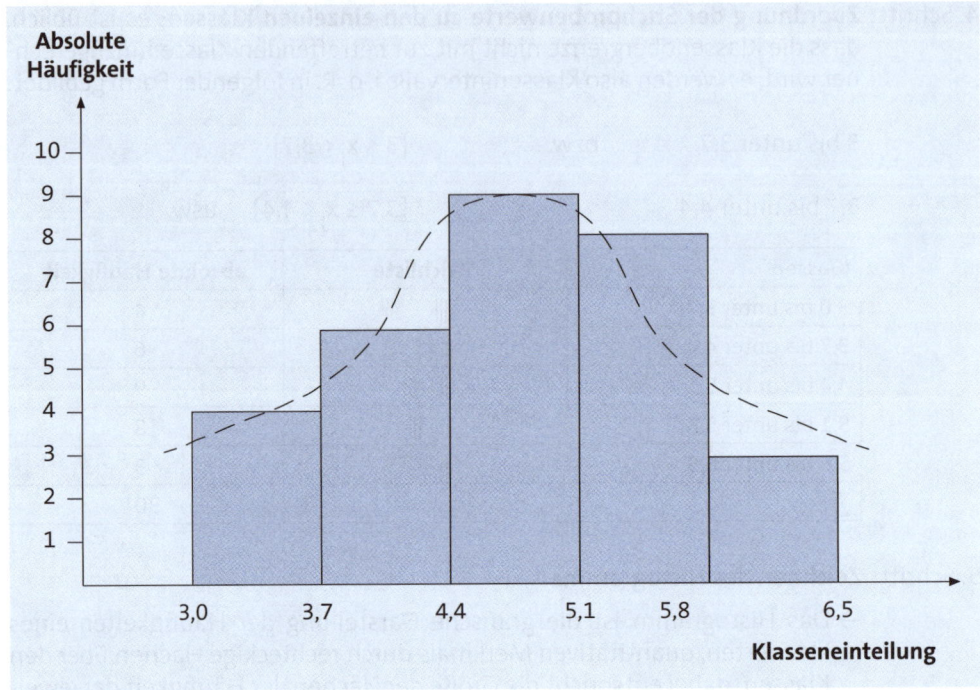

Im vorliegenden Fall hat das Histogramm annähernd die Form einer Normalverteilung (vgl. dazu im Einzelnen Seite 165 f.).

Lösung zu Aufgabe 16: Histogramm (2)

Klasse von ... bis unter ...	Häufigkeit $n_j = h_j$	Klassenbreite b_j	$\dfrac{h_j}{b_j}$
0 - 5	10	5	2
5 - 10	40	5	8
10 - 20	90	10	9
20 - 40	60	20	3
Σ	200		

h_j = Höhe
b_j = Breite

Da die Breite der Klassen unterschiedlich ist, wird die Häufigkeit ($n_j = h_j$) normiert, d. h. sie wird durch die Klassenbreite b_j dividiert (h_j/b_j; siehe letzte Spalte).

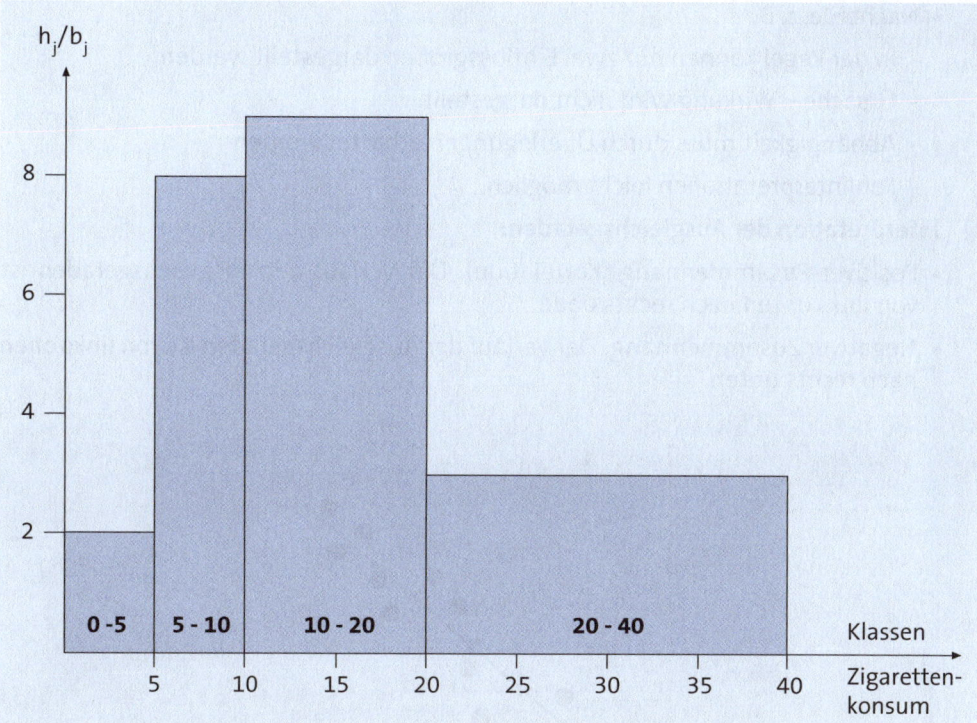

Lösung zu Aufgabe 17: Streudiagramm (Korrelationsdiagramm)

a) Das Streudiagramm ist die grafische Darstellung von beobachteten Wertepaaren zweier statistischer Merkmale in einem kartesischen Koordinatensystem. Wenn zwischen den beiden Merkmalen kein Zusammenhang besteht, sind die Merkmalswertepaare zufällig im Diagramm verteilt. Wenn es Abhängigkeiten zwischen den beiden Merkmalen gibt, zeigen sich Muster oder Strukturen, wie beispielsweise lineare oder quadratische Zusammenhänge.

▸ Anwendung, z. B.:
  - man erhofft sich Informationen über die Abhängigkeitsstruktur der beiden Merkmale (Achtung: keine Ursache-Wirkungs- Zusammenhänge, keine Kausalitätsdarstellung)
  - Berechnung mathematischer Zusammenhänge
  - Fehlerananalyse im Qualitätsmanagement.

▸ Vorteile, z. B.:
  - lineare Zusammenhänge
  - einfache grafische Darstellung
  - einfache Berechnung mit Excel
  - Darstellung der sog. „Ausgleichsgeraden".

➤ Nachteile, z. B:

- in der Regel können nur zwei Einflussgrößen dargestellt werden

- Ursache – Wirkung wird nicht dargestellt.

- Abhängigkeit muss durch Überlegungen erhärtet werden

- Fehlinterpretationen leicht möglich.

b) **Interpretation der Ausgleichsgeraden:**

➤ Positiver Zusammenhang (Korrelation): Der Verlauf der Ausgleichsgeraden ist von links unten nach rechts oben.

➤ Negativer Zusammenhang: Der Verlauf der Ausgleichsgeraden ist von links oben nach rechts unten.

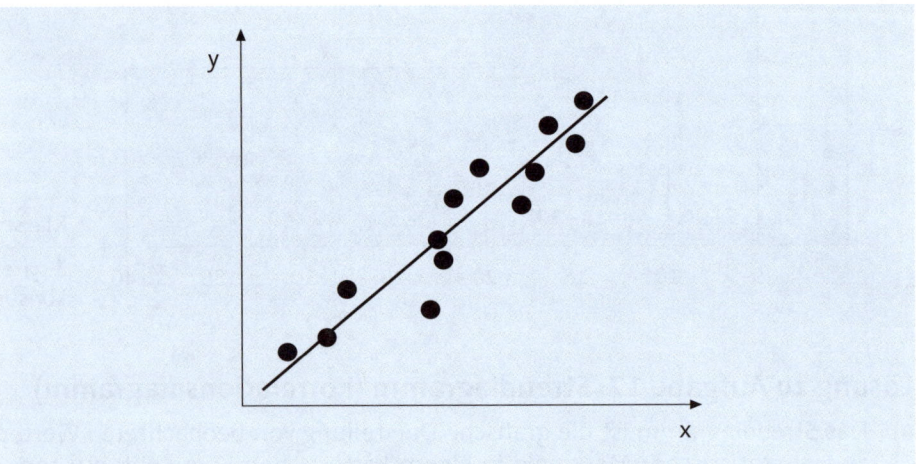

Positive Korrelation mit Darstellung der Ausgleichsgeraden

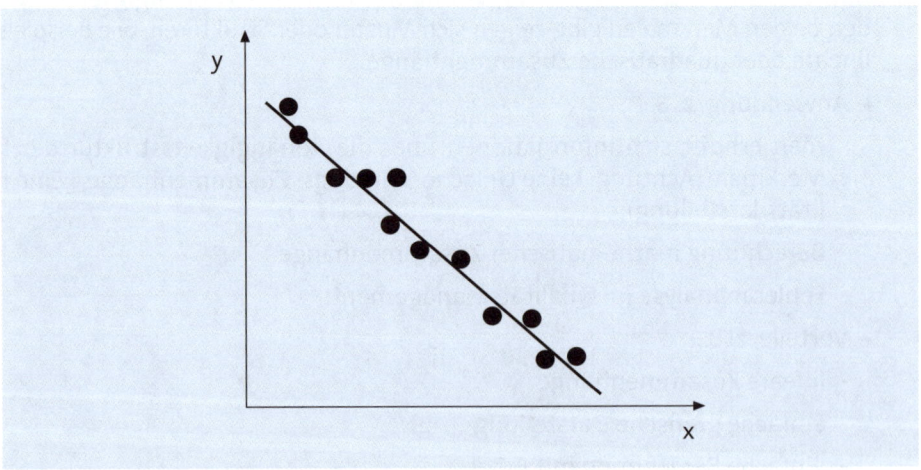

Negative Korrelation mit Darstellung der Ausgleichsgeraden

► Punktwolke weit streuend; keine Ausgleichsgerade; keine Korrelation.

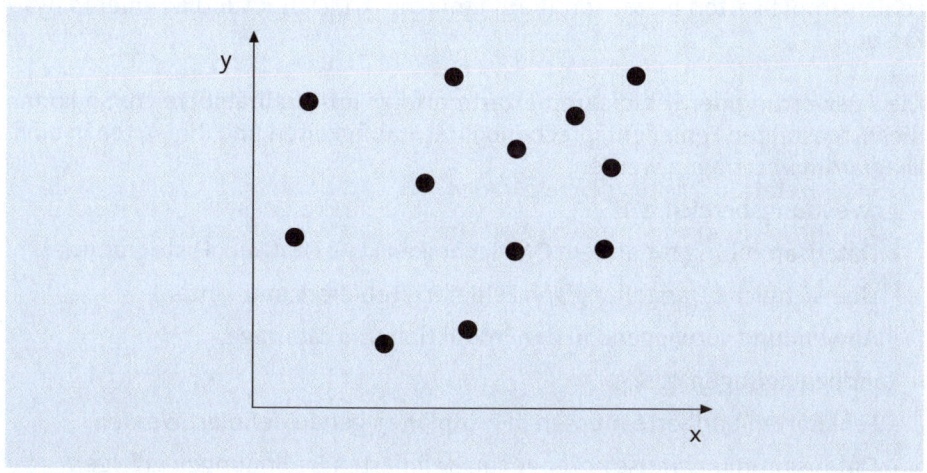

Keine Korrelation

4.2 Sonstige Techniken, Tools und Konzepte

Lösung zu Aufgabe 1: Strichliste (Fehlersammelkarte)

Fehlersammelkarten (Checkliste, Strichliste) werden angewandt, wenn ein Produkt auf einzelne oder mehrere Fehlerarten zu prüfen ist, z. B. während eines Fertigungsprozesses. Mit dieser Strichliste lassen sich Fehler und deren Häufigkeiten recht einfach erfassen und dokumentieren.

Beispiel

Fehlersammelkarte (Auszug)

Fehlersammelkarte						
Fehler	Montag	Dienstag	Mittwoch	Donnerstag	Freitag	Summe
Gehäuse undicht	||						4
Dichtung fehlt		||||		|||		7
Kratzer im Lack					||	|||	6
...	...	...	...	...	...	...
Summe	3	5	0	5	4	17

Die Fehlersammelkarte besteht aus einer Tabelle, in der für definierte Merkmale die Anzahl der festgestellten Abweichungen (Fehler) z. B. durch den Werker eingetragen werden. Neu auftretende Fehler können hinzu geschrieben werden. Aus der absoluten und relativen Häufigkeit am Ende der Zeilen ist ersichtlich, welche Fehlerarten wie oft und in welchen Zeiträumen auftreten (z. B. in welcher Schicht). Die Erstellung von Fehlersammelkarten bietet somit auf einfache Art, Daten für die Fehleranalyse zu erfassen.

Die Auswertung der Fehlersammelkarte erfolgt im Qualitätsbereich. So können z. B. die festgestellten Fehler entsprechend ihrer Häufigkeiten und ihre Arten in ein Pareto-Diagramm übertragen werden.

▸ Anwendungsbereich, z. B.:

- Datensammlung für andere QM-Techniken (z. B. Grafiken, Histogramme)

- Übersichtliche Darstellung von Fehlerart/Fehlerort und -anzahl

- Anwendung vorwiegend in der Produktion und Montage.

▸ Randbedingungen, z. B.:

- Fehlerarten und -orte müssen in Prüfplänen genau definiert werden

- Datensammlung muss unter genau definierten Bedingungen erfolgen

- Mitarbeiter müssen geschult sein.

▸ Vorteile, z. B.:

- geringer Aufwand

- geringer Schulungsaufwand

- einfaches Verfahren.

▸ Nachteile, z. B.:

- geringe Aussage über die zeitliche Verteilung der Fehler

- unübersichtlich bei hohem Fehleraufkommen

- Wechselwirkungen werden nicht erfasst.

- Es ist keine Analyse der Ursachen ohne zusätzliche Daten möglich.

Lösung zu Aufgabe 2: Matrixdiagramm (Paarvergleich)***

Mit dem Matrixdiagramm (auch: Paarweiser Vergleich, Paarvergleich) lassen sich z. B. Merkmale/Eigenschaften eines Produkts aus Kunden- bzw. Herstellersicht bewerten. Man geht dabei in folgenden Schritten vor:

1. Zunächst werden die relevanten Merkmale gesammelt. Dabei sind viele Kunden/Mitarbeiter gefragt. Die relevanten Merkmale werden senkrecht und waagerecht in gleicher Reihenfolge in einer Matrix (siehe rechts) eingetragen.

2. Es werden Zahlenwerte bei dem Paarvergleich in die Matrix eingetragen:

0 = weniger (wenn das Merkmal in der Spalte eine geringere Priorität hat als in der Zeile)

1 = gleichgewichtig (wenn Zeile und Spalte das gleiche Gewicht haben)

2 = wichtiger (wenn das Merkmal in der Spalte ein höheres Gewicht hat als in der Zeile)

Der Paarvergleich ist also ein Rangreihenverfahren. Es eignet sich damit insbesondere als entscheidungstheoretisches Werkzeug.

Die Entscheidung über die Zahlenwerte ist subjektiv – in Abhängigkeit von den Beteiligten.Die Diagonale von links oben nach rechts unten (= Schnittpunkt je Merkmale der Senkrechten mit der Waagerechten) werden mit „X" oder „Raster" gekennzeichnet; sie haben logischerweise keinen Wert.

 ACHTUNG

Beachten Sie die Logik: Wenn z. B. „Haltbarkeit" in der Zeile eine 2 im Verhältnis zum Preis bekommt, muss „Preis" in der Zeile im Verhältnis zur Haltbarkeit eine 0 bekommen. Die „entsprechenden" Felder müssen in der Summe immer 2 ergeben.

Beispiel

	Preis	Qualität	Haltbarkeit	Ergonomie	Design	Σ
Preis		1	0	2	0	3
Qualität	1		0	2	1	4
Haltbarkeit	2	2		2	0	6
Ergonomie	0	0	0		0	0
Design	2	1	2	2		7
Summe	5	4	2	8	1	20

3. Im Anschluss daran lässt sich eine Pareto-Analyse (Rangfolge und Prozent-Angabe) ableiten und darstellen; Aufbereitung für die Pareto-Darstellung:

	Ergonomie	Preis	Qualität	Haltbarkeit	Design
Rangfolge	1	2	3	4	5
in %	40	25	20	10	5
in % kumuliert	40	65	85	95	100

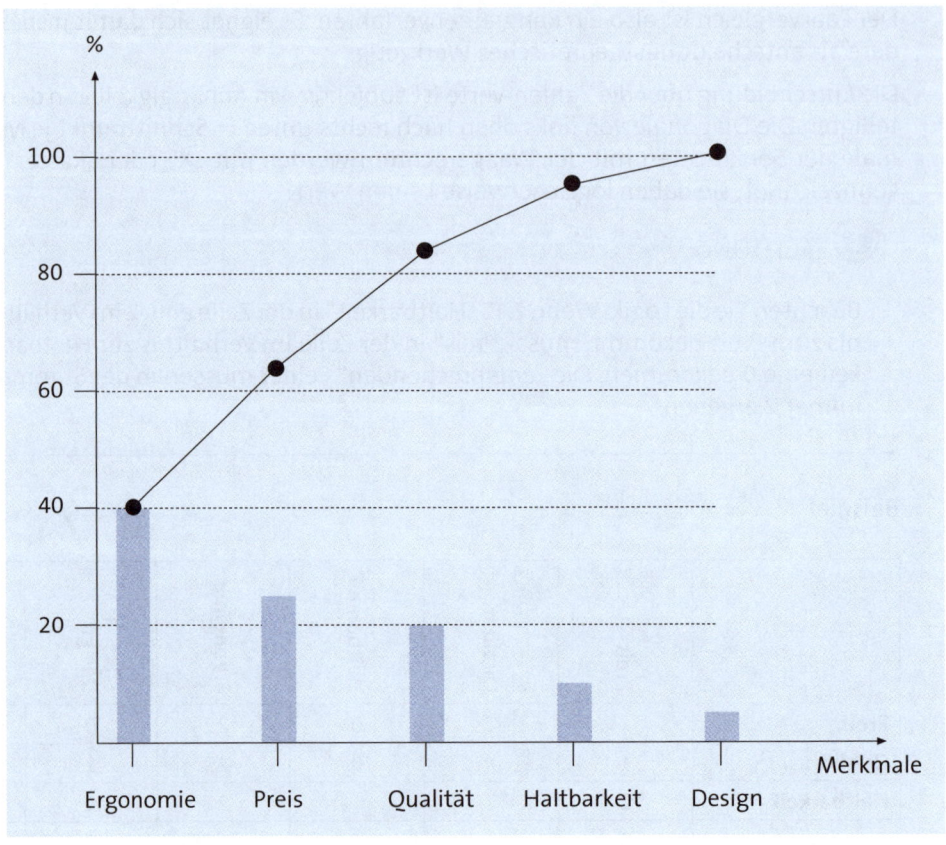

Lösung zu Aufgabe 3: Brainstorming

a) Die bekannteste Kreativ-Technik ist das aus dem amerikanischen Militär der 1940er Jahre stammende Brainstorming (nach *Osborn*). Brainstorming bedeutet, einen freien, unzensierten Ideenfluss zu erzeugen. Unter Leitung eines Moderators werden in der Gruppe Ideen vorgetragen. Diese Ideen werden notiert (Flipchart oder Metaplanwand) und zu einem späteren Zeitpunkt ausgewertet. Der Moderator bereitet für das gestellte Thema zielführende Fragestellungen vor, sorgt für ein positives Gesprächsklima und fasst später die Ergebnisse zusammen.

 ► Dabei sind folgende Regeln einzuhalten:
  - bis zu 20 Teilnehmer
  - alle Ideen werden dokumentiert (Metaplan-Karten, Flipchart)
  - keine Idee geht verloren
  - Ideen können selbst notiert oder durch Zuruf geäußert werden (Vorteil des Zurufs: die Teilnehmer hören die Ideen der anderen und können sie durch Assoziationen/Variationen sofort ergänzen)
  - Dauer des Brainstormings: 5 - 10 Minuten

- während der Ideenäußerung: kein Kommentar, keine Bewertung/Kritik, keine Diskussion, keine Verständnisfragen

- es gibt keine Tabus, keine Grenzen, keine Normen.

▸ Nach der **Äußerungsphase**
werden die Ideen geordnet/gruppiert (dabei gilt: der Urheber entscheidet bei Nichteinigung in der Gruppe, in welche Ordnung seine Idee gehört; eventuell die Karte doppeln).

▸ Nach der **Ordnungsphase**
werden die Ideen in der Gruppe bewertet (erst jetzt wird „Unsinniges", Unrealistisches, usw. beiseite gelegt). Alle Ideen werden besprochen, die Inhalte sind dann jedem einzelnen Gruppenmitglied bekannt.

▸ **Klumpen bilden:**
Die Themen werden zu „Themenfeldern" (Klumpen) zusammengefasst.

Beispiel einer Klumpenbildung:

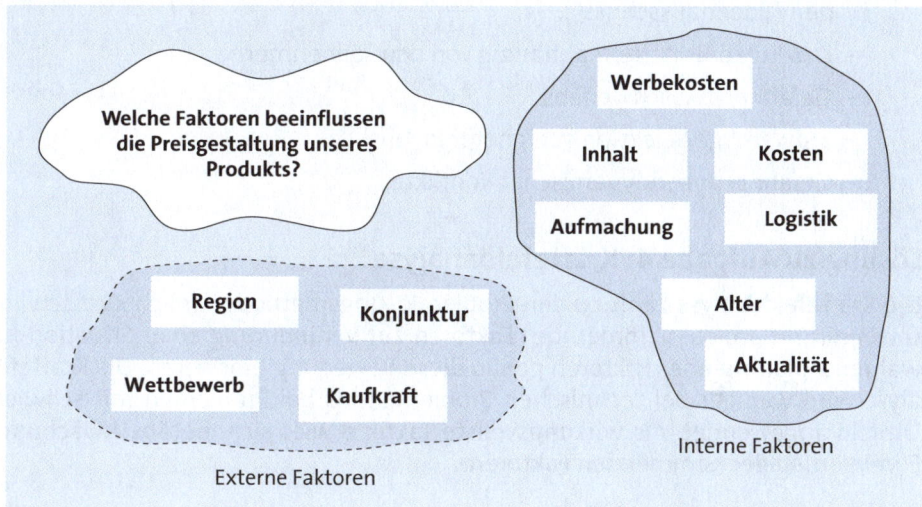

▸ **Gruppenarbeit:**
In der Regel werden danach die „Klumpen" in Gruppenarbeiten im Detail strukturiert und inhaltlich bearbeitet.

▸ In der **Schlussphase**
werden die gewonnenen Ergebnisse in Handlungen/Aktionen umformuliert, um so Eingang in die Praxis zu finden („Wer?" „Macht was?" „Wie?" „Bis wann?").

Um weniger ausdrucksstarke, aber gleichwertig qualifizierte Mitarbeiter einzubeziehen, kann auch auf Brainwriting oder auch auf elektronisches Brainstorming, das mithilfe elektronischer Meetingsysteme online durchgeführt wird, ausgewichen werden.

b) ▸ Vorteile, z. B.:

- Es werden sehr viele Ideen eingebracht.

- Jeder Mitarbeiter wird einbezogen.

- Die Kreativität der Teilnehmer wird stimuliert.

- Die Methode setzt nicht viele Mittel voraus und kann überall und mit Jedem über jedes Thema durchgeführt werden.

- brauchbar als Einstieg in ein Thema, um das Feld der Lösungsansätze abzustecken

- Einsatz, wenn normale Techniken keine weiteren Lösungsansätze bieten (Sackgasse)

- einfach zu handhaben

- geringe Kosten.

► Nachteile, z. B.:

- Die Technik ist zeitaufwendig.

- nur bei einfachen Problemstellungen geeignet

- Es können ggf. viele undurchdachte, nicht realisierbare Ideen eingebracht werden („Ideenausschuss").

- Das Ergebnis ist sehr abhängig von den Teilnehmern.

- Gefahr des Abschweifens

- aufwendige Selektion geeigneter Ideen

- Gefahr gruppendynamischer Konflikte.

Lösung zu Aufgabe 4: Kräftefeldanalyse

Die Kräftefeldanalyse zählt zu den Problemlösungsmethoden (nach *Kurt Lewin*). *Kurt Lewin* nimmt an, dass „fördernde" Faktoren zur Veränderung einer Situation führen, während „hemmende" Faktoren genau diese Bewegung blockieren. Die Kräftefeldanalyse wird weniger bei technischen Problemen als bei Problemen mit schwierigem Umfeld angewendet. Als wirkungsvollste Taktik erwies sich die Abschwächung oder Eliminierung der hemmenden Faktoren.

Die Zielsetzung ist das Identifizieren von Faktoren, die eine Problemlösung voranbringen oder behindern können (Problemlösungstechnik zur ersten Analyse von Situationen in der Gruppe).

Vorgehensweise: In Gruppenarbeit (ca. 30 bis 60 Minuten)

1. **Pro-Kräfte** benennen und dokumentieren:
   Erarbeiten einer Liste mit solchen Faktoren, die das Vorhaben voranbringen können.

2. **Kontra-Kräfte** benennen und dokumentieren:
   Erarbeiten einer Liste mit solchen Faktoren, die ein Gelingen des Vorhabens verhindern können.

3. Handlungsschritte erarbeiten und dokumentieren:
    Verständigung in der Gruppe über die wichtigsten zwei oder drei Kontra-Kräfte (ggf. Punktbewertung von 1 bis 5 bzw. von - 1 bis - 5). Dabei sollten die Faktoren unbeachtet bleiben, die außerhalb des eigenen Einflussbereichs liegen und „unlösbar" erscheinen. In diesem Schritt macht sich die Gruppe Gedanken darüber, wodurch die Pro-Kräfte gestärkt und/oder die Kontra-Kräfte geschwächt werden könnten. Diese Aktivitäten werden dokumentiert.

Beispiel

Formular zur Kräftefeldanalyse

Pro-Kräfte			Kontra-Kräfte	
fördern die geplante Veränderung		Grad	behindern, bremsen oder verlangsamen die geplante Veränderung	Grad
1.	...		keine Zeit	- 4
2.	...		keine Ressourcen	- 5
3.	...		...	
...	...		...	

Veranschaulichung der Kräftefeldanalyse
hier: Kontra-Kräfte

Kontra-Kräfte		Wirkung				
Stichworte, z. B.:	Grad	- 1	- 2	- 3	- 4	- 5
keine Zeit	- 4					
keine Ressourcen	- 5					

Lösung zu Aufgabe 5: SPC

a) Die Statistische Prozesskontrolle dient zur Überwachung der Wirksamkeit der Fertigungsanlagen durch prozessbegleitende Fehlererkennung. Sie basiert auf der Anwendung von Qualitätsregelkarten. Ihr Einsatz erfolgt vorrangig in der Großserienfertigung. Durch rechtzeitige Eingriffe in den Prozess bei Überschreitung der Prozesseingriffsgrenzen erfolgt eine systematische Prozessverbesserung.

b) Kernelemente:

    ► Qualitätsregelkarten

    ► Warngrenzen (UWG, OWG): erhöhte Aufmerksamkeit

    ► Eingriffgrenzen (UEG, OEG): Maßnahmen der Korrektur.

4.3 Quality Function Deployment (QFD)

Lösung zu Aufgabe 1: QFD

a) Quality Function Deployment (QFD; Qualitätsmerkmal-Funktions-Darstellung) ist eine Methode der Qualitätssicherung und kann mit „Bereitstellung von Qualitätsmerkmalen" übersetzt werden. QFD wurde Ende der 1960er Jahre in Japan entwickelt und hat über die USA Eingang nach Europa gefunden. Im Vordergrund der Methode steht der Kunde: Die Produkte sollen kundengerecht konzipiert werden. Dabei werden gezielt die Kundenanforderungen (Stimme des Kunden) in technische Merkmale (Sprache der Ingenieure) übersetzt. Dies führt zu einer starken Kundenorientierung und verringert die Gefahr von Fehlentwicklungen.

Die QFD-Philosophie fordert vom Unternehmen die

▸ vollständige Erfassung der relevanten Wünsche, Erwartungen, Forderungen und Probleme des Kunden

▸ systematische Umsetzung der Kundenforderungen in entsprechende Produktspezifikationen

▸ rechtzeitige Erkennung, Auswahl und Kontrolle der kritischen Faktoren, die eine starke Auswirkung auf die Kundenzufriedenheit haben.

QFD erhöht zu Beginn des Entwicklungsprozesses den Arbeitsaufwand; in den späteren Entwicklungsphasen werden jedoch aufwendige Korrekturen vermieden. Dadurch verringern sich insgesamt die Entwicklungszeit und -kosten eines Produkts. Die QFD wird in einem Team durchgeführt, das in der Regel aus fünf bis acht Mitgliedern besteht. Es sollten mindestens die Fachbereiche Marketing, Konstruktion, Qualitätswesen, Fertigung und Service vertreten sein. Ein mit der QFD-Methode vertrauter Moderator leitet die QFD-Sitzungen.

b) Die QFD besteht aus vier Phasen („Qualitäts-Plänen"), die aufeinander aufbauen:

Die vier QFD-Phasen („Qualitäts-Pläne")	
1	Qualitätsplan „Produkt"	Aus den Kundenanforderungen (WAS) werden Produktmerkmale (WIE) abgeleitet.
2	Qualitätsplan „Konstruktion/Teile"	Die kritischen Produktmerkmale (WAS) werden in Qualitätsmerkmale einzelner Baugruppen oder Teile (WIE) umgesetzt.
3	Qualitätsplan „Prozess"	Aus den kritischen Baugruppenmerkmalen (WAS) werden Prozessmerkmale für Prozess- und Prüfablaufpläne (WIE) ermittelt.
4	Qualitätsplan „Produktion"	Die kritischen Prozessmerkmale (WAS) werden in Arbeits- und Prüfanweisungen (WIE) umgesetzt.

Man kann an der Darstellung der Phasen die Systematik der QFD erkennen:

▸ In jeder Phase wird der Frage „WAS wird gefordert?" die Frage „WIE werden die Forderungen erfüllt?" gegenübergestellt.

▸ Das WIE (Ergebnis) einer Phase dient der nachfolgenden Phase als WAS (Eingangsinformation).

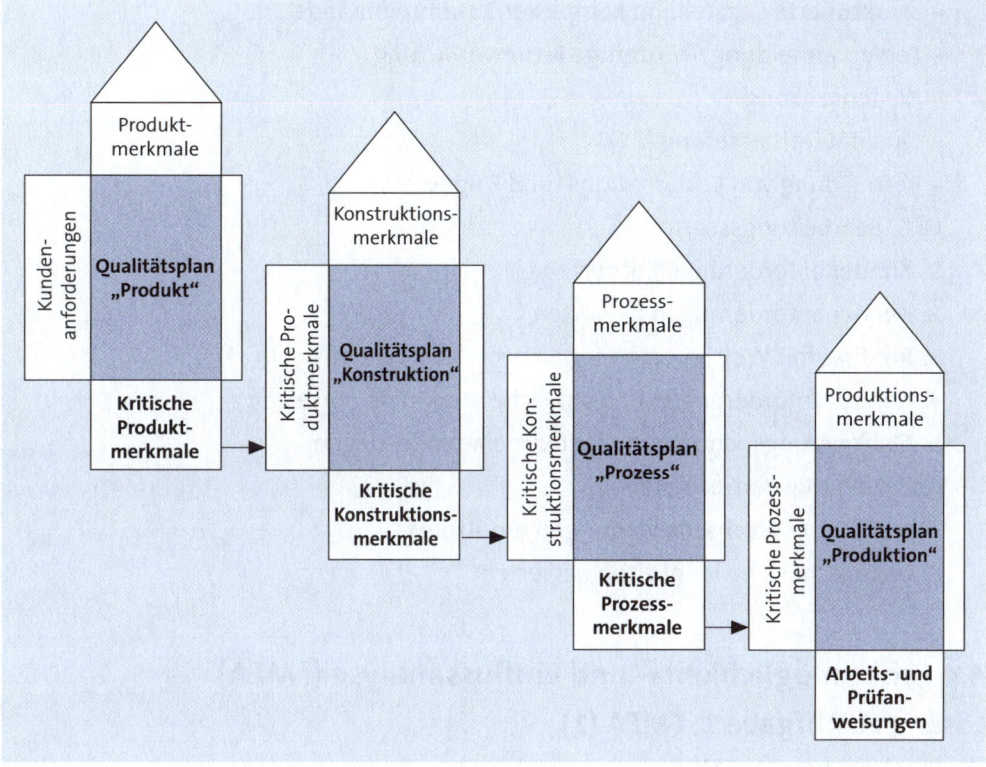

Lösung zu Aufgabe 2: Qualitätsplanung

a) **Quality Function Deployment (QFD)**

- ► Erfassung und Umsetzung von Kundenanforderungen; die Anforderungen des Kunden werden durch Befragungen ermittelt. Sie werden in das Entwicklungskonzept des Unternehmens eingebunden.
- ► Vernetzung der Bereiche Marketing/Vertrieb, Konstruktion, Planung, Produktion, Dokumentation und Kundendienst
- ► schrittweise Umsetzung der Kundenwünsche
- ► Darstellung der Schritte in Matrizen (House of Quality).

b) Vorteile:

- ► optimale Ausrichtung auf den Markt
- ► frühzeitige Einbeziehung aller am Produktentstehungsprozess beteiligten Abteilungen
- ► ermöglicht paralleles Arbeiten der verschiedenen Abteilungen
- ► Rückkopplungen schnell möglich
- ► verkürzte Entwicklungszeiten
- ► Produktentscheidungen sind nachvollziehbar

- ▸ strukturierte Darstellung komplexer Zusammenhänge
- ▸ Fehlervermeidung, frühzeitige Fehlerverhütung
- ▸ Kostensenkung
- ▸ Qualitätsverbesserung
- ▸ Vermeidung von Reklamations- und Folgekosten.

c) QFD, Bearbeitungsschritte:

1. Kundenanforderungen ermitteln
2. Kundenanforderungen bewerten
3. Produkt mit Wettbewerb vergleichen – aus Kundensicht
4. Kundenanforderungen in technische Merkmale umsetzen
5. Optimierungsrichtung je Produktmerkmal festlegen
6. Beziehungsmatrix erstellen
7. technische Wechselbeziehungen ermitteln
8. technische Schwierigkeiten bewerten.

4.4 Fehlermöglichkeits- und Einflussanalyse (FMEA)

Lösung zu Aufgabe 1: FMEA (1)

a) Beschreibung der FMEA:

- ▸ FMEA ist eine Methode, mögliche Fehler und deren Auswirkungen (möglichst) vor Produktionsbeginn zu ermitteln.
- ▸ In abteilungsübergreifenden Arbeitsgruppen werden die Funktionselemente des Produkts und die Arbeitsschritte in der Produktion untersucht.
- ▸ Mögliche Fehler und deren Ursachen werden ermittelt und bewertet.
- ▸ Änderungsmaßnahmen mit Erfolgskontrollen werden festgeschrieben.

b) Anwendung:

- ▸ Vor Produktionsbeginn sollen (möglichst) alle potenziellen Fehler erkannt und Abstellmaßnahmen durchgeführt sein.
- ▸ Bei der Entwicklung kommt die Konstruktions-FMEA, bei der Produktion die Prozess- oder Produktions-FMEA zum Einsatz.
- ▸ Untersucht werden alle Funktionsmerkmale bzw. Prozessschritte, mögliche Fehler und deren Auswirkungen und Ursachen.
- ▸ Verhütungsmaßnahmen mit Einführungstermin und Verantwortlichkeit werden festgeschrieben.
- ▸ Verfahren wird durch ein FMEA-Formblatt unterstützt.
- ▸ Je früher eine FMEA durchgeführt wird, desto geringer sind notwendige Änderungsaufwendungen.

c) Randbedingungen:

- ► Beteiligung verschiedener Abteilungen in Teamarbeit
- ► Arbeiten in unterschiedlichen Hierarchiestufen.

d) Vorteile:

- ► schnellere Einführung neuer Produkte
- ► Kostensenkung durch Verminderung von Änderungsumfängen, Nacharbeiten, Garantie- und Kulanzkosten.

Nachteile:

- ► Vermeidung von Fehlern, indem ihre möglichen Ursachen frühzeitig erkannt und beseitigt werden
- ► mehr Aufwand bei Design und Konstruktion, da bereits im Vorfeld mit der Produktionsplanung, der Produktion und anderen Abteilungen zusammengearbeitet werden muss
- ► Schulungsaufwand für die Teamarbeit erforderlich.

e) Erforderliche Maßnahmen zur Einführung der Methode „FMEA", z. B.:

- ► FMEA-Verantwortlichen festlegen und ausbilden
- ► FMEA-Team festlegen und ausbilden
- ► Anschaffung einer FMEA-Software
- ► Formulierung einer einheitlichen Verfahrensanweisung zur internen Anwendung der Methode „FMEA".

f) Formen der grafischen Darstellung, z. B.:

► Netzplan-Technik	→	Terminierung des Projekts
► Ishikawa-Diagramm	→	Darstellung von Ursache-Wirkungszusammenhängen
► Konzentrationskurve	→	ABC-Analyse, Pareto-Analyse
► Gantt-Diagramm	→	Terminierung des Projekts und von Einzelarbeitspaketen
► Diagramme	→	Liniendiagramm Zeitreihe Kreisdiagramm Aufteilung, Anteile

Lösung zu Aufgabe 2: FMEA (2)

RPZ = 30
Es liegt ein beherrschbares Risiko vor. Das Produkt ist stabil. Korrekturmaßnahmen sind nicht erforderlich.

RPZ = 300

Es sind zwingend geeignete Abstellmaßnahmen mit Termin und Verantwortlichkeit festzulegen, deren Abarbeitung und Ergebnisse zu protokollieren sind.

Lösung zu Aufgabe 3: FMEA (3)

a) Die **FMEA** (**F**ehler-**M**öglichkeits- und **E**influss-**A**nalyse) ist ein Werkzeug zur systematischen Fehlervermeidung bereits im Entwicklungsprozess eines Produkts.

Ziele:

- frühzeitige Erkennung von Fehlerursachen, deren Auswirkungen und Risiken
- Festlegung von Maßnahmen zur Fehlervermeidung und Fehlererkennung
- Risikoanalyse durch Bewertung und Gewichtung der möglichen Fehlersituation mithilfe eines einheitlichen Punktesystems
- hohe Kundenzufriedenheit
- stabile Prozessabläufe mit höchster Prozesssicherheit.

b) Arten der FMEA:

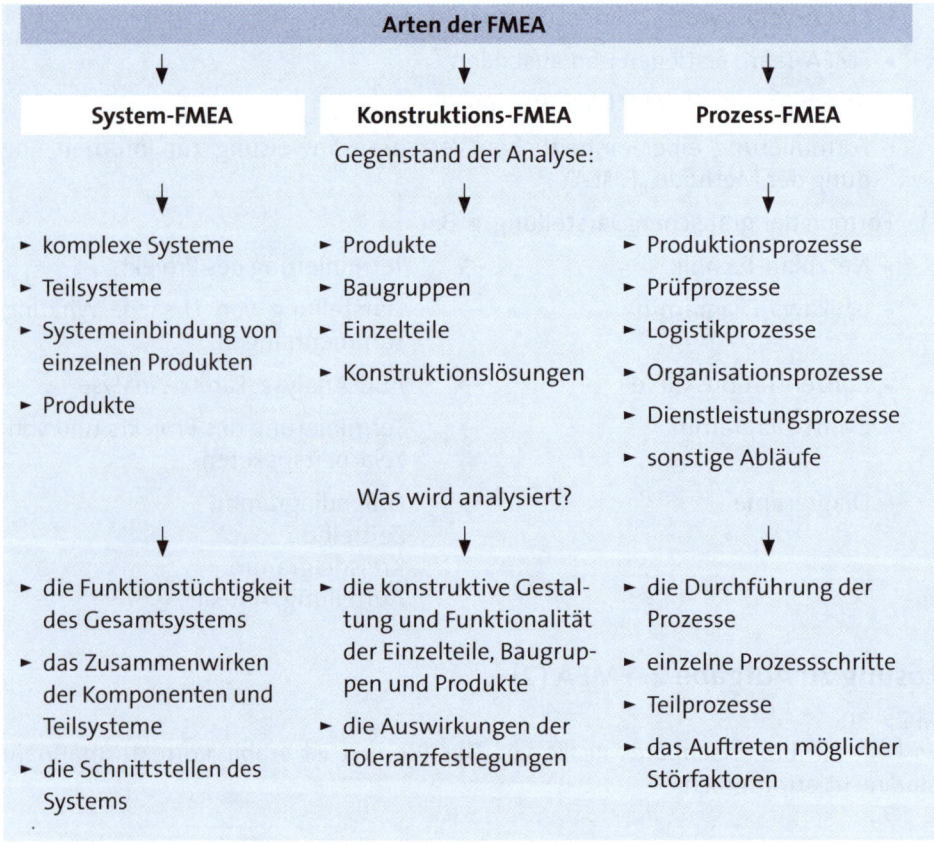

	Arten der FMEA	
System-FMEA	**Konstruktions-FMEA**	**Prozess-FMEA**
	Gegenstand der Analyse:	
- komplexe Systeme	- Produkte	- Produktionsprozesse
- Teilsysteme	- Baugruppen	- Prüfprozesse
- Systemeinbindung von einzelnen Produkten	- Einzelteile	- Logistikprozesse
	- Konstruktionslösungen	- Organisationsprozesse
- Produkte		- Dienstleistungsprozesse
		- sonstige Abläufe
	Was wird analysiert?	
- die Funktionstüchtigkeit des Gesamtsystems	- die konstruktive Gestaltung und Funktionalität der Einzelteile, Baugruppen und Produkte	- die Durchführung der Prozesse
- das Zusammenwirken der Komponenten und Teilsysteme		- einzelne Prozessschritte
		- Teilprozesse
- die Schnittstellen des Systems	- die Auswirkungen der Toleranzfestlegungen	- das Auftreten möglicher Störfaktoren

c) Zusammenhänge der unterschiedlichen FMEA:

Die einzelnen Arten der FMEA bauen aufeinander auf und bilden ein äußerst komplexes System. Die jeweils vorhergehende FMEA bildet die Grundlage für die nachfolgende:

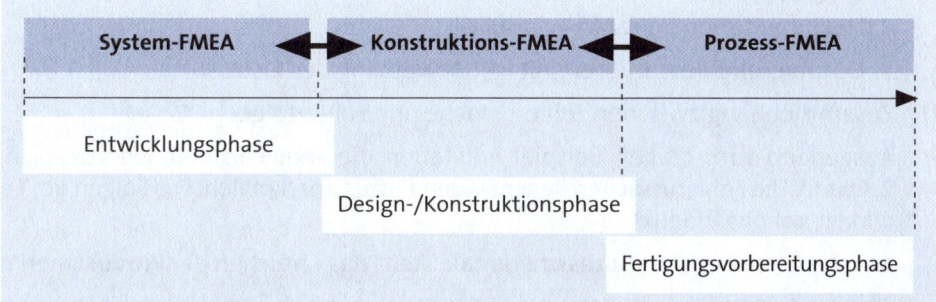

Ebenso können die Ergebnisse der nachfolgenden FMEA Auswirkungen auf die vorhergehende haben und zu einer Neubetrachtung (z. B. durch Konstruktionsänderung) führen.

In der Praxis wird häufig nicht zwischen System- und Konstruktions-FMEA unterschieden. Unter dem Begriff „Produkt-FMEA" werden beide Arten zusammengefasst.

d) Eine FMEA gilt dann als abgeschlossen, wenn keine Veränderungen am System, Produkt oder Prozess mehr auftreten. Sobald Veränderungen erfolgen, ist die betreffende FMEA zu überprüfen und ggf. entsprechend zu aktualisieren.

Beispiel der Aktualisierungshäufigkeit:

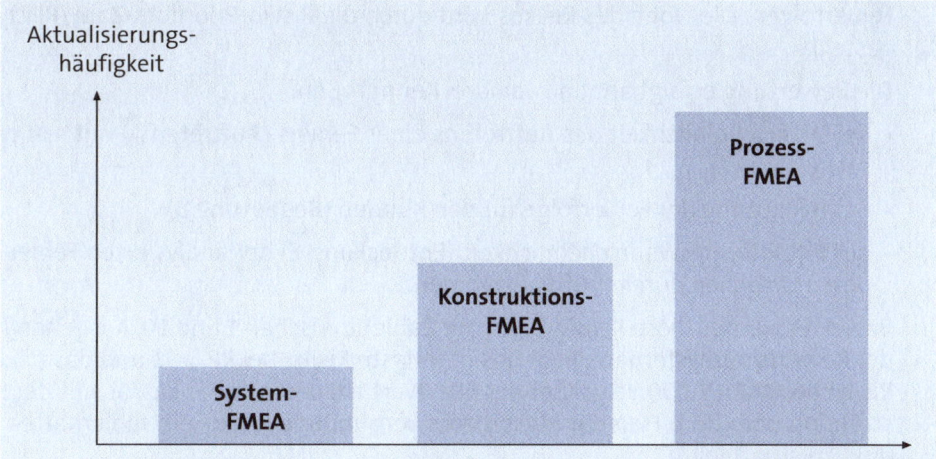

e) Die acht Schritte der FMEA:

1. Teambildung aus Mitarbeitern der Konstruktion, der Arbeitsvorbereitung, dem Qualitätsbereich, der Fertigung und ggf. dem Kunden

2. Organisatorische Vorbereitung

3. Systemstruktur erstellen mit Abgrenzung des Analyseumfanges

4. Funktionsanalyse und Beschreibung der Funktionsstruktur

5. Fehleranalyse mit Darstellung der Ursache-Wirkungs-Zusammenhänge

6. Risikobewertung

7. Dokumentation im FMEA-Formblatt

8. Optimierung durchführen mit Neubewertung des Risikos.

f) Zusammenhang zwischen Fehlerursache und Fehlerfolge:

Ausgehend vom obigen Beispiel entstehen die Fehler in den Teilprozessen der 2. Ebene. Die Fehlerursachen liegen in den Prozessmerkmalen. Die Folgen der Fehler wirken auf das Produkt.

Nur das Erreichen der **Prozess**merkmale stellt das Erreichen der **Produkt**merkmale sicher.

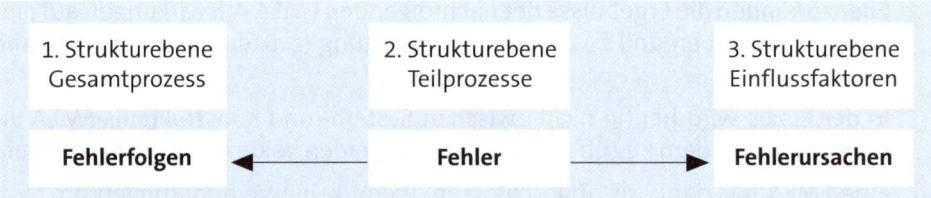

g) Risikobewertung:

Jedes Produkt und jeder Prozess besitzen ein Grundrisiko. Die Risikoanalyse einer FMEA quantifiziert das Fehlerrisiko in Verbindung mit den Fehlerursachen und den Fehlerfolgen. Die Höhe des Risikos wird durch die **R**isiko-**P**rioritäts-**Z**ahl (RPZ) dargestellt.

Die Bewertung erfolgt anhand von drei Kenngrößen:

▶ der Wahrscheinlichkeit des Auftretens eines Fehlers (**A**uftreten A) mit seiner Ursache

▶ der Bedeutung der Fehlerfolge für den Kunden (**B**edeutung B)

▶ der Entdeckungswahrscheinlichkeit (**E**ntdeckung E) der analysierten Fehler und deren Ursachen durch Prüfmaßnahmen.

Bewertet werden diese Kenngrößen mit Zahlen zwischen 1 und 10. Ausgehend von der Bewertungssystematik liegt das niedrigste Risiko bei RPZ = 1 und das höchste Risiko bei RPZ = 1.000. Je größer der RPZ-Wert ist, desto höher ist das mit der Konstruktion oder dem Herstellungsprozess verbundene Risiko, ein fehlerhaftes Produkt zu erhalten.

Formell lassen sich drei RPZ-Bereiche definieren:

[RPZ < 40]   → Es liegt ein beherrschbares Risiko vor.

[41 ≤ RPZ ≤125] → Risiken sind weitgehend beherrschbar, Optimierungsmaß- nahmen sind einem vertretbaren Aufwand gegenüberzustellen.

[RPZ > 125]   → Es sind zwingend geeignete Abstellmaßnahmen festzulegen, deren Abarbeitung und Ergebnisse zu protokollieren sind.

Praktisch gibt es unternehmens- oder branchenbezogen weitere Restriktionen, die je nach Bewertung einer Kenngröße bereits Abstellmaßnahmen als zwingend erforderlich vorschreiben.

Die RPZ ergibt sich aus der Multiplikation der Bewertungsfaktoren der drei Kenngrößen:

RPZ = Bedeutung · Auftretenswahrscheinlichkeit · Entdeckungswahrscheinlichkeit

RPZ = B · A · E

Somit kann der Wert der Risiko-Prioritäts-Zahl zwischen 1 (= 1 · 1 · 1) und 1.000 (= 10 · 10 · 10) liegen.

h) **Beispiel**

Bewertungstabelle einer Prozess-FMEA

Bewertungszahl für die Bedeutung B	Bewertungszahl für die Auftretens- wahrscheinlichkeit A	Bewertungszahl für die Entdeckungs- wahrscheinlichkeit E
Sehr hoch **10** Sicherheitsrisiko, **9** Nichterfüllung gesetzlicher Vorschriften	**Sehr Hoch** **10** Sehr häufiges **9** Auftreten der Fehlerursache, unbrauchbarer, ungeeigneter Prozess	**Sehr gering** **10** Entdecken der **9** aufgetretenen Fehlerursache ist unwahrscheinlich, die Fehlerursache wird oder kann nicht geprüft werden
Hoch **8** Funktionsfähigkeit des **7** Produkts stark eingeschränkt, Funktionseinschränkung wichtiger Teilsysteme	**Hoch** **8** Fehlerursache tritt **7** wiederholt auf, ungenauer Prozess	**Gering** **8** Entdecken der **7** aufgetretenen wahrscheinlich nicht zu entdeckenden Fehlerursache, unsichere Prüfung
Mäßig **6** Funktionsfähigkeit des **5** Produkts eingeschränkt, **4** Funktionseinschränkung von wichtigen Bedien- und Komfortsystemen	**Mäßig** **6** Gelegentlich auftretende **5** Fehlerursache, weniger **4** genauer Prozess	**Mäßig** **6** Entdecken der **5** aufgetretenen **4** Fehlerursache ist wahrscheinlich, Prüfungen sind relativ sicher

Bewertungszahl für die Bedeutung B	Bewertungszahl für die Auftretens- wahrscheinlichkeit A	Bewertungszahl für die Entdeckungs- wahrscheinlichkeit E
Gering 3 Geringe Funktionsbeein- 2 trächtigung des Produkts, Funktionsein- schränkung von Bedien- und Komfortsystemen	**Gering** 3 Auftreten der Fehlerur- 2 sache ist gering, genauer Prozess	**Hoch** 3 Entdecken der 2 aufgetretenen Fehlerursache ist sehr wahrscheinlich, Prüfungen sind sicher, z. B. mehrere voneinander unabhängige Prüfungen
Sehr gering 1 Sehr geringe Funktions- beeinträchtigung, nur vom Fachpersonal erkennbar	**Sehr gering** 1 Auftreten der Fehler- ursache ist unwahr- scheinlich	**Sehr hoch** 1 Aufgetretene Fehlerursache wird sicher entdeckt.

Die Entscheidung, welche Bewertungszahl innerhalb einer Risiko-Kategorie zutreffend ist, erfolgt innerhalb des FMEA-Teams nach Abwägung aller Risiken.

Nach Durchführung einer FMEA ergibt sich eine Bewertungszahl für die Entdeckungswahrscheinlichkeit von 8. Daraus folgt: Die Wahrscheinlichkeit, den Fehler im Produktionsprozess zu entdecken, ist gering. Es kann der schlechteste Fall eintreten, dass der Fehler erst beim Kunden entdeckt wird.

Die RPZ (vgl. oben) ergibt sich als Multiplikation der Bewertungsfaktoren B, A, E:

RPZ = Bedeutung · Auftretenswahrscheinlichkeit · Entdeckungswahrscheinlichkeit

Sollte sich aufgrund der Gewichtung mit den Faktoren B und A (bei E = 8) eine RPZ ≥ 125 ergeben, sind geeignete Abstellmaßnahmen festzulegen und zu dokumentieren.

i) Beispiele für typische Abstellmaßnahmen:

- ► Materialänderungen
- ► konstruktive Veränderungen
- ► Lebensdaueruntersuchungen vor der Material- oder Konstruktionsfreigabe
- ► Lieferantenvereinbarungen
- ► redundante technische Lösungen
- ► prozessbegleitende Qualitätsprüfungen

- statistische Prozessüberwachung
- Wareneingangs- und Endprüfungen
- Produkt- und Prozessaudits.

4.5 Statistische Methoden der Qualitätsüberwachung***

Lösung zu Aufgabe 1: Statistik (Grundlagen)

a) ► Statistik ist „die Lehre von der Zustandsbeschreibung" mittels geeigneter Methoden.

   ► Zielsetzung (im Rahmen des Qualitätsmanagements):

   Überprüfung und Bewertung von Qualitätsergebnissen durch Anwendung statistischer Methoden bei der Datenermittlung, Datenaufbereitung und Datenanalyse.

   ► Es werden zwei Gebiete der Statistik unterschieden:

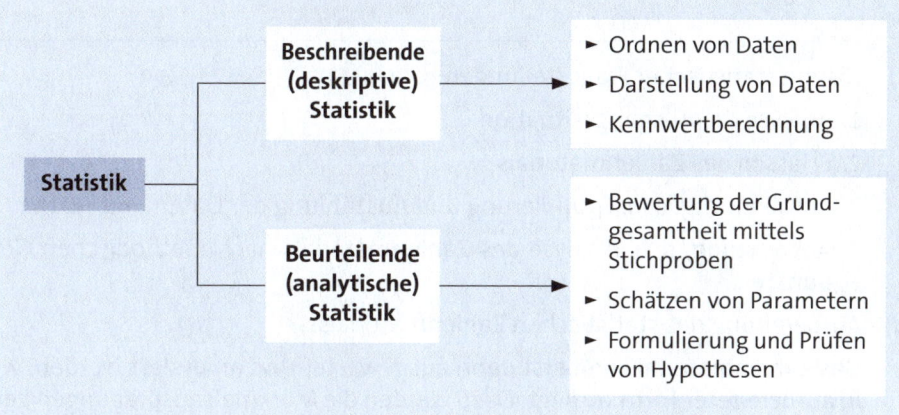

b)

Grundgesamtheit	Als Grundgesamtheit (= statistische Masse) bezeichnet man die Gesamtheit der statistisch erfassten gleichartigen Elemente (z. B. alle gefertigten Teile für Auftrag X).
Abgrenzung der Grundgesamtheit	Je nach Fragestellung ist die Grundgesamtheit abzugrenzen. Vorherrschend sind folgende Abgrenzungsmerkmale: ► sachliche Abgrenzung (z. B. Baugruppe Y) ► örtliche Abgrenzung (z. B. Montage I) ► zeitliche Abgrenzung (im Monat Januar).
Bestandsmassen	sind diejenigen Massen, die sich auf einen Zeitpunkt beziehen (z. B. auf den 01.07. des Jahres).

Bewegungs-massen	sind diejenigen Massen, die sich auf einen Zeitraum beziehen (z. B. „die Anzahl der Sterbefälle in einer Stadt im Jahre 20..“).
Merkmal	Als Merkmal bezeichnet man die Eigenschaft, nach der in einer statistischen Erfassung gefragt wird (z. B. Alter, gute Teile/schlechte Teile).
Merkmalsaus-prägungen	nennt man die Werte, die ein bestimmtes Merkmal annehmen können (z. B. gut/schlecht; männlich/weiblich; 48, 50, 55).
Diskrete Merkmale	können nur abzählbar viele Werte annehmen (z. B. Anzahl der Kinder, Anzahl der fehlerhaften Stücke).
Stetige Merkmale	können jeden Wert (= überprüfbar/abzählbar) annehmen (z. B. Körpergröße, Durchmesser einer Welle).
Qualitative Merkmale	erfassen Eigenschaften/Qualitäten eines Merkmalträgers (z. B. Geschlecht eines Mitarbeiters: weiblich – männlich oder Ergebnis der Leistungsbeurteilung: 2 – 4 – 6 – 8).
Quantitative Merkmale	sind Merkmale, deren Ausprägungen in Zahlen angegeben werden – mit Benennung der Maßeinheit, z. B. Stück, kg, Euro.
Häufigkeit	Anzahl der Messwerte einer Messreihe zu einem bestimmten Messwert x_i.

c) Lösung statistischer Fragestellungen:

   1. Analyse der Ausgangssituation

   2. Erfassen des Zahlenmaterials

   3. Aufbereitung, d. h. Gruppierung und Auszählung der Daten und Fakten

   4. Auswertung, d. h. Analyse des Zahlenmaterials nach methodischen Gesichtspunkten.

d) Aufbereitung des statistischen Zahlenmaterials:

   Das Zahlenmaterial kann erst dann ausgewertet und analysiert werden, wenn es in aufbereiteter Form vorliegt. Dazu werden die Merkmalsausprägungen geordnet (z. B. nach Geschlecht, Alter, Beruf, Region, gut/schlecht, Länge, Materialart).

   Grundsätzliche Ordnungsprinzipien im Rahmen der Aufbereitung sind:

   ► Ordnen des Zahlenmaterials in einer Nominalskala (= Skala, bei der alternative Ausprägungen nur deren Verschiedenartigkeit zum Ausdruck bringen; z. B. Geschlecht oder Farbe).

   ► Ordnen des Zahlenmaterials in einer Kardinalskala ($x_1 = 1$, $x_2 = 5$, $x_3 = 7$ ...), oder einer Ordinalskala (x_1 = nicht ausreichend, x_2 = ausreichend, x_3 = befriedigend, x_4 = gut, ...).

   ► Unterscheidung in diskrete und stetige Merkmale

   ► ggf. Aufbereitung in Form einer Klassenbildung

   ► Aufbereitung ungeordneter Reihen in geordnete Reihen

   ► Bildung absoluter und relativer Häufigkeiten (Verteilungen).

Beispiele für qualitative und quantitative Prüfmerkmale:

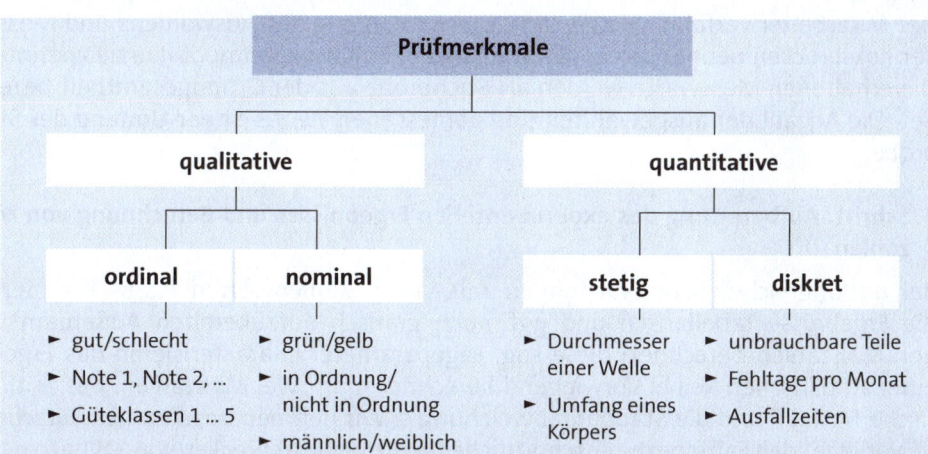

e)

Tätigkeit	Beschreibende Statistik	Beurteilende Statistik
Eintragen der Daten in ein Blatt	x	
Beurteilung von Personen		x
Einsatz von Stichprobenverfahren		x
Berechnung von Kennwerten	x	
Ableitung einer Grafik aus Zahlenwerten	x	

Lösung zu Aufgabe 2: Arbeitsschritte der technischen Statistik

Beispiel

1. Schritt: Formulierung des Problems

In einem stahlerzeugenden Unternehmen soll der angelieferte Koks auf seine Dichte hin überprüft werden. Der beauftragte Mitarbeiter erhält die Aufgabe, die durchschnittliche Dichte des gelieferten Kokses zu bestimmen.

2. Schritt: Planung des Experiments

Da die Dichte der einzelnen Koksbrocken unterschiedlich ist, müsste der Mitarbeiter – genau genommen – alle Koksbrocken untersuchen und ihre Dichte bestimmen. Diese Vorgehensweise ist jedoch aus Kosten- und Zeitgründen nicht akzeptabel. Man wählt daher in der Praxis folgenden Weg: Der Mitarbeiter soll eine **hinreichend** große Anzahl von Koksbrocken **zufällig** auswählen und deren Dichte bestimmen (= Stichprobe).

3. Schritt: Durchführung des Experiments

Der Mitarbeiter verfährt wie geplant. Diesen Vorgang des Auswählens und Messens der Koksbrocken nennt man in der Statistik ein Zufallsexperiment (kurz: Experiment). Die erhaltenen Messwerte werden als Stichprobe aus der Grundgesamtheit bezeichnet. Die Anzahl der ausgewählten und gemessenen Werte ist der Umfang der Stichprobe.

4. Schritt: Aufbereitung des experimentellen Ergebnisses und Berechnung von Maßzahlen

Bei umfangreichen Untersuchungen mit vielen Zahlenwerten ist es erforderlich, die Ergebnisse tabellarisch und ggf. auch grafisch aufzubereiten Außerdem werden Maßzahlen berechnet; diese sog. Lageparameter charakterisieren das Ergebnis einer statistischen Reihe. Vorwiegend berechnet man zwei Maßzahlen: das arithmetische Mittel $\bar{x}$ und die Standardabweichung s. Wir nehmen an, dass der Mitarbeiter im vorliegenden Fall eine durchschnittliche Dichte der Koksbrocken von 1,41 g/cm^3 und eine Standardabweichung von 0,02 g/cm^3 (gerundet) ermittelt.

5. Schritt: Schluss von der Stichprobe auf die Grundgesamtheit

Der Mitarbeiter kann den Schluss ziehen, dass die durchschnittliche Dichte der Koksbrocken in der Grundgesamtheit etwa den Wert 1,41 g/cm^3 hat; er kann weiterhin schließen, dass die tatsächliche (unbekannte) Dichte der Grundgesamtheit mit rund 99 %iger Wahrscheinlichkeit im Intervall

$$[- 3 s + ; + 3 s]$$
$$= [-3 \cdot 0{,}02 + 1{,}41; 1{,}41 + 3 \cdot 0{,}02]$$
$$= [1{,}35; 1{,}47]$$

liegt. Dieser Schluss ist aufgrund der Aussagen möglich, die aus der Normalverteilung abgeleitet werden können (zur Normalverteilung von Messfehlern vgl. Aufgabe 12 f.).

Es stellt sich weiterhin die Frage, ob das Ergebnis noch weiter verbessert werden könnte, ob also der Mitarbeiter durch eine weitere Stichprobe zu einem Intervall gelangen könnte, in dem die Werte näher beieinander liegen. Die Antwort lautet ja! Der Mitarbeiter könnte den Stichprobenumfang vergrößern (statt z. B. 10 Messwerte werden 30 ausgewählt und die durchschnittliche Dichte $\bar{x}$ und die Standardabweichung s ermittelt). Es lässt sich mathematisch zeigen, dass mit größerem Stichprobenumfang die Genauigkeit der Schlüsse ansteigt. Gleichzeitig steigen damit aber auch der Zeitaufwand und die Kosten der Untersuchung. Genau diese Frage (Stichprobenumfang, Zeitaufwand, Kosten, statistische Genauigkeit) ist im 2. Schritt (vgl. oben) zu klären. Man wird versuchen, bei gegebenem Aufwand an Zeit und Kosten den Informationsgehalt der Untersuchung zu maximieren. Festzuhalten bleibt aber: Einen vollkommen sicheren Schluss von einer Stichprobe auf die Grundgesamtheit gibt es nicht.

Abschließend hat der Mitarbeiter zu entscheiden, ob das Ergebnis seiner Stichprobe die Entscheidung zulässt, den angelieferten Koks anzunehmen oder abzulehnen. Im vorliegenden Fall hängt dies davon ab, ob der Soll-Wert der Dichte (festgelegt oder mit dem Lieferanten vereinbart) innerhalb des Intervalls liegt oder nicht.

Lösung zu Aufgabe 3: Erfassung und Verarbeitung technischer Messwerte

a) Die Erfassung und Verarbeitung technischer Messwerte kann unterschiedlich komplex sein; folgende Arbeitsweisen können unterschieden werden:

(1) Die Erfassung der Daten erfolgt über eine einfache Messeinrichtung (z. B. Thermometer, Druckmesser); die Prozesssteuerung bzw. ggf. notwendige Eingriffe in den Prozess erfolgen manuell.

Beispiel: An einer Anlage wird die Temperatur mithilfe eines Thermometers gemessen; wird ein bestimmter Temperaturgrenzwert überschritten, erfolgt eine manuell eingeleitete Kühlung der Anlage durch den Mitarbeiter.

(2) Die Messwerte werden durch die Messeinrichtung erfasst, innerhalb der Messeinrichtung verarbeitet und der Prozess wird „automatisch" gesteuert (z. B. über Prozessrechner).

Beispiel: An der Anlage (vgl. oben) wird die Temperatur laufend von einem Prozessrechner erfasst. Bei Erreichen des Grenzwerts erfolgt ein Warnsignal und die Kühlung der Anlage wird ausgelöst.

(3) **Elementare Messwertverarbeitung:**

Die Verarbeitung der Messwerte erfolgt auf der Basis einfacher mathematischer Operationen (z. B. Summen-/Differenzenbildung in Verbindung mit elektrischer oder pneumatischer Analogtechnik).

(4) **Höhere Messwertverarbeitung:**

Die Verarbeitung der Messwerte erfolgt auf der Basis komplexer mathematischer Operationen (z. B. Integral-/Differenzialrechnung in Verbindung mit Digitalrechnern).

Hinsichtlich der Form der Datenverdichtung wird weiterhin unterschieden:

▸ **Signalanalyse:**
Es wird der Verlauf von Messsignalen untersucht (z. B. Verlauf von Schwingungen).

▸ **Messdatenverarbeitung:**
Aufbereitung, Verknüpfung, Prüfung und Verdichtung von Messdaten.

Im Überblick:

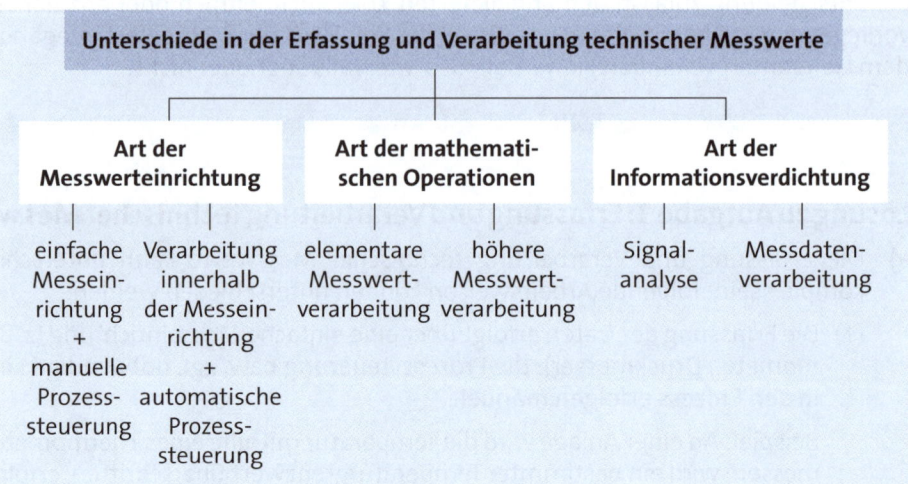

b) In der Praxis ist jede Messung von Daten mit Fehlern behaftet. Man unterscheidet zwischen systematischen und zufälligen Fehlern:

▸ Systematische Fehler sind Fehler in der Messeinrichtung, die sich gleichmäßig auf alle Messungen auswirken. Sie lassen sich durch eine verbesserte Messtechnik beheben.

Beispiele: Fehlerhafter Messstab, nicht ausreichende Justierung einer Waage, usw.

▸ Zufällige Fehler entstehen durch unkontrollierbare Einflüsse während der Messung; sie sind bei jeder Messung verschieden und unvermeidbar.

Beispiel

Bei der Prüfung von Wellen in der Eingangskontrolle stellt man fest, dass von 50 Stück drei fehlerhaft sind; die Wiederholung der Stichprobe kommt zu einem anderen Ergebnis, obwohl die Messverfahren gesichert sind und die Versuchsdurchführung nicht geändert wurde.

Im Überblick:

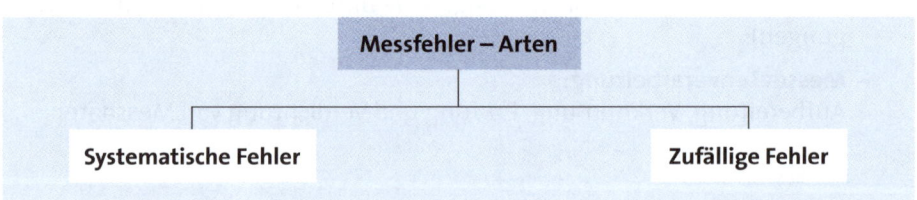

Lösung zu Aufgabe 4: Aufbereitung von Messstichproben

Mithilfe der Stichprobentheorie lässt sich von Teilgesamtheiten (z. B. einer Stichprobe) auf Grundgesamtheiten schließen.

Im Allgemeinen benutzt man bei der Kennzeichnung von Maßzahlen der Grundgesamtheit griechische und bei der Kennzeichnung von Maßzahlen der Stichprobe lateinische Buchstaben:

x_i = alle Messwerte/Merkmalsausprägungen der Urliste/Stichprobe ($i = 1, ..., n$)

x_j = die verschiedenen Messwerte/Merkmalsausprägungen der Urliste/Stichprobe ($j = 1, ..., r$)

μ = Mittelwert der Grundgesamtheit

N = Umfang der Grundgesamtheit

M_z = Median (= Zentralwert)

M_o = Modalwert (= Modus = häufigster Wert)

R = Spannweite

σ^2 = Varianz der Grundgesamtheit

σ = Standardabweichung der Grundgesamtheit

$\overline{x}$ = Mittelwert der Stichprobe

n = Umfang der Stichprobe

s^2 = Varianz der Stichprobe

s = Standardabweichung der Stichprobe

$\sum$ = Summenzeichen

► Bei **kleinen Stichproben** (z. B. $n = 10$) ist es ausreichend, die Werte der Größe nach zu ordnen:

Beispiel: Urliste: 5, 3, 9, 1, 3, 2, 8, 4, 6, 12

Geordnete Urliste: 1, 2, 3, 3, 4, 5, 6, 8, 9, 12

► Bei **großen Stichproben** werden gleiche Werte zusammengefasst und deren Häufigkeit in einer Strichliste notiert.

► Man bezeichnet diese Tabelle auch als Häufigkeitstabelle.

Der Wert n_j gibt die **absolute Häufigkeit** der verschiedenen Merkmalsausprägungen der Stichprobe wieder. Die Summe der absoluten Häufigkeiten in einer Stichprobe ist immer gleich dem Stichprobenumfang. Es gilt:

$$\sum n_j = n \qquad j = 1, 2, ..., r$$

► Dividiert man die absolute Häufigkeit n_j durch den Stichprobenumfang n, so erhält man die **relative Häufigkeit** (in Prozent oder absolut). Die relative Häufigkeit ist eine nicht negative Zahl, die höchstens gleich 1 sein kann:

$$\frac{n_j}{n} = \text{relative Häufigkeit} \quad j = 1, 2, ..., r$$

Beispiel: $\dfrac{n_{22}}{30} = \dfrac{4}{30} = 0,1333$

Die Summe der relativen Häufigkeit ist immer gleich 1:

$$\sum \frac{n_j}{n} = 1 \quad j = 1, 2, ..., r$$

► Eine weitere Verbesserung der Aussagekraft der Werte erhält man, indem die relativen Häufigkeiten schrittweise aufaddiert werden; es ergeben sich die **kumulierten relativen Häufigkeiten** (auch: relative Summenhäufigkeiten).

Beispiel

Die nachfolgende Tabelle zeigt die Messwerte absolut, relativ und kumuliert relativ:

Messwerte	Häufigkeit (absolut)		Häufigkeit (relativ)	
x_j			einfach	kumuliert
3,00	|	1	0,0333	0,0333
3,15	||	2	0,0666	0,1000
3,45	|	1	0,0333	0,1333
3,75	|	1	0,0333	0,1667
4,05	||	2	0,0666	0,2333
4,20	||	2	0,0666	0,3000
4,35	|	1	0,0333	0,3333
4,50	|||	3	0,1000	0,4333
4,65	|||	3	0,1000	0,5333
4,80	||	2	0,0666	0,6000
4,95	|	1	0,0333	0,6333
5,10	||||	4	0,1333	0,7667
5,25	||	2	0,0666	0,8333
5,40	|	1	0,0333	0,8667
5,55	|	1	0,0333	0,9000
5,85	|	1	0,0333	0,9333
6,00	|	1	0,0333	0,9667
6,45	|	1	0,0333	1,0000
$\sum$		30	1,0000	

Lösung zu Aufgabe 5: Häufigkeitsverteilung

▸ Teilt man den geordneten Merkmalsausprägungen die entsprechenden Häufigkeiten zu (absolute oder relative), so erhält man die **Häufigkeitsverteilung** (kurz: Verteilung) des betreffenden Merkmals.

▸ Die Darstellung der Verteilung eines Merkmals kann

- **tabellarisch** (vgl. oben) oder

- **grafisch** erfolgen, z. B. als

  · Stabdiagramm

  · Histogramm (vgl. oben)

  · Kreisdiagramm

  · Säulendiagramm

  · Liniendiagramm

  · Piktogramm.

▸ Man unterscheidet in der Statistik spezielle Verteilungen, u. a.:

- **Diskrete Verteilungen**, z. B.:

  · Binomialverteilung

  · Poisson-Verteilung

  · Hypergeometrische Verteilung

- **Stetige Verteilungen**, z. B.:

  · Normalverteilung (= Gauss-Verteilung).

Insbesondere die Normalverteilung spielt in der Prüfstatistik eine besondere Rolle (vgl. Aufgabe 12 ff.).

▸ Die **Häufigkeitsfunktion** (auch: Verteilungsfunktion) ist die mathematische Beschreibung der Verteilung eines Merkmals.

Es sei gegeben: $x_1, x_2, ..., x_r$

Die verschiedenen Werte (r) einer Stichprobe vom Umfang n aus einer Grundgesamtheit mit der Größe N.

$h_1, h_2, ..., h_r$

Die dazugehörigen relativen Häufigkeiten der Werte x_1 bis x_r.

Dabei gilt:

$$h_j = \frac{n_j}{n} \qquad j = 1, 2, ..., r$$

Die **Verteilungsfunktion** f(x) hat für x_1 den Wert h_1, für x_2 den Wert h_2, usw. und für jede Zahl x, die nicht in der Stichprobe vorkommt, ist sie gleich null; in Formeln:

$$f(x) = \begin{cases} h_j & \text{für} \quad x = x_j \\ 0 & \text{für} \quad \text{alle übrigen } x \end{cases} \qquad j = 1, 2, ..., r$$

Beispiel

Für eine Verteilungsfunktion f(x) gilt:

$$f(x) = \begin{array}{llll} 0 & \text{für} & -\infty < x < 0 \\ 0{,}25 & \text{für} & 0 \leq x < 1 \\ 0{,}75 & \text{für} & 1 \leq x < 2 \\ 1 & \text{für} & 2 \leq x < \infty \end{array}$$

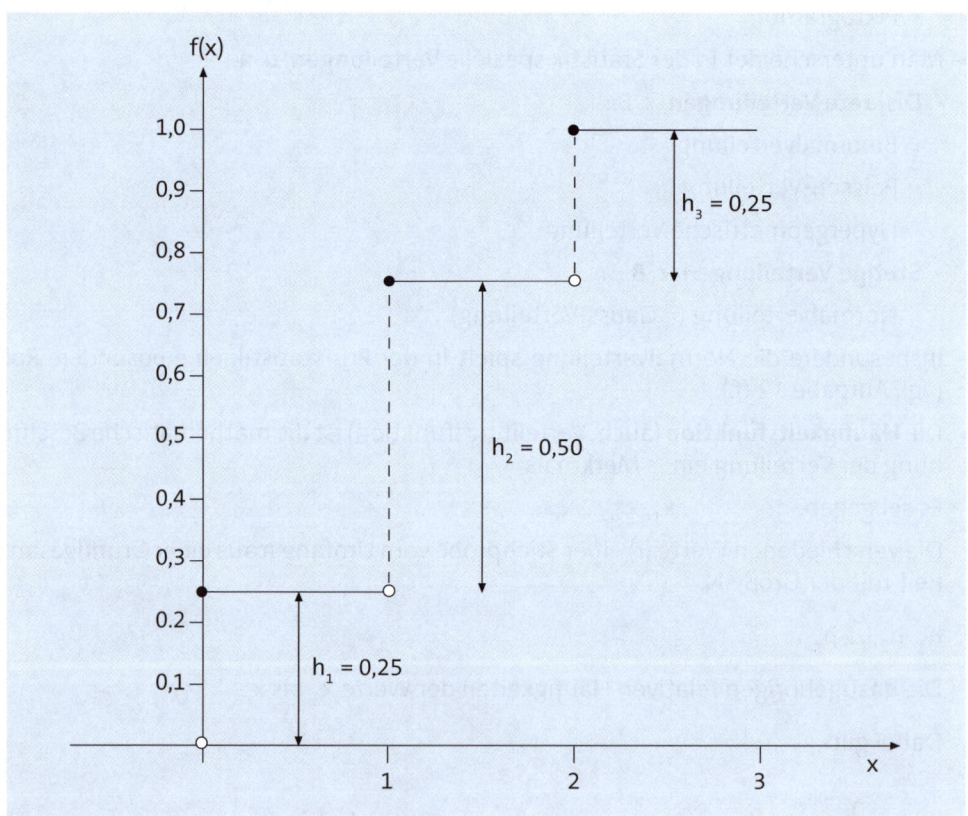

Lösung zu Aufgabe 6: Maßzahlen (1)

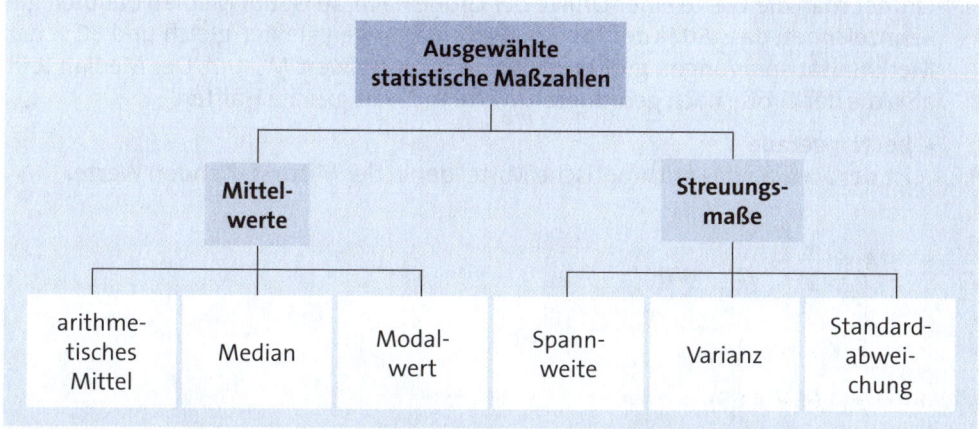

Lösung zu Aufgabe 7: Maßzahlen (2)

a) Das **arithmetische Mittel** μ

einer Häufigkeitsverteilung ist die Summe aller Merkmalsausprägungen dividiert durch die Anzahl der Beobachtungen:

▸ μ, **ungewogen:**

$$\mu = \frac{\sum x_i}{N} \qquad i = 1, 2, ..., N$$

▸ μ, **gewogen:**

$$\mu = \frac{\sum N_j \, x_j}{N} \qquad j = 1, 2, ..., r$$

Beispiel

										$\sum$
4,35	4,80	3,75	4,95	4,20	5,10	4,65	6,00	4,05	5,25	47,10
5,10	4,50	3,15	5,25	4,65	3,45	5,85	4,50	5,55	4,80	46,80
6,45	4,05	3,00	4,20	5,10	3,15	5,40	4,65	5,10	4,50	45,60
$\sum$										139,50

$$\mu = \frac{139,50}{30} = 4,65$$

b) **Median Mz (= Zentralwert):**
Ordnet man die Werte einer Urliste der Größe nach, so ist der Median dadurch gekennzeichnet, dass 50 % der Merkmalsausprägungen kleiner/gleich und 50 % der
Merkmalsausprägungen größer/gleich dem Zentralwert M_z sind. Der Median teilt
also die der Größe nach geordneten Werte in zwei „gleiche Hälften":

▸ bei **N = gerade**
ist der Median das arithmetische Mittel der in der Mitte stehenden Werte:

$$M_z = \frac{1}{2}\,(x_{N/2} + x_{N/2+1})$$

$$= 0{,}5\,(x_{15} + x_{16})$$

$$= 0{,}5\,(4{,}65 + 4{,}65)$$

$$M_z = 4{,}65$$

Beispiel

Da N = 30 ist, wird das arithmetische Mittel aus dem 15. und 16. Wert der (geordneten) Häufigkeitstabelle gebildet:

x_j	3,00	3,15	3,45	3,75	4,05	4,20	4,35	4,50	**4,65**	$\sum N_j$
N_j	1	2	1	1	2	2	1	3	3	16
x_j	4,80	4,95	5,10	5,25	5,40	5,55	5,85	6,00	6,45	
N_j	2	1	4	2	1	1	1	1	1	14
$\sum N_j$										30
j = 1, ... , 18										

▸ bei **N = ungerade** ist der Median der in der Mitte stehende Wert der geordneten
Urliste:

$$M_z = x_{(n+1)/2}$$

Beispiel

Angenommen, man würde die vorliegende Messreihe von 30 Werten um den
Wert $x_{31} = 6{,}55$ ergänzen, so erhält man als Median den Wert x_{16}:

$$M_z = x_{(31+1)/2} = x_{16} = 4{,}65$$

Da es sich beim Median um einen relativ „groben" Lageparameter zur Charakterisierung einer Verteilung handelt, sollte er nur bei einer kleinen Messreihe ermittelt
werden. Im vorliegenden Fall von 30 Urlistenwerten ist er eher nicht zu empfehlen.

c) Als **Modalwert** M_o (= dichtester Wert = Modus)

bezeichnet man innerhalb einer Häufigkeitsverteilung die Merkmalsausprägung mit der größten Häufigkeit (soweit vorhanden):

x_j	3,00	3,15	3,45	3,75	4,05	4,20	4,35	4,50	4,65	$\sum N_j$
N_j	1	2	1	1	2	2	1	3	3	16
x_j	4,80	4,95	**5,10**	5,25	5,40	5,55	5,85	6,00	6,45	
N_j	2	1	4	2	1	1	1	1	1	14
$\sum N_j$										30
$j = 1, ..., 18$										

Zum Beispiel:

Aus der vorliegenden Häufigkeitstabelle lässt sich der Modalwert direkt ablesen: Es ist die Merkmalsausprägung mit der maximalen Häufigkeit

$N_j = 4$

$M_o = 5,10$

Mittelwerte, die die Lage einer Verteilung beschreiben, reichen alleine nicht aus, um eine Häufigkeitsverteilung zu charakterisieren. Es wird nicht die Frage beantwortet, wie weit oder wie eng sich die Merkmalsausprägungen um den Mittelwert gruppieren. Man berechnet daher sog. Streuungsmaße, die kleine Werte annehmen, wenn die Merkmalsbeträge stark um den Mittelwert konzentriert sind, bzw. große Werte bei weiter Streuung um den Mittelwert.

d) Die Spannweite R (= Range) ist das einfachste Streuungsmaß. Sie wird als die Differenz zwischen dem größten und dem kleinsten Wert definiert. Die Aussagekraft der Spannweite ist sehr gering und sollte daher nur für eine kleine Anzahl von Messwerten berechnet werden (im vorliegenden Beispiel also eher nicht geeignet).

$R = x_{max} - x_{min}$ oder bei geordneter Urliste:

$R = x_N - x_1$

Zum Beispiel:

$R = x_{30} - x_1$

$\quad = 6,45 - 3,00$

$\quad = 3,45$

e) **Mittlere quadratische Abweichung** σ^2 (= Varianz):

Bei der Varianz σ^2 wird das jeweilige Quadrat der Abweichungen zwischen der Merkmalsausprägung x_i und dem Mittelwert μ berechnet. Durch den Vorgang des Quadrierens erreicht man, dass große Abweichungen stärker und kleine Abweichungen weniger berücksichtigt werden. Die Summe der Quadrate wird durch N dividiert.

▸ σ^2, **ungewogen:**

$$\sigma^2 = \frac{\sum (x_i - \mu)^2}{N} \qquad i = 1, 2, ..., N$$

▸ σ^2, **gewogen:**

$$\sigma^2 = \frac{\sum x_j - \mu)^2 \cdot N_j}{N} \qquad j = 1, 2, ..., r$$

Durch Umrechnung gelangt man zu folgender Formel; damit lässt sich die Varianz leichter berechnen:

$$\sigma^2 = \frac{1}{N} \sum N_j x_j^2 - \mu^2$$

Bei einer hohen Zahl von Messwerten empfiehlt sich eine Arbeitstabelle zur Berechnung der Varianz:

x_j	N_j	x_j^2	$N_j x_j^2$	$x_j - \mu$	$(x_j - \mu)^2$	$(x_j - \mu)^2 N_j$
3,00	1	9,00	9,00	- 1,65	2,72	2,72
3,15	2	9,92	19,84	- 1,50	2,25	4,50
3,45	1	11,90	11,90	- 1,20	1,44	1,44
3,75	1	14,06	14,06	- 0,90	0,81	0,81
4,05	2	16,40	32,80	- 0,60	0,36	0,72
4,20	2	17,64	35,28	- 0,45	0,20	0,40
4,35	1	18,92	18,92	- 0,30	0,09	0,09
4,50	3	20,25	60,75	- 0,15	0,02	0,06
4,65	3	21,62	64,86	0,00	0,00	0,00
4,80	2	23,04	46,08	0,15	0,02	0,04
4,95	1	24,50	24,50	0,30	0,09	0,09
5,10	4	26,01	104,04	0,45	0,20	0,80
5,25	2	27,56	55,12	0,60	0,36	0,72
5,40	1	29,16	29,16	0,75	0,56	0,56
5,55	1	30,80	30,80	0,90	0,81	0,81
5,85	1	34,22	34,22	1,20	1,44	1,44
6,00	1	36,00	36,00	1,35	1,82	1,82
6,45	1	41,60	41,60	1,80	3,24	3,24
$\sum$	30		668,93			20,26

Beispiel

$$\sigma^2 = \frac{\sum (x_j - \mu)^2 \cdot N_j}{N}$$

$$= \frac{20{,}26}{30}$$

$$\approx 0{,}68$$

bzw.

$$\sigma^2 = \frac{1}{N} \sum N_j x_j^2 - \mu^2$$

$$= \frac{668{,}93}{30} - 21{,}6225$$

$$\approx 0{,}68$$

f)   Die **Standardabweichung** σ (kurz: „Streuung") ist die positive Wurzel aus der Varianz; sie ist das wichtigste Streuungsmaß:

$$\sigma = \sqrt{\sigma^2}$$

Zum Beispiel:

$\sigma = \sqrt{0{,}68} \approx 0{,}82$

Lösung zu Aufgabe 8: Maßzahlen der Stichprobe (1)

Die Formeln zur Berechnung der Maßzahlen der Stichprobe sind – bis auf die **Berechnung der Varianz** – analog zur Berechnung der Maßzahlen der Grundgesamtheit (vgl. Aufgabe 7).

Zur Kennzeichnung von Stichprobenparametern wird

$\overline{x}$ statt μ,

n   statt   N,

s^2 statt σ^2 und

s   statt σ verwendet.

▸ Somit modifizieren sich die Formeln für den **Mittelwert der Stichprobe** zu:

$$\overline{x} = \frac{\sum x_i}{n} \quad \text{bzw.} \quad \overline{x} = \frac{\sum x_j\, n_j}{n}$$

▸ Bei der Berechnung der **Varianz einer Stichprobe** wird – genau genommen – keine mittlere quadratische Abweichung berechnet, sondern man verwendet die Formel

$$s^2 = \frac{\sum (x_i - \overline{x})^2}{n-1}$$

Man dividiert also die Summe der Quadrate durch den um Eins verminderten Stichprobenumfang (= so genannte **empirische Varianz**). Für die Standardabweichung s gilt Entsprechendes. Es lässt sich mathematisch zeigen, dass diese Berechnungsweise notwendig ist, wenn von der Varianz der Stichprobe auf die Varianz der Grundgesamtheit geschlossen werden soll.

 MERKE

Hinweis für die Praxis
Funktionsrechner und Statistik-Software verwenden häufig den Faktor $1/_{n-1}$ anstatt $1/_n$. Bitte beachten Sie dies bei der Berechnung von Varianzen, die **nicht** aus einer Stichprobe stammen.

Lösung zu Aufgabe 9: Maßzahlen der Stichprobe (2)

a) Durchschnittlicher Wirkungsgrad $\overline{x}$:

x_i	90,3	91,6	90,9	90,4	90,3	91,0	87,9	89,4	$\sum x_i$
									721,8

$$\overline{x} = \frac{\sum x_i}{n}$$

$$= \frac{721,8}{8}$$

$$= 90,225$$

b) Standardabweichung:

$$s^2 = \frac{\sum (x_i - x)^2}{n-1}$$

$$= \frac{9,075}{7}$$

$$= 1,296$$

	x_i	$x_i - \overline{x}$	$(x_i - \overline{x})^2$
	90,3	0,075	0,005625
	91,6	1,375	1,890625
	90,9	0,675	0,455625
	90,4	0,175	0,030625
	90,3	0,075	0,005625
	91,0	0,775	0,600625
	87,9	- 2,325	5,405625
	89,4	- 0,825	0,680625
$\sum$	721,8		9,075000

$$s = \sqrt{s^2}$$

$$= \sqrt{1,296}$$

$$\approx 1,14$$

c)

Zentralwert $\quad M_z = \dfrac{90,4 + 90,3}{2} = 90,35$

d) Der absolut größte Fehler ist definiert als:

$$\Delta x_{max} = \max |x_i - \overline{x}| = 2,325$$

Arbeitstabelle:

$|x_i - \overline{x}|$
0,075
1,375
0,675
0,175
0,075
0,775
2,325 $\quad \longleftarrow \Delta x_{max}$
0,825

Lösung zu Aufgabe 10: MAD (Mittlere absolute Abweichung)

a) Die mittlere absolute Abweichung d (MAD) ist das rechnerische Mittel der absoluten Abstände der einzelnen Werte vom Mittelwert (meist wird als Mittelwert der Median M_z verwendet).

$$d = \frac{\sum |x_i - M_z|}{N}$$

b) $M_z = (10 + 10) : 2 = 10$

$$d = \frac{10 + 10 + 5 + 5 + 0 + 0 + 2 + 2 + 5 + 15}{10} = \frac{54}{10} = 5,4$$

Lösung zu Aufgabe 11: Spannweite

a) die Spannweite R ist definiert als:

$$R = x_{max} - x_{min}$$

$$= 91,6 - 87,9$$

$$= 3,7$$

b) Die Spannweite ist einfach zu berechnen. Sie hat aber den Nachteil, dass sie nur durch zwei Stichprobenwerte bestimmt ist, während die übrigen Werte unberücksichtigt bleiben. Sie eignet sich daher nur bei kleinem Stichprobenumfang.

Lösung zu Aufgabe 12: Statistische Qualitätskontrolle und Normalverteilung

Untersucht man eine große Anzahl von Einheiten eines gefertigten Produkts hinsichtlich der geforderten Qualitätseigenschaften (Stichprobe aus einem Los), so lässt sich mathematisch zeigen, dass die „schlechten Werte" in einer bestimmten Verteilungsform vom Mittelwert (dem Soll-Wert) abweichen: Es entsteht bei hinreichend großer Anzahl von Prüfungen das Bild einer Gauss'schen Normalverteilung (so genannte symmetrische Glockenkurve):

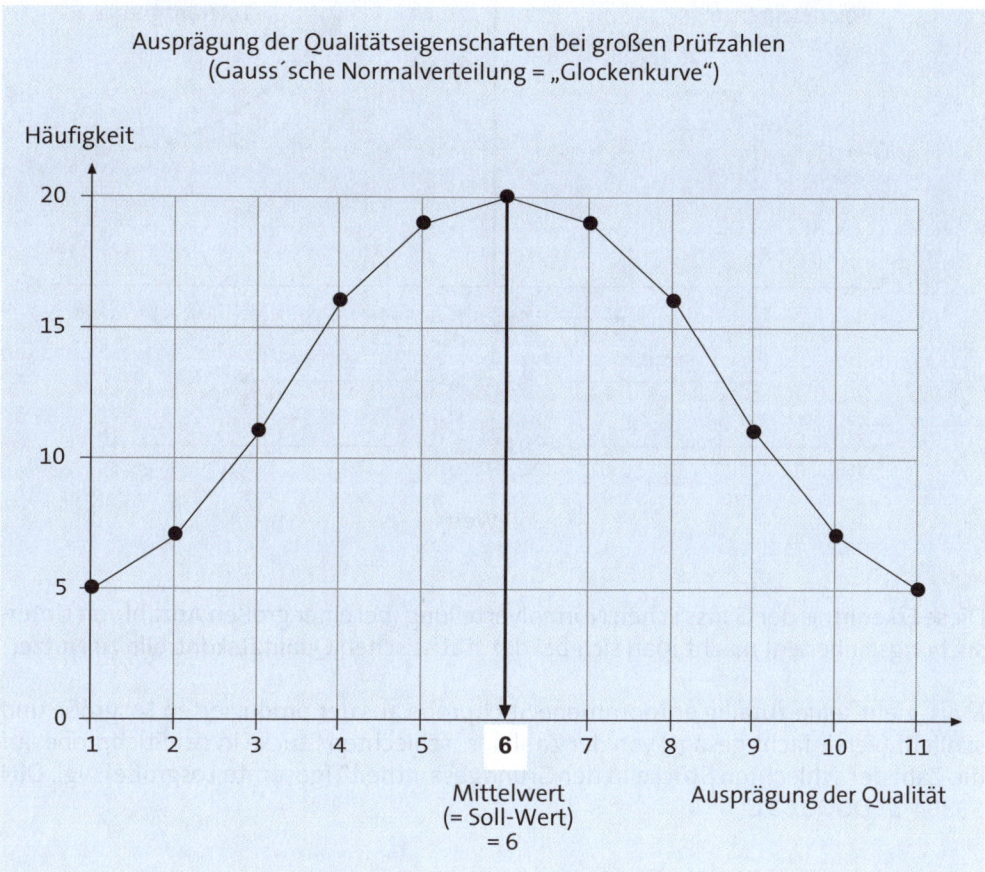

Ausprägung der Qualitätseigenschaften bei großen Prüfzahlen
(Gauss'sche Normalverteilung = „Glockenkurve")

Es lässt sich mathematisch zeigen, dass – bei Vorliegen einer Normalverteilung der Qualitätseigenschaften –

► ungefähr **68,0 %** (68,26 %)
aller Ausprägungen streuen im Bereich   (Mittelwert +/- 1 · Standardabweichung)

► ungefähr **95,0 %** (95,44 %)
aller Ausprägungen streuen im Bereich   (Mittelwert +/- 2 · Standardabweichung)

► ungefähr **99,8 %** (99,73 %)
aller Ausprägungen streuen im Bereich   (Mittelwert +/- 3 · Standardabweichung)

Die nachfolgende Abbildung zeigt den dargestellten Zusammenhang:

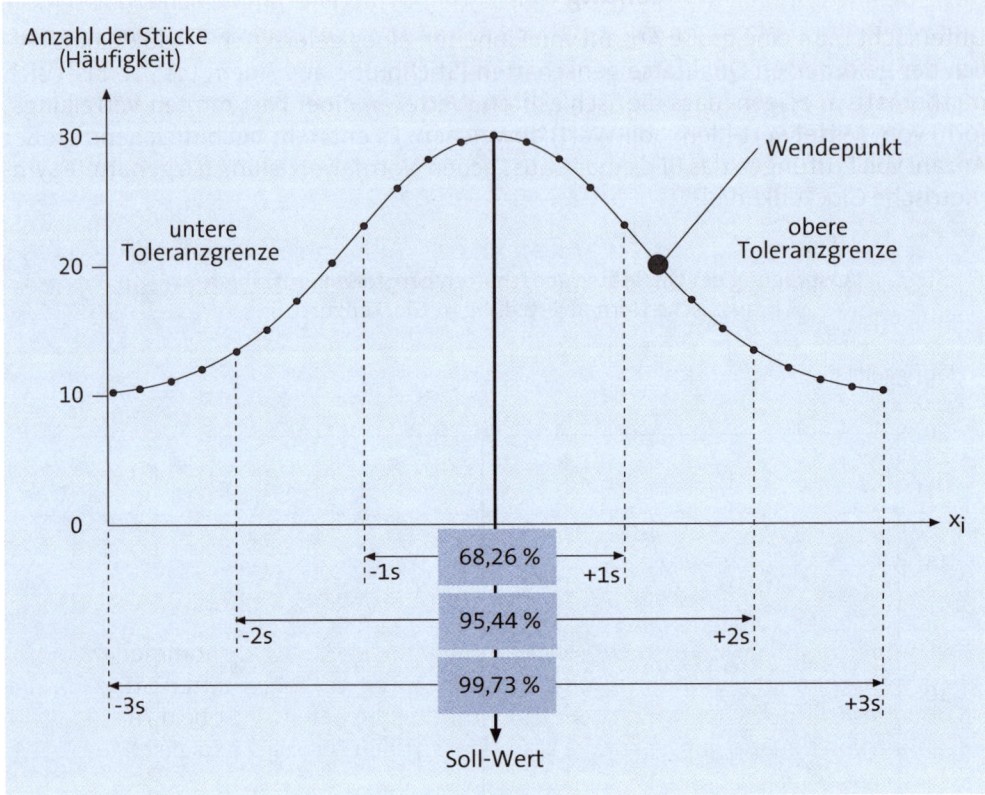

Diese Erkenntnis der Gauss'schen Normalverteilung (bei einer großen Anzahl von Untersuchungseinheiten) macht man sich bei der statistischen Qualitätskontrolle zu Nutze:

Man „zieht" eine zufällig entnommene Stichprobe aus der produzierten Losgröße und schließt (vereinfacht gesagt) von der Zahl der „schlechten Stücke in der Stichprobe auf die Zahl der schlechten Stücke in der Grundgesamtheit" (gesamte Losgröße); vgl. DIN 53804-1, DGQ 1631.

Lösung zu Aufgabe 13: Normalverteilung

Vertrauensbereich mit 99,73 %-iger Wahrscheinlichkeit:

99,73 %	$\rightarrow$	$(\overline{x} - 3s; \overline{x} + 3s)$		
$\overline{x} - 3s$	=	$20 - 1,8$	=	$18,2$
$\overline{x} + 3s$	=	$20 + 1,8$	=	$21,8$
Das Intervall ist:		$(18,2; 21,8)$		

Lösung zu Aufgabe 14: Fehleranteil im Prüflos

Aus einem Losumfang (= Grundgesamtheit) von N wird eine hinreichend große Stichprobe mit dem Umfang n zufällig entnommen. Man erhält in der Stichprobe n_f fehlerhafte Stücke (= Überschreitung des zulässigen Toleranzbereichs):

▸ Der Anteil der fehlerhaften Stücke Δxf der Stichprobe ist

$$\Delta x_f = \frac{n_f}{n} \quad \text{oder in Prozent} \quad \Delta x_f = \frac{n_f}{n} \cdot 100$$

Beispiel: Es werden aus einem Losumfang von 4.000 Wellen 10 % überprüft. Die Messung ergibt 20 unbrauchbare Teile.

Es ergibt sich also bei n = 400 und n_f = 20

$$\Delta x_f = \frac{n_f}{n}$$

$$= \frac{20}{400}$$

$$= 0,05 \quad \text{bzw.} \quad 5\,\%$$

Bei hinreichend großem Stichprobenumfang und zufällig entnommenen Messwerten kann angenommen werden, dass der Anteil der fehlerhaften Stücke in der Grundgesamtheit N_f/N wahrscheinlich dem Anteil in der Stichprobe n_f/n entspricht (Schluss von der Stichprobe auf die Grundgesamtheit). Es wird also gleichgesetzt:

$$\frac{n_f}{n} \cdot 100 = \frac{N_f}{N} \cdot 100$$

Das heißt, es kann angenommen werden, dass die Zahl der fehlerhaften Wellen in der Grundgesamtheit 200 Stück beträgt (5 % von 4.000).

Bezeichnet man die Anzahl der fehlerhaften Stücke als „NIO-Teile" (= Nicht-in-Ordnung-Teile) so lässt sich der Schluss von der Stichprobe auf die Grundgesamtheit formulieren:

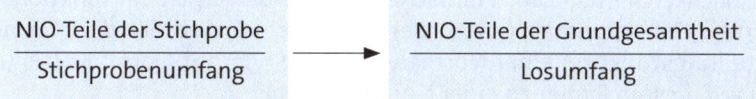

$$\frac{\text{NIO-Teile der Stichprobe}}{\text{Stichprobenumfang}} \longrightarrow \frac{\text{NIO-Teile der Grundgesamtheit}}{\text{Losumfang}}$$

Lösung zu Aufgabe 15: Fehlerwahrscheinlichkeit

a) Definition der Wahrscheinlichkeit nach *Laplace*:

Die Wahrscheinlichkeit eines Ereignisses P(A) ist der Quotient aus der Anzahl der für das Eintreten von A günstigen Fälle (g) zur der Anzahl der möglichen Fälle (m).

$$P(A) = \frac{g}{m}$$

mit: g = Anzahl der günstigen Fälle
m = Anzahl der möglichen Fälle

$$P(A) = \frac{20}{500}$$

$$= 0,04 \text{ bzw. } 4\%$$

Die Wahrscheinlichkeit für das Ereignis A (bei der zufälligen Entnahme eines Werkstückes ein fehlerhaftes Teil zu erhalten mit g = 20 und m = 500) beträgt also 4 %.

b)
$$P(A) = \frac{30}{300}$$

$$= 0,1 \text{ bzw. } 10\%$$

Lösung zu Aufgabe 16: Wahrscheinlichkeit

Die Wahrscheinlichkeit ist

$$P(A) = \frac{g}{m}$$

mit: g = günstige Fälle
m = mögliche Fälle

$$= \frac{1}{6} \cdot 100$$

$$= 17\%$$

Lösung zu Aufgabe 17: Wahrscheinlichkeitsnetz und Vorliegen einer Normalverteilung

a) Das Wahrscheinlichkeitsnetz (auch: Wahrscheinlichkeitspapier) ist ein funktionales Papier, bei dem die Ordinatenskala (= y-Achse) so verzerrt ist, dass sich die s-förmige Kurve der Verteilungsfunktion einer Normalverteilung (vgl. zur Normalverteilung Aufgabe 12 f.) auf diesem Papier zu einer Geraden streckt.

Die nachfolgende Abbildung zeigt die prinzipielle Entstehung des Wahrscheinlichkeitsnetzes (Hinweis: Für die Lösung in der Prüfung nicht erforderlich):

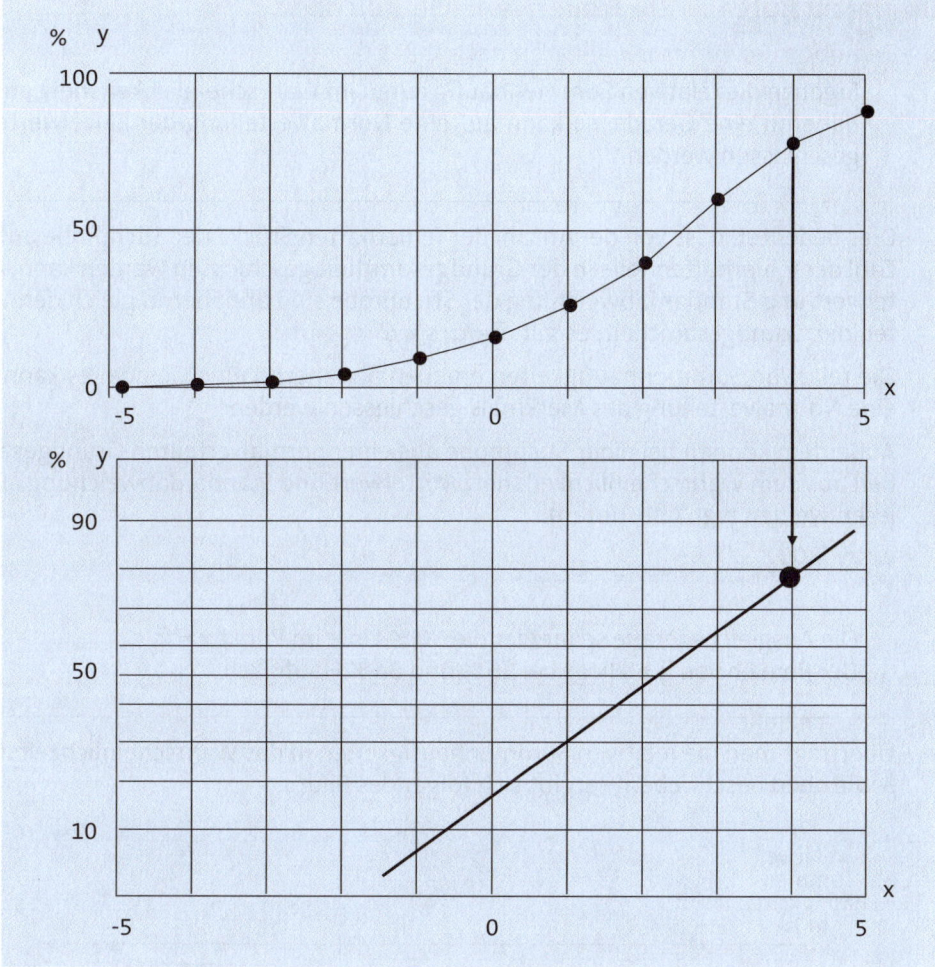

Wie man erkennen kann, nehmen die Ordinatenabstände von der 50 %-Linie nach oben und nach unten hin zu.

Die Summenlinie im Wahrscheinlichkeitsnetz ist eine einfache, grafische Methode, um zu prüfen, ob das betrachtete Merkmal einer Normalverteilung unterliegt. Man geht in folgenden Schritten vor:

1. Schritt: Aufbereitung der Messwerte in gruppierter Form (Klassenbildung)

2. Schritt: Berechnung der relativen Summenhäufigkeit (= kumulierte relative Häufigkeit) je Klasse in Prozent

3. Schritt: Eintragung der relativen Summenhäufigkeiten in das Wahrscheinlich-keitsnetz als Punkt vertikal über der rechten Klassengrenze (nicht über der Klassenmitte!).

MERKE

Ergeben die relativen Summenhäufigkeiten im Wahrscheinlichkeitsnetz annähernd eine Gerade, so kann auf eine Normalverteilung der Einzelwerte geschlossen werden.

Dies bedeutet, dass von der Anzahl der fehlerhaften Stücke der Stichprobe auf die Zahl der fehlerhaften Teile in der Grundgesamtheit geschlossen werden kann; Mittelwert und Standardabweichung der Stichprobe sind annähernd gleich den Werten der Grundgesamtheit; es gilt: $\overline{x} \approx \mu$; $s \approx \sigma$

Die relativen Summenhäufigkeiten ergeben annähernd eine Gerade; es kann auf eine Normalverteilung des Merkmals geschlossen werden.

Außerdem können bei einer Stichprobe aus einer normalverteilten Grundgesamtheit aus dem Wahrscheinlichkeitsnetz Mittelwert und Standardabweichung abgelesen werden (vgl. Abb. unten):

 MERKE

Die Ausgleichsgerade schneidet die 50 %-Linie im Punkt $x = \overline{x}$.
Der Bereich von $\overline{x} \pm s$ liegt bei 16 % und 84 % Häufigkeit.

b) Überträgt man die relativen Summenhäufigkeiten in das Wahrscheinlichkeitsnetz – wie oben beschrieben – ergibt sich folgendes Bild:

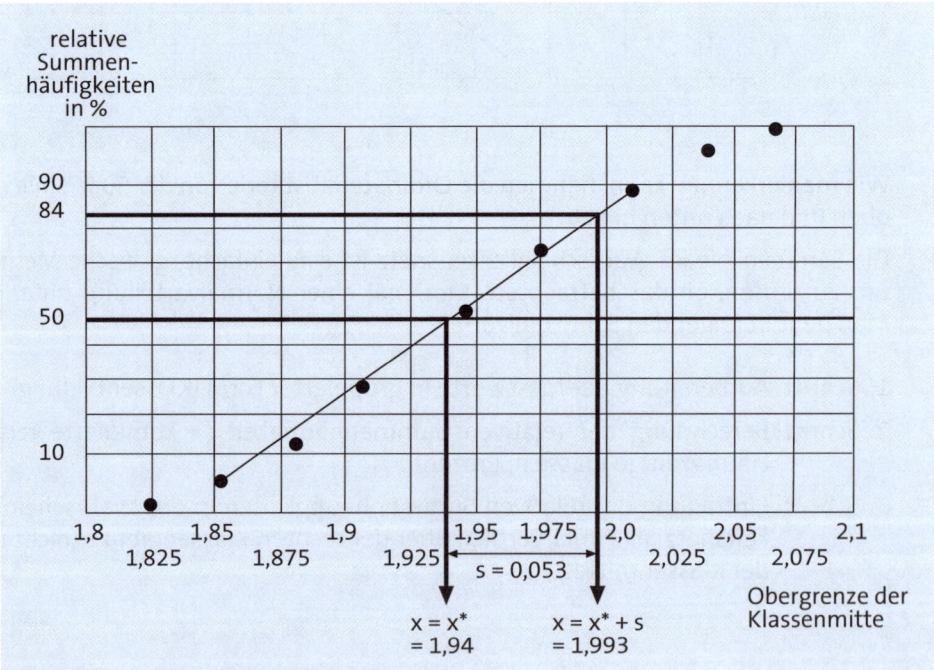

Betrachtet man die Schnittpunkte der Ausgleichsgeraden mit der 50 %-Linie und der 84 %-Linie und nimmt von den entsprechenden x-Werten die Differenz, so erhält man s, die Standardabweichung der Stichprobe; von s kann näherungsweise auf σ (= Standardabweichung der Grundgesamtheit) geschlossen werden.

x-Wert der 84 %-Linie	= 1,993
- x-Wert der 50 %-Linie	= 1,940
Differenz = s	= 0,053

Tatsächlich führt die rechnerische Überprüfung von $\bar{x}$ und s zu den oben abgelesenen Werten (mit a_j = Klassenmitte bei gruppierten Daten):

$$\bar{x} = \sum \frac{a_j \cdot n}{n}$$

$$= \frac{1,81 \cdot 2 + 1,84 \cdot 3 + ... + 2,05 \cdot 3}{100}$$

$$= 1,94$$

$$s^2 = \frac{\sum (a_j - \bar{x})^2 \cdot n_j}{n - 1}$$

$$= \frac{1,81 - 1,94)^2 \cdot 2 + ... + (2,05 - 1,94)^2 \cdot 3}{99}$$

$$= 0,0028$$
$$\sqrt{s} = s \approx 0,053$$

Lösung zu Aufgabe 18: Qualitätsregelkarte (1)

a) ► Beschreibung:
Mit der Regelkarte kann die zeitliche Veränderung eines Merkmals erfasst und grafisch dargestellt werden. Es ist also die Übertragung des Histogramms in Abhängigkeit von der Zeit.

► Zielsetzung:
- Darstellung eines Merkmals im zeitlichen Verlauf
- Überwachung von Prozessen auf Soll-Wert- und Toleranzeinhaltung
- Erkennen und Vermeiden systematischer Fehler
- Anwendung in der Serienfertigung.

► Randbedingungen:
- Festlegen von Warn- und Eingriffsgrenzen
- Maschinen müssen reproduzierbare Ergebnisse bringen (Maschinenfähigkeitsuntersuchungen)
- Messmittel müssen für den Prozess tauglich und zugelassen sein (Messmitteluntersuchungen, Kalibrierung)
- Stichprobenumfang muss festgelegt sein
- die Auswertungen müssen regelmäßig sein
- das Personal muss hinsichtlich der Messungen geschult sein.

► Vorteile:
- Verhalten des Prozesses ist erkennbar
- Abweichungen vom Mittelwert und der Streubereich eines Merkmals sind erkennbar
- systematische Abweichungen sind erkennbar
- Korrekturmaßnahmen sind frühzeitig möglich
- eine Automatisierung des Prozesses ist möglich.

► Nachteile:
- es wird nur die Wirkung aufgezeigt, nicht die Ursache
- es kann nur ein Merkmal untersucht werden
- es ist geschultes Personal erforderlich.

b) Kontrollkarten (auch: Qualitätsregelkarten QRK bzw. kurz: Regelkarten; auch: „Statistische Prozessregelung") werden in der industriellen Fertigung dafür benutzt, die Ergebnisse aufeinander folgender Prüfstichproben festzuhalten. Durch die Verwendung von Kontrollkarten lassen sich Veränderungen des Qualitätsstandards im Zeitablauf beobachten; z. B. kann frühzeitig erkannt werden, ob Toleranzen bestimmte Grenzwerte über- oder unterschreiten. Es gibt eine Vielzahl unterschiedlicher Qualitätsregelkarten (je nach Prüfmerkmal, Qualitätsanforderung und Messtechnik).

Häufige Verwendung finden sog. zweispurige QRK, die gleichzeitig einen Lageparameter (Mittelwert oder Median) und einen Streuungsparameter (z. B. Standardabweichung/ $\bar{x}$-s-Karte oder Range = Spannweite/ $\bar{x}$ -R-Karte) anzeigen.

Die nachfolgende Abbildung zeigt den Ausschnitt einer Kontrollkarte:

(1) Der Fertigungsprozess ist sicher, wenn die Prüfwerte innerhalb der oberen und unteren Warngrenze liegen.

(2) Werden die Warngrenzen überschritten, ist der Prozess „nicht mehr sicher", aber „fähig".

(3) Werden die Eingriffsgrenzen erreicht, muss der Prozess wieder sicher gemacht werden (z. B. neues Werkzeug, Neujustierung, Fehlerquelle beheben).

(4) Erfolgt beim Erreichen der Eingriffsgrenzen keine Korrekturmaßnahme, so ist damit zu rechnen, dass es zur Produktion von „Nicht-in-Ordnung-Teilen" (NIO-Teilen) kommt.

(5) Wird die Toleranzgrenze überschritten, werden NIO-Teile produziert.

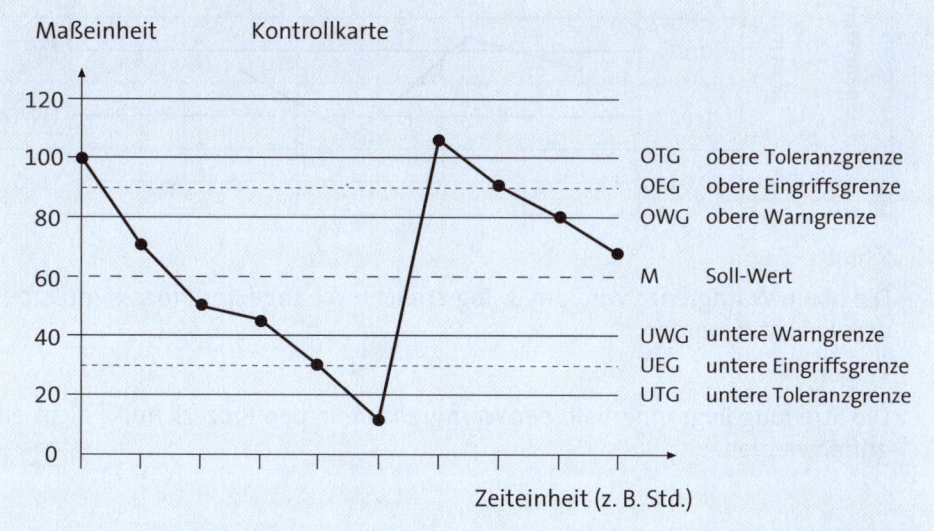

Lösung zu Aufgabe 19: Qualitätsregelkarte (2)

a)

	7:00	8:00	9:00	10:00	11:00	Σ	x̄	R
1. Tag	5,98	6,09	6,05	6,13	6,12	30,37	30,37:5 = **6,074**	6,13 - 5,98 = **0,15**
2. Tag	5,95	6,15	6,00	6,05	6,09	30,24	**6,048**	6,15 - 5.95 = **0,20**
3. Tag	6,16	6,12	6,11	6,13	6,11	30,63	**6,126**	6,16 - 6,11 = **0,05**
4. Tag	6,15	5,94	6,11	6,09	6,11	30,40	**6,080**	6,15 - 5,94 = **0,21**

b)

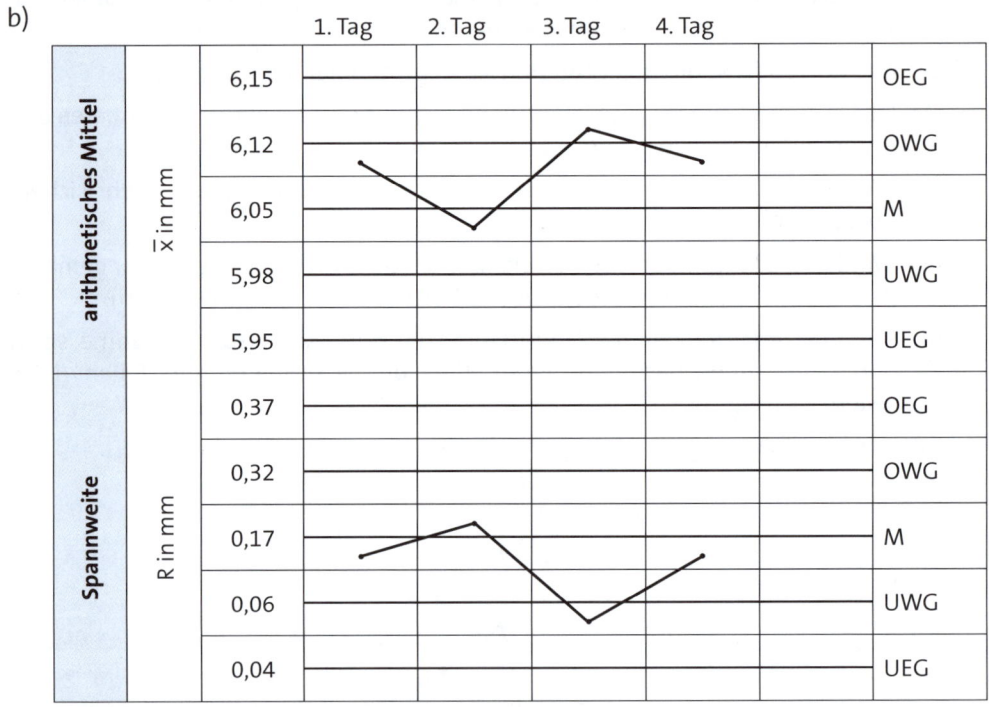

c) x̄-Spur:

Die obere Warngrenze wird am 3. Tag erreicht; die Lage des Prozess muss besonders beachtet werden.

R-Spur:

Die Streuung liegt innerhalb der Warngrenzen; in den Prozess muss nicht eingegriffen werden.

Lösung zu Aufgabe 20: Interpretation von Histogrammen

Die Histogramme 1 bis 6 werden anhand des Zielwerts und der oberen und unteren Toleranzgrenze (OTG, UTG) bewertet:

1. Prozess ist zentriert und liegt gut innerhalb der Anforderungen.
   Fazit: Zustand beibehalten.

2. Prozess liegt zu tief, die untere Grenze wird unterschritten.
   Fazit: Prozess muss nach oben verlagert werden.

3. Prozess ist zwar zentriert, aber obere und untere Grenzen werden überschritten.
   Fazit: Streuung muss verringert werden.

4. Prozess ist zentriert, aber ohne Spielraum für Fehler.
   Fazit: Streuung sollte verringert werden.

5. Prozess liegt zu hoch, obere Grenze wird überschritten.
   Fazit: Prozess muss nach unten verlagert werden.

6. Prozess ist nicht zentriert und beide Grenzen werden überschritten.
   Fazit: Prozess muss zentriert und Streuung verringert werden.

Lösung zu Aufgabe 21: Interpretation von Regelkarten

Prozessverlauf	Bezeichnung	Bewertung
Grafische Darstellung	Erläuterung	Maßnahmen
OEG / M / UEG	**Natürlicher Verlauf** 2/3 der Werte liegen im innerhalb des Bereichs ± s; OEG bzw. UEG werden nicht überschritten.	• Prozess: in Ordnung - Kein Eingriff erforderlich
OEG / M / UEG	**Überschreiten der Grenzen** Die obere und/oder untere Eingriffsgrenze ist überschritten.	• Prozess: nicht in Ordnung - Eingriff erforderlich; Ursachen ermitteln
OEG / M / UEG	**Run** Mehr als sechs Werte liegen in Folge über/unter M.	• Prozess: noch in Ordnung - Verschärfte Kontrolle; deutet auf systematischen Fehler hin, z. B. Werkzeugverschleiß
OEG / M / UEG	**Trend** Mehr als sechs Werte in Folge zeigen eine fallende/steigende Tendenz.	• Prozess: nicht in Ordnung - Eingriff erforderlich; Ursachen ermitteln, z. B. Verschleiß: Werkzeuge/ Vorrichtungen/Messgeräte
OEG / M / UEG	**Middle Third** 15 oder mehr Werte liegen in Folge innerhalb ± s (= im mittleren Drittel).	• Prozess: in Ordnung - Kein Eingriff erforderlich; aber: Ursachen für Prozessverbesserung ergründen bzw. Prüfergebnisse kontrollieren
OEG / M / UEG	**Perioden** Die Werte wechseln periodisch um den Wert M; es liegen mehr als 2/3 der Werte außerhalb des mittleren Drittels zwischen OEG/UEG.	• Prozess: nicht in Ordnung - Eingriff erforderlich; es ist ein systematischer Fehler zu vermuten.

Lösung zu Aufgabe 22: Qualitätsregelkarte (3)

a) Es liegt ein Trend vor: Mehr als sechs Werte in Folge zeigen eine fallende Tendenz. Ein Eingriff ist erforderlich.

b) Mögliche Ursachen, z. B.:

- ► Verschleiß der Werkzeuge
- ► Verschleiß der Vorrichtungen
- ► Verschleiß der Messgeräte
- ► Ermüdung des Mitarbeiters.

c) Korrekturmaßnahmen, z. B.:

- ► Werkzeugwechsel
- ► Neujustierung der Messgeräte.

Lösung zu Aufgabe 23: Qualitätsregelkarte (4)

- ► Zeitpunkt t_4: Wird die untere Warngrenze überschritten, ist der Prozess „nicht mehr sicher", aber „fähig".
- ► Zeitpunkt t_6: Erfolgt beim Erreichen der unteren Eingriffsgrenze keine Korrekturmaßnahme, so ist damit zu rechnen, dass es zur Produktion von NIO-Teilen kommt.
- ► Zeitpunkt t_7: Die obere Toleranzgrenze ist überschritten → NIO-Teil.

Lösung zu Aufgabe 24: Qualitätsregelkarte (5)

a)

$$x = \frac{\sum x_i}{n}$$

$$= \frac{(1 + 2 + 2 + 1 + \ldots + 1 + 2 + 3 + 2)}{20} = \frac{103}{20} = 5{,}15$$

b)

$$\frac{\overline{x}}{n}$$

$$= \frac{5{,}15}{120}$$

$$= 4{,}29\ \%$$

Der durchschnittliche Fehleranteil in der Grundgesamtheit beträgt daher 4,29 % von 800:

$$=\quad 4{,}29\ \%\ \text{von}\ 800 \quad = \quad\quad 34{,}33$$

oder (anderer Rechenweg):

$$\frac{\dfrac{\overline{x}}{n}}{N} = \frac{\overline{x}\ N}{n}$$

$$= \frac{5{,}15 \cdot 800}{120}$$

$$= 34{,}33$$

c)

$$\text{Spannweite} = R = x_{max} - x_{min}$$

$$= 11 - 1$$

$$= 10$$

d) Gründe für die Abweichungen, z. B.:
- ▸ unterschiedliche Lieferanten
- ▸ unterschiedliche Chargen
- ▸ unterschiedliche Bedienung der Fertigungsanlage.

Lösung zu Aufgabe 25: Qualitätsregelkarte (6)

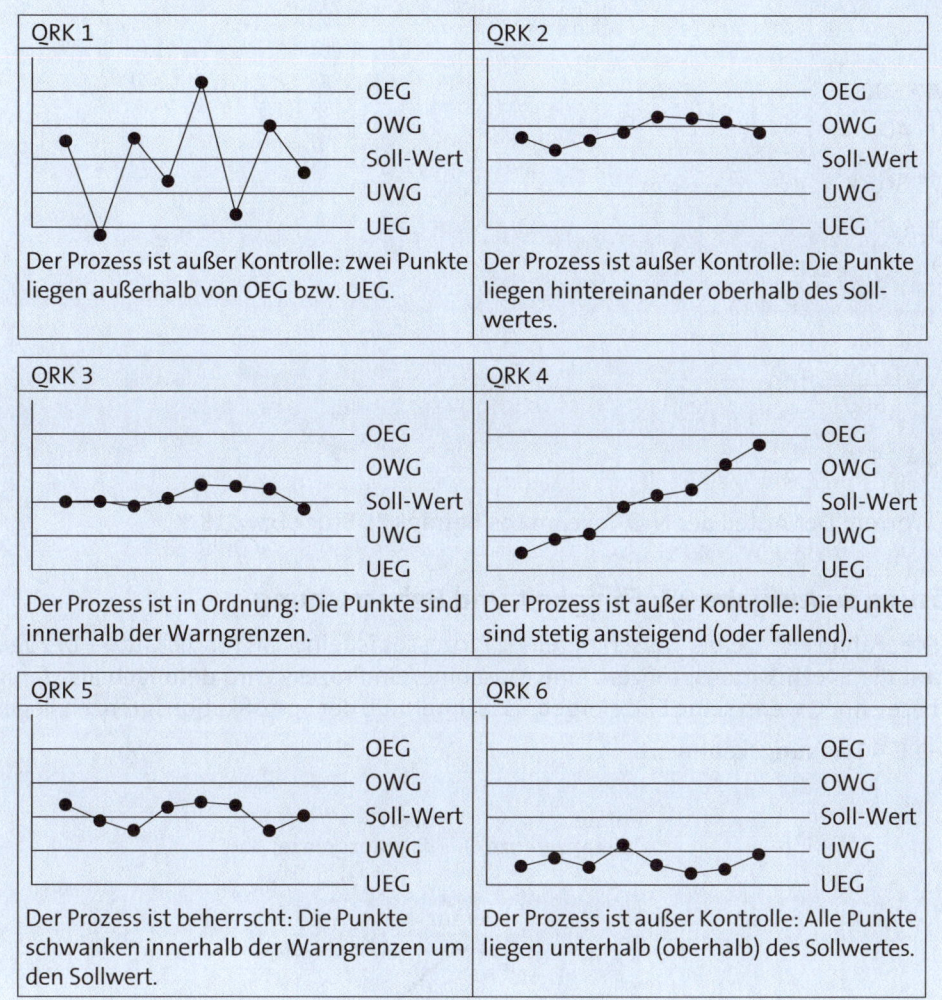

QRK 1

OEG
OWG
Soll-Wert
UWG
UEG

Der Prozess ist außer Kontrolle: zwei Punkte liegen außerhalb von OEG bzw. UEG.

QRK 2

OEG
OWG
Soll-Wert
UWG
UEG

Der Prozess ist außer Kontrolle: Die Punkte liegen hintereinander oberhalb des Soll-wertes.

QRK 3

OEG
OWG
Soll-Wert
UWG
UEG

Der Prozess ist in Ordnung: Die Punkte sind innerhalb der Warngrenzen.

QRK 4

OEG
OWG
Soll-Wert
UWG
UEG

Der Prozess ist außer Kontrolle: Die Punkte sind stetig ansteigend (oder fallend).

QRK 5

OEG
OWG
Soll-Wert
UWG
UEG

Der Prozess ist beherrscht: Die Punkte schwanken innerhalb der Warngrenzen um den Sollwert.

QRK 6

OEG
OWG
Soll-Wert
UWG
UEG

Der Prozess ist außer Kontrolle: Alle Punkte liegen unterhalb (oberhalb) des Sollwertes.

Lösung zu Aufgabe 26: NIO-Teile

Es gilt:

$$\frac{\text{NIO-Teile der Stichprobe}}{\text{Stichprobenumfang}} \approx \frac{\text{NIO-Teile der Grundgesamtheit}}{\text{Losumfang}}$$

mit $N_f = ?$ $N = 500$

  $n = 40$ $n_f = 6$

Unter der Annahme einer normalverteilten Messwertreihe kann geschlossen werden:

$$\frac{n_f}{n} = \frac{N_f}{N} \quad \rightarrow \quad N_f = \frac{n_f \cdot N}{n}$$

$$= \frac{6 \cdot 500}{40}$$

$$= 75 \text{ Stück}$$

$$\rightarrow \quad \frac{N_f}{N} \cdot 100$$

$$= \frac{75}{500} \cdot 100$$

$$= 15 \%$$

In Worten: Der Anteil der NIO-Teile im Los beträgt 75 Stück bzw. 15 %.

Lösung zu Aufgabe 27: Fähigkeit und Beherrschung

► Die „Fähigkeit" C einer Maschine/eines Prozesses ist ein Maß für die Güte – bezogen auf die Spezifikationsgrenzen. Eine Maschine/ein Prozess wird demnach als „fähig" bezeichnet, wenn seine Einzelergebnisse innerhalb der Spezifikationsgrenzen liegen.

→ C = **Streuung**skennwert

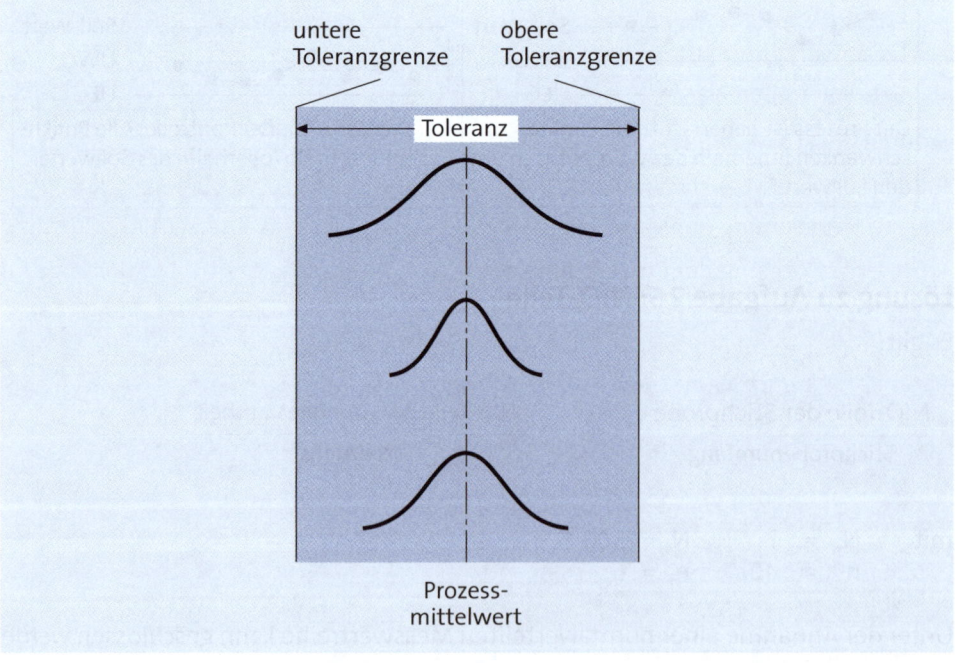

► Eine Maschine/ein Prozess wird als „beherrscht" bezeichnet, wenn seine Ergebnis-mittelwerte in der Mittellage liegen.

→ C_k = **Lage**kennwert

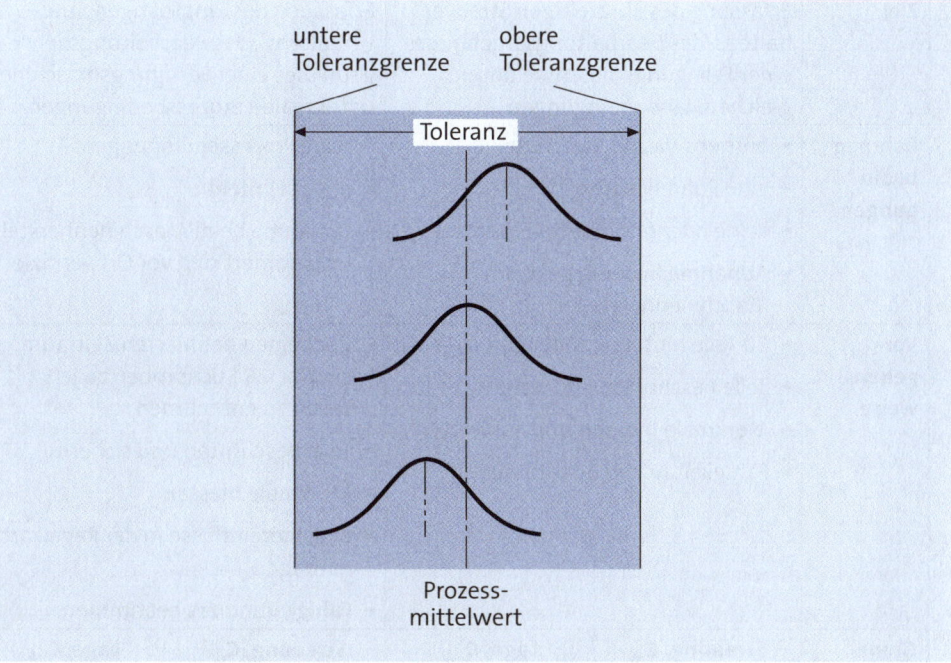

In der Praxis wird sprachlich nicht immer zwischen Kennwerten der Streuung und der Beherrschung unterschieden; man verwendet meist generell den Ausdruck „Fähig-keitskennwert" und unterscheidet

► durch den Index m Maschinenfähigkeiten bzw.

► durch den Zusatz p Prozessfähigkeiten sowie

► durch den Zusatz k die Kennzeichnung der Lage.

► Die Untersuchung der **Maschinenfähigkeit** C_m, C_{mk} ist eine Kurzzeituntersuchung.

► Die Untersuchung der **Prozessfähigkeit** C_p, C_{pk} ist eine Langzeituntersuchung.

► Beide Untersuchungen verwenden die gleichen Berechnungsformeln; es werden jedoch andere Formelzeichen verwendet; es gilt:

	Maschinenfähigkeit, MFU		Prozessfähigkeit, PFU	
Ziel	Erfassung des kurzzeitigen Streuverhaltens/des Bearbeitungsergebnisses einer Fertigungsmaschine unter gleichen Randbedingungen		Erfassung des langfristigen Streuverhaltens-/des Bearbeitungsergebnisses einer Fertigungsmaschine unter realen Prozessbedingungen	
Rahmen-bedin-gungen	► betriebswarme Maschine ► eine Rohteilcharge ► keine oder minimierte Einflüsse ► Abnahme in der Regel beim Maschinenhersteller		► reale Prozessbedingungen ► reales Umfeld ► Abnahme beim Maschinenhersteller gefordert und vor Ort verifiziert	
Vor-gehens-weise	► 50 Teile hintereinander gefertigt ► Teile beschriften und sichern ► Merkmale messen und auswerten ► Fähigkeitindizes bestimmen		► über einen definierten Zeitraum sind ca. 25 Stichproben zu je 5 Teilen zu entnehmen ► Teile beschriften und sichern ► Merkmale messen ► evtl. Störeinflüsse in der Regelkarte eintragen ► Fähigkeitindizes bestimmen	
Grenz-werte	Streuung, C_m	Lage, C_{mk}	Streuung, C_p	Lage, C_{pk}
	$C_m \geq 2{,}00$	$C_{mk} \geq 1{,}67$	$C_p \geq 1{,}33$	$C_{pk} \geq 1{,}33$

 INFO

Einige Tabellenwerke enthalten zum Teil veraltete Grenzwerte!

Lösung zu Aufgabe 28: Berechnung von Fähigkeitswerten (1)

1. **Mittelwert** $\bar{x}$ und **Standardabweichung** s der Stichprobe werden berechnet.

2. Der **Toleranzbereich** T (= OTG - UTG) wird ermittelt; er ist der Bauteilzeichnung zu entnehmen.

3. Der **Streuungskennwert** C_m bzw. C_p wird berechnet, indem der Toleranzwert T durch die 6-fache Standardabweichung (+/- 3 s, also 6 s) dividiert wird. Dies ergibt sich aus der Forderung, dass mit 99,73 %-iger Wahrscheinlichkeit die Stichprobenteile innerhalb der geforderten Toleranzgrenzen liegen sollen.

$$C_m = \frac{T}{6\,s} = \frac{OTG - UTG}{6\,s} \quad \text{bzw.} \quad C_p = \frac{T}{6\,s}$$

4. Der **Lagekennwert** C_{mk} bzw. C_{pk} wird berechnet, indem Z_{krit} durch die 3-fache Standardabweichung s dividiert wird:

$$C_{mk} = \frac{Z_{krit}}{3\,s}$$

$$C_{pk} = \frac{Z_{krit}}{3\,s}$$

Dabei ist Z_{krit} der kleinste Abstand zwischen dem Mittelwert und der oberen bzw. unteren Toleranzgrenze. Das heißt es gilt:

$$Z_{krit} = \min(OTG - \overline{x};\ \overline{x} - UTG)$$

also:

$$Z_{krit} = OTG - \overline{x} \quad \text{bzw.} \quad Z_{krit} = \overline{x} - UTG$$

Lösung zu Aufgabe 29: Berechnung von Fähigkeitswerten (2)

a)

$$C_m = \frac{T}{6\,s}$$

$$= \frac{160\ \text{N/mm}^2}{6 \cdot 14\ \text{N/mm}^2}$$

$$= 1,9048$$

Die Maschine ist nicht fähig, da $C_m < 2{,}00$.

b)

$$C_m = \frac{T}{6\,s}$$

$$= \frac{0,2}{0,09}$$

$$= 2,22$$

Da $C_m \geq 2{,}00$ gilt: Die Maschine ist fähig; die Streuung liegt innerhalb der Toleranzgrenzen.

$$C_{mk} = \frac{Z_{krit}}{3s}$$

$$\text{OTG} - \overline{x} = 100{,}1 - 99{,}92 = 0{,}18$$
$$\overline{x} - \text{UTG} = 99{,}92 - 99{,}9 = 0{,}02$$

$$\rightarrow \quad Z_{krit} = \min (= \text{OTG} - \overline{x}; \overline{x} - \text{UTG})$$

$$= \frac{0{,}02}{0{,}045}$$

$$\rightarrow \quad Z_{krit} = 0{,}02$$

$$= 0{,}44$$

Da $C_{mk} < 1{,}67$ gilt:

Die Maschine ist nicht beherrscht; die Qualitätslage ist zu weit vom Mittelwert versetzt; die Einstellung der Maschine muss korrigiert werden.

Lösung zu Aufgabe 30: AQL (1)

Stichprobenpläne werden sehr häufig eingesetzt, wenn fremd beschaffte Teile geprüft werden. Der Stichprobenplan wird üblicherweise zwischen Käufer und Verkäufer fest vereinbart. Dazu werden drei Größen eindeutig festgelegt, z. B.:

Festlegung von Kenngrößen im Stichprobenplan		
↓	↓	↓
Losgröße (N)	**Stichprobengröße (n)**	**Annahmezahl (c)**
bis 150	13	0
151 bis 1.200	50	1
1.201 bis 3.200	80	2
3.201 bis 10.000	125	3
usw.	usw.	usw.

Solange die Annahmezahl c ≤ dem angegebenen Grenzwert ist, wird die Lieferung angenommen. Man spricht davon, dass die Lieferung die „Annehmbare Qualitätslage" (AQL = Acceptable Quality Level) erfüllt. Zum Beispiel dürfen bei einer Lieferung von 2.000 Einheiten maximal zwei fehlerhafte Einheiten in der Stichprobe mit n = 80 sein (vgl. Tabelle oben).

In der Praxis werden sog. **Leittabellen** verwendet, die entsprechende Stichprobenanweisungen enthalten; die relevanten Parameter sind: Losgröße N, Prüfschärfe (normal/verschärft), Annahmezahl c, Rückweisezahl d, AQL-Wert (z. B. 0,40).

Lösung zu Aufgabe 31: AQL (2)

1. **Ermittlung des Kennbuchstabens für den Stichprobenumfang:** nachfolgend ist ein Ausschnitt aus Tabelle I dargestellt:

Ausschnitt aus der Tabelle I:

Losumfang N			Besondere Prüfniveaus				Allgemeine Prüfniveaus			
			S-1	S-2	S-3	S-4	I	II	III	DIN ISO 2859-1
...	...	...								
51	bis	90	B	B	C	C	C	E	F	
91	bis	150	B	B	C	D	D	F	G	
151	**bis**	**280**	B	C	D	E	E	G	H	
281	bis	500	B	C	D	E	F	H	J	
501	bis	1200	C	C	E	F	G	J	K	
...	...	...								

Für einen Losumfang von N = 200 und einem allgemeinen Prüfniveau II wird der Kennbuchstabe G ermittelt.

2. **Ermittlung des Stichprobenumfangs n und der Annahmezahl c** bei AQL 0,40 aus Tabelle II-A (Einfach-Stichproben für normale Prüfung; vgl. nachstehend, Ausschnitt aus der Leittabelle):

Kenn-buch-stabe	n		Annehmbare Qualitätsgrenzlage (normale Prüfung) AQL DIN ISO 2859-1																
			0,10		0,15		0,25		**0,40**		0,65		1,00		1,50		2,50		...
...	...	...	c	d	c	d	c	d	c	d	c	d	c	d	c	d	c	d	...
...	...	...	...		...		...		...		...		...		...		...		...
D	8	...	↓		↓		↓		↓		↓		↓		0	1	↓		...
E	13	...									0	1							...
F	20	...									0	1			↓		1	2	...
G	32	...							0	1					↓		1	2	2 3 ...
H	50	...					0	1			↓		1	2	2	3	3	4	...
J	80	...			0	1			↓		1	2	2	3	3	4	5	6	...
...	...	...	...		...		...		...		...		...		...		...		...

Ergebnis:

Bei G/Tabelle II-A ist n = 32, c = 0 und d = 1.

Das ergibt die Prüfanweisung:

Bei regelmäßigen Losgrößen von N = 200, Prüfniveau II und normaler Prüfung darf die Stichprobe vom Umfang n = 32 keine fehlerhaften Teile enthalten; ist c ≥ 1, wird die Lieferung zurück gewiesen.

Lösung zu Aufgabe 32: Maschinenfähigkeitsindex

Es ist der Maschinenfähigkeitsindex C_m zu berechnen:

$$C_m = \frac{T}{6\,s} = \frac{OTG - UTG}{6\,s}$$

$$= \frac{120}{74,4}$$

$$= 1,613$$

Die Maschine ist nicht fähig, da C_m < 2,00 (Grenzwert der Automobilindustrie).

Lösung zu Aufgabe 33: Prozessfähigkeit

$$C_p = \frac{OTG - UTG}{6\,s}$$

$$= \frac{10,05 - 9,95}{6 \cdot 0,008}$$

$$= 2,08$$

$$C_{mk} = \frac{Z_{krit}}{3\,s}$$

Dabei ist:

$$Z_{krit} = \min(OTG - \overline{x};\ \overline{x} - UTG) \qquad OTG - \overline{x} = 10,05 - 10,01 = 0,04$$
$$\overline{x} - UTG = 10,01 - 9,95 = 0,06$$

Daraus folgt:

$$Z_{krit} = 0,04$$

Daraus folgt:

$$C_{mk} = \frac{0,04}{3 \cdot 0,008} = 1,67$$

Der Prozess ist fähig, da C_p, $C_{mk} \geq 1,66$.

Lösung zu Aufgabe 34: Maschinenfähigkeit, Prozessfähigkeit (Unterschiede)

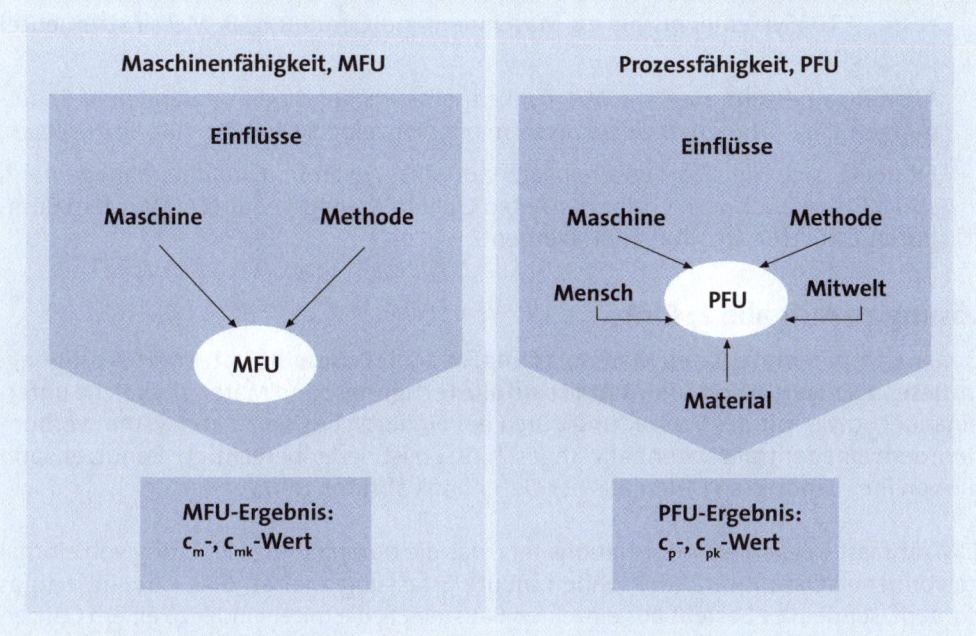

4.6 Rechnergestützte Qualitätssicherung ***

Lösung zu Aufgabe 1: Rechnergestützte Qualitätssicherung, CAQ

a) Im Bereich der Qualitätssicherung fallen sehr viele Daten an. Sie müssen erfasst, verarbeitet, verdichtet, ausgewertet, dargestellt und weitergeleitet werden. Es ist daher zeitgemäß und notwendig, die Aufgaben im Bereich der Qualitätssicherung mit einem geeigneten Computersystem zu unterstützen.

b) Geeignet sind die sog. CAQ-Systeme. CAQ ist die Abkürzung für Computer Aided Quality Assurance und bedeutet Computergestützte Qualitätssicherung. Dies ist die umfassende Computernutzung für die Qualitätsdatenerfassung und -auswertung, Qualitätskontrolle sowie Qualitäts- und Prüfplanung.

c) CAQ-Systeme können folgende Aufgaben übernehmen:

► Festlegen der Qualitätsstandards

► Erstellen von Prüfplänen/Prüfprogrammen unter Verwendung der Konstruktionsdaten (Verknüpfung mit CAE/CAD)

► Prüfprogrammierung

► Durchführung rechnergestützter Mess- und Prüfverfahren

► Qualitätsanalyse – Speicherung von Qualitätsdaten zur Förderung der Qualität

► Auswertung der erfassten Messdaten und ihre Darstellung.

d) In welchem Umfang ein CAQ-System in das Qualitätsmanagement des Unternehmens integriert wird, hängt sehr stark von den Unternehmensprozessen ab. Um die volle Wirksamkeit zu erreichen, sollte es vollständig in die bestehenden Prozesse, (ERP-)Systeme, bis hin zu Maschinen und Geräten (z. B. Messinstrumente) integriert werden.

Allerdings besteht auch die Möglichkeit, entsprechend den vorhandenen Bedingungen, ein umfangreduziertes System oder einzelne Systemmodule einzusetzen.

Erstreckt sich der Computereinsatz auf das gesamte Qualitätsmanagement, spricht man auch vom Computer Aided Quality Management (CAQM), dem Computergestützten Qualitätsmanagement.

Lösung zu Aufgabe 2: CIM

CIM (= Computer Integrated Manufactoring) bedeutet computerintegrierte Fertigung. In dieser höchsten Automationsstufe sind alle Fertigungs- und Materialbereiche untereinander sowie mit der Verwaltung durch ein einheitliches Computersystem verbunden, dem eine zentrale Datenbank angeschlossen ist. Jeder berechtigte Benutzer kann die von ihm benötigten Daten aus der Datenbank abrufen und verwerten.

CIM umfasst folglich ein Informationsnetz, das die durchgängige Nutzung von einmal gewonnenen Datenbeständen ohne erneute Erfassung zulässt. CIM ist kein fertiges Konzept, sondern es besteht aus einzelnen Bausteinen, die miteinander zu einem Ganzen kombiniert werden müssen.

Jedes Unternehmen muss – in Abhängigkeit von Größe, Produktprogramm, Art der Fertigung, usw. – entscheiden, welche der CIM-Bausteine eingesetzt und verknüpft werden. Der Implementierungsaufwand ist beträchtlich. Obwohl Unternehmen und Institute an der Entwicklung von CIM arbeiten, gibt es bisher keine in sich geschlossenen CIM-Software-Systeme.

CIM-Konzept				
PPS		**CAD/CAM**		
► Grunddatenverwaltung	**CAE**	Produktentwurf		**CAQ**
► Produktionsprogramm-planung	**CAD**	Konstruktion		Qualitäts-sicherung
	CAP	► Arbeitspläne und		
► Materialwirtschaft		► NC-Programmierung		
► Mengen-, Terminplanung	↔ **CAM**	► Steuerung von NC-Maschinen		(Schnittstellen-funktion)
► Kapazitätsplanung		► Transportsteuerung		
► Auftragsfreigabe		► Lagersteuerung		
► Auftragsüberwachung		► Montagesteuerung		
► Kalkulation		► Steuerung der Instandhaltung		

Komponenten der computerintegrierten Fertigung sind im Wesentlichen:

► Datenverarbeitungs- und Steuerungstechnik

► Leitrechner

► Maschinen/Anlagen mit CNC-Steuerung (CNC = Computerized Numeric Control, computerausgeführte Steuerung von Maschinen/Anlagen)

► entsprechende Robotertechnik zur Be- und Entschickung von Maschinen mit Werkstücken (DNC-Technik; Direct Numeric Control – direkte numerische Steuerung von Maschinen)

► computergesteuerte, fahrerlose Transportsysteme

► lokales Netzwerk zur Verknüpfung der Systeme (LAN).

Die Struktur der CIM-Bausteine unter einem „Dach" zeigt in der Regel eine gleichgewichtige Darstellung von PPS (betriebswirtschaftlicher Bereich) und CA-Techniken (technischer Bereich):

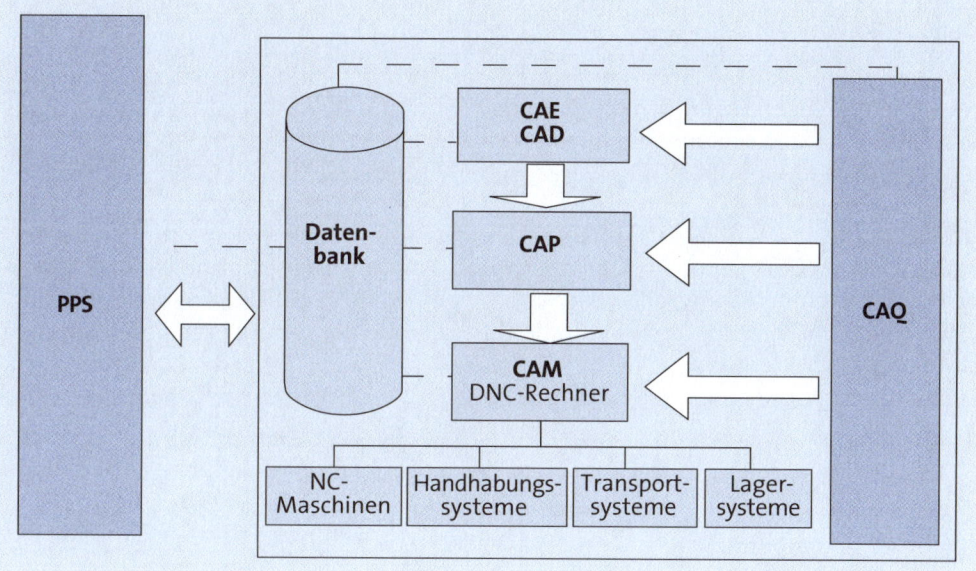

5. Fehler und Qualitätskosten

Lösung zu Aufgabe 1: Fehler (Begriff)

Nach DIN EN ISO 9000:2015 ist ein Fehler die *„Nichterfüllung einer Anforderung"*.

Dabei kann der Begriff „Nichterfüllung" eine oder auch mehrere Qualitätsmerkmale umfassen, einschließlich Zuverlässigkeitsmerkmalen sowie auch deren Nichtvorhandensein.

Lösung zu Aufgabe 2: Fehlerarten

Die DIN 40 080 definiert folgende Fehlerarten:

Kritischer Fehler	Ist – **personenbezogen** – ein Fehler, von dem anzunehmen oder bekannt ist, dass er für Personen, die mit der fehlerhaften Einheit umgehen (z. B. Benutzung oder Instandhaltung), gefährliche oder unsichere Situationen schafft.
	Ist – **sachbezogen** – ein Fehler, von dem anzunehmen oder bekannt ist, dass er die Erfüllung der Funktion einer größeren Einheit (z. B. Lokomotive oder Schiff) verhindert.
Hauptfehler	Ist ein nicht kritischer Fehler, der voraussichtlich die Brauchbarkeit der betreffenden Einheit für den eigentlichen Verwendungszweck wesentlich herabsetzt oder zu einem Ausfall der Einheit führt.
Nebenfehler	Ist ein Fehler, der voraussichtlich den Gebrauch oder den Betrieb der Einheit nur geringfügig beeinflusst oder den Verwendungszweck nur unwesentlich herabsetzt.

Lösung zu Aufgabe 3: Fehlerursachen

Ursachen-Beispiele, die zu einem Fehler führen können:

- ► Bedienungsfehler
- ► Beschädigung
- ► Einstellfehler
- ► Korrosion
- ► falsche Arbeitsunterlagen
- ► falscher Arbeitsablauf
- ► fehlende Schmierung
- ► Materialermüdung
- ► Unachtsamkeit
- ► Verschleiß.

Lösung zu Aufgabe 4: Fehlerfolgen

Beispiele von Fehlerfolgen:

- Ausschuss
- Brandgefahr
- erhöhter Verbrauch
- Funktionsaussetzer
- Kurzschluss
- Leistungsabfall
- Maßabweichung
- Nacharbeit
- Risse
- Stillstand
- Undichtigkeit
- Verunreinigung.

Lösung zu Aufgabe 5: Null-Fehler-Strategie und 99,9 % Fehlerfreiheit

a) Es ist praktisch unmöglich, dauerhaft eine 100 %ige Fehlerfreiheit zu erreichen. Dazu sind viele der Einflussfaktoren wenig oder gar nicht kalkulierbar.

Die Null-Fehler-Strategie versucht, im Rahmen des Qualitätsmanagementsystems, alle Maßnahmen zu ergreifen, um sich in einem permanenten Prozess diesem Ziel (100 % Fehlerfreiheit) weitestgehend zu nähern.

b) 99,9 % Qualität bedeutet[1]:

- eine Stunde je Monat unsauberes Wasser trinken müssen
- 500 falsch vorgenommene chirurgische Eingriffe pro Woche
- 16.000 verlorene Postsendungen pro Tag
- 19.000 bei ihrer Geburt vom Arzt fallen gelassene Neugeborene
- 20.000 falsche Medikamentenverordnungen pro Jahr
- 22.000 von falschen Konten gebuchte Schecks pro Stunde

oder, ganz allgemein gültig, dass der Herzschlag eines Menschen 32.000 mal im Jahr aussetzen würde.

---

[1] Die Beispiele nach *Jeff Dewar*, QCI International, basieren auf Erhebungsdaten der USA.

Lösung zu Aufgabe 6: Fehlerverhütung und Fehlerentdeckung

▶ Die **Fehlerverhütung** beinhaltet alle Maßnahmen, die Fehlerursachen von vorn herein ausschließen und eine Fehlerentstehung verhindern. Sie wird vorrangig bei der Produktplanung und Entwicklung sowie im Rahmen der Vorbereitung und Umsetzung des Produkt-Realisierungsprozesses betrieben.

▶ Die **Fehlerentdeckung** ist das Erkennen oder Bemerken eines bereits vorhandenen Fehlers. Damit ist die Fehlerentdeckung die letzte Möglichkeit, die sich für eine Fehlerbeseitigung bietet. Der schlimmste Fall ist hierbei die Fehlerentdeckung durch den Kunden.

Lösung zu Aufgabe 7: Zehnerregel der Fehlerkosten (nach Pfeifer)

Je früher in einem Produktentwicklungsprozess die Fehlermöglichkeiten beeinflusst und reduziert oder vermieden werden, desto geringer werden die Fehlerkosten sein. Die „teuersten" Fehler sind die, die durch den Kunden entdeckt werden.

Hier gilt beispielhaft die Zehnerregel der Fehlerkosten (nach *Pfeifer*):

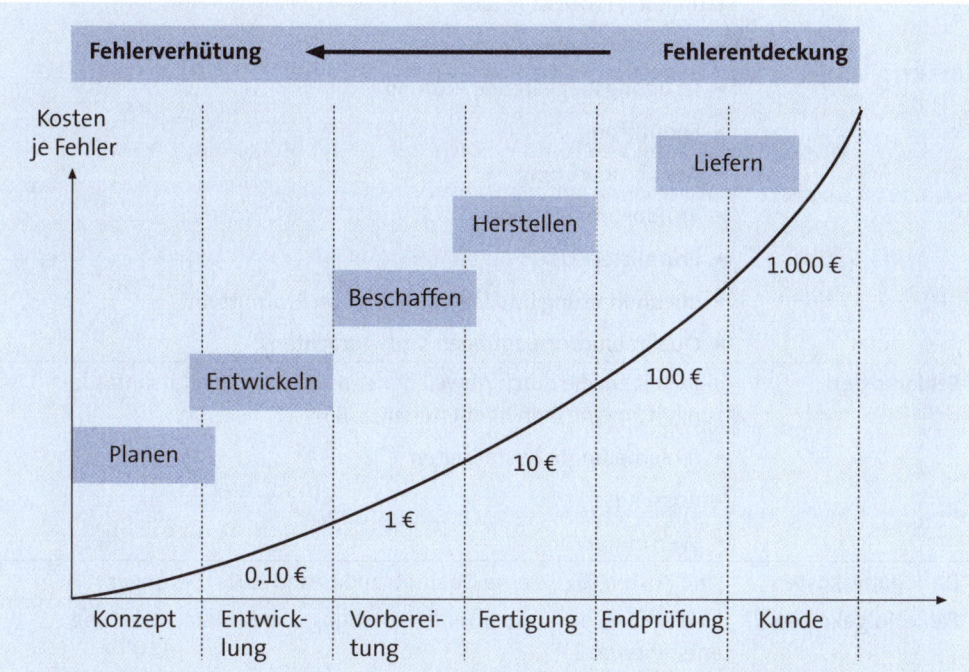

Lösung zu Aufgabe 8: Qualitätskosten

Qualitätskosten sind – in Anlehnung an DGQ (Deutsche Gesellschaft für Qualität) und DIN 55350 – die Summe aller Kosten zur Fehlerverhütung, Kosten der planmäßigen Qualitätsprüfungen, Fehlerkosten, Fehlerfolgekosten und Darlegungskosten.

Qualitätskosten	
Kostenarten	**Definition und Beispiele**
Fehlerverhütungs-kosten	sind Kosten für die vorbeugende Qualitätssicherung, z. B.: ▸ Qualitätsmanagement ▸ Fähigkeitsuntersuchungen ▸ Durchführbarkeitsuntersuchungen ▸ Lieferantenbeurteilungen ▸ Qualitätsförderungsmaßnahmen ▸ Prüfplanung.
Prüfkosten	sind Kosten für alle planmäßigen Qualitätsprüfungen in den laufenden Prozessen, z. B.: ▸ Wareneingangsprüfung ▸ fertigungsbegleitende Prüfung ▸ Endprüfung ▸ Abnahmeprüfung ▸ Prüfdokumentationen ▸ Prüfmittel ▸ Instandhaltung und Überprüfung von Prüfmitteln ▸ Qualitätsuntersuchungen und -gutachten.
Fehlerkosten	sind Kosten, die durch Abweichungen von den Qualitätsanforderungen an eine Einheit entstehen, z. B.: ▸ fehlerbedingte Ausfallzeiten ▸ Ausschuss ▸ Wertminderung.
Darlegungskosten	sind Kosten für externe Qualitätsaudits und Zertifizierungen.
Fehlerfolgekosten	sind Kosten, die aus der Fehlerbehebung und Fehlerauswertung entstehen, z. B.: ▸ Nacharbeit, innerhalb und außerhalb des Unternehmens ▸ Aussortieren ▸ Garantieleistungen ▸ Rückrufaktionen ▸ Fehlerursachenanalyse.

Lösung zu Aufgabe 9: Reduzierung der Qualitätskosten

Die Erfassung und Auswertung der Qualitäts(kosten)kennzahlen gibt Auskunft über die Wirksamkeit des Qualitätsmanagements. Aus den Ergebnissen werden Trends und Ansatzpunkte erkennbar, die auf technische, organisatorische oder personelle Schwachstellen hinweisen. Durch Kostenanalysen werden diese Schwachstellen identifiziert und durch Maßnahmen der Qualitätslenkung bereinigt.

Lösung zu Aufgabe 10: Struktur der Qualitätskosten

Zeitliche Zusammenfassung	Darstellung der Qualitätskosten eines definierten Zeitraumes (Woche, Monat, Jahr)
Zeitliche Entwicklung	Darstellung der Zusammenfassungen über eine Zeitschiene (Monatsvergleich, Quartalsvergleich)
Zusammenfassung nach Struktureinheiten	Darstellung der Qualitätskosten von Struktureinheiten (Geschäftsbereiche, Abteilungen, Kostenstellen)
Schwerpunkbetrachtung	Darstellung der Qualitätskosten bestimmter Schwerpunkte (Anlieferqualität, Nacharbeit, Ausschuss)

Für den Vergleich von Qualitätskosten, z. B. von Kostenstellen, ist es unbedingt erforderlich, eine einheitliche Bezugsbasis zu verwenden, z. B. gleicher Erfassungszeitraum.

6. Förderung des Qualitätsbewusstseins der Mitarbeiter

Lösung zu Aufgabe 1: Qualitätsbewusstes Handeln

a) Charakteristik des qualitätsbewussten Handelns, z. B.:

- ► Die Mitarbeiter wirken aktiv in der Qualitätsarbeit mit.

- ► Begangene Fehler werden nicht verschwiegen oder vertuscht, sondern dem Vorgesetzten oder Qualitätsmitarbeiter gemeldet und so für deren Bereinigung gesorgt.

- ► Die Mitarbeiter beteiligen sich im Vorschlagswesen und tragen so mit ihren Verbesserungsvorschlägen zur Qualitätssteigerung bei. Die Vergütung hat motivierenden Charakter.

b) Motivation zu qualitätsbewusstem Handeln, z. B.:

- ► Die Nicht-Bestrafung des Mitarbeiters für einen begangenen Fehler (ausgenommen rechtliche Konsequenzen) führt zur weiteren Motivation und Ehrlichkeit hinsichtlich der Meldung eigener Fehler.

- ► Der Mitarbeiter sollte in Rahmen der Möglichkeiten an der Fehlerbeseitigung beteiligt werden bzw. sie vollständig selbst durchführen.

- ► Steigt bei einem Mitarbeiter die Fehlerhäufigkeit, sollten die persönlichen Ursachen in einem Gespräch ermittelt werden.

- ► Bei der Einarbeitung in neue Arbeitsaufgaben sollte der Mitarbeiter den Sinn seiner Tätigkeit erkennen und ihm sollte die Auswirkung von Fehlern erläutert werden.

- ► Dem Mitarbeiter sollte die Möglichkeit gegeben werden, seine Fähigkeiten und Fertigkeiten zu verbessern bzw. durch Übertragung anderer Arbeitsaufgaben besser zu nutzen.

- ► Die Visualisierung von Qualitätsergebnissen wirkt auf die Mitarbeiter informierend und trägt zur Motivationssteigerung bei.

Lösung zu Aufgabe 2: Formen der Mitarbeiterbeteiligung

Beispiele:

- ► Qualitätsschulungen

- ► Integration in **KVP**-Teams (KVP = **K**ontinuierlicher **V**erbesserungs**p**rozess)

- ► Durchführung von Qualitätszirkeln

- ► Selbstprüfersystem

- ► Realisierung von Gruppenarbeit und Übertragung von Entscheidungskompetenzen

- ► Mitwirkung bei Entscheidungen und Problemlösungen sowie in QM-Projekten

- ► Visualisierung von Qualitätsergebnissen, z. B. Darstellung von Qualitätskennzahlen auf Plakaten/Infowänden, Einsatz der Metaplantechnik, Vergleichsdiagramme, Audiosysteme (Foto, Film, Video u. Ä.).

Lösung zu Aufgabe 3: Qualitätsschulungen

Ein Mitarbeiter kann nur dann Qualität produzieren, wenn er weiß, warum er die Tätigkeit ausführt, wie sie in den Gesamtablauf eingeordnet ist und welche Folgen sie hat.

Ziele der Qualitätsschulung:

► Kennenlernen der Gesamtzusammenhänge

► Verständnis bekommen für vorgegebene Abläufe

► Darstellung und Diskussion der aktuellen Qualitätssituation

► Hilfestellung zur Bewältigung von Qualitätsproblemen

► Motivation zur Qualitätsverbesserung.

Lösung zu Aufgabe 4: KVP (1)

a) Durch die Integration der Mitarbeiter in das KVP-Team erhalten diese die Möglichkeit, ihre Erfahrungen und Ideen zur Verbesserung des Prozesses direkt beizutragen und umzusetzen. Dabei wirkt der KVP in drei Zielrichtungen, die jede für sich, aber auch zusammengefasst, Gegenstand einer KVP-Aufgabenstellung sein können.

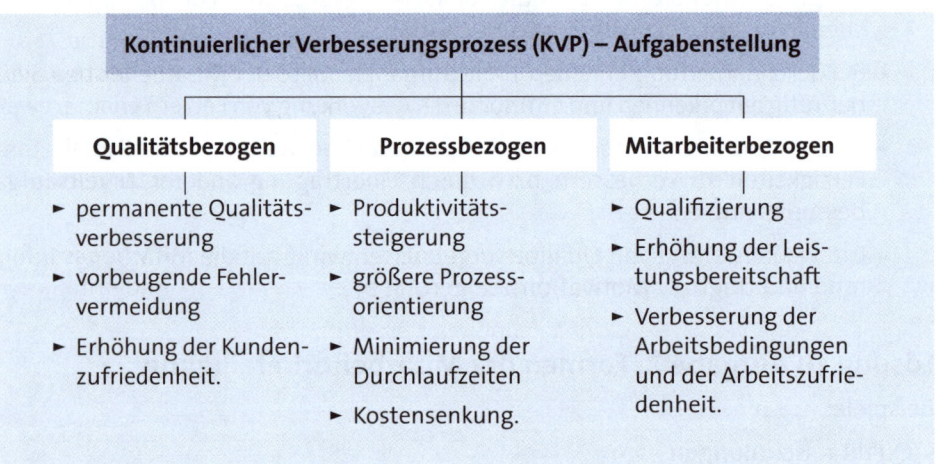

b) Beispiele für kontinuierliche Verbesserungen am Büroarbeitsplatz:

► Stifte, Schreibgeräte, Locher und Ähnliches, die täglich gebraucht werden, sind in Griffweite.

► Wichtige Telefonnummern sind in Griffweite und verfügbar.

► Mappen, Ordner und Schränke sind sauber und eindeutig beschriftet.

► Farben werden zur leichteren Orientierung eingesetzt.

► Dinge, die nicht mehr gebraucht werden, werden laufend aussortiert und entsorgt.

Lösung zu Aufgabe 5: KVP (2)

Beispiele:

► Motivationsveranstaltung der Führungskräfte und Akzeptanz durch die Führungskräfte

► Mitarbeiter bei der Umsetzung von KVP-Maßnahmen einbeziehen

► Vorgabe an BVW/Fachabteilung, den Mitarbeitern spätestens nach fünf Wochen einen aussagekräftigen Bescheid zu geben

► Honorierung eines jeden Vorschlages (Basisprämie und attraktive Prämien).

Lösung zu Aufgabe 6: Kaizen

a) Kaizen (Veränderung zum Besseren) ist ein Managementbegriff aus Japan. Er beinhaltet die Forderung, ständig auf der Suche nach Verbesserungsmöglichkeiten zu sein. In Deutschland wird meist vom kontinuierlichen Verbesserungsprozess (KVP) gesprochen. Bei Kaizen wird versucht, das Wissenspotenzial der einzelnen Mitarbeiter, die aufgrund ihrer Nähe zum Geschehen, Probleme oft besser einschätzen und somit lösen können als ihre Vorgesetzten, für Verbesserungen zu nutzen.

Kaizen geht damit von der Erkenntnis aus, dass in einem Unternehmen jedes System einem allgemeinen Verschleiß unterliegt. Die Philosophie besteht darin, diese Probleme in einem ständigen Verbesserungsprozess zu lösen. Die Verbesserungen der Qualität der Produkte und Prozesse sowie die Senkung der Kosten münden letztendlich in einer höheren Kundenzufriedenheit.

b) Kaizen geht von funktionierenden Arbeitsprozessen aus. Nicht die Beseitigung von Schwachstellen ist das Ziel (wie z. B. bei den klassischen Qualitätszirkeln), sondern die Beseitigung von Verschwendung.

Weitere Ziele sind das sofortige Produzieren von Qualität, die Verbesserung der Kundenorientierung und die Verbesserung der Prozessabläufe und -integration.

c) Die „sieben Verschwendungsarten in der Produktion":

► Überproduktion

► Wartezeit

► überflüssiger Transport

► ungünstiger Herstellungsprozess

► überhöhte Lagerhaltung

► unnötige Bewegungen

► Herstellung fehlerhafter Teile.

d) Zu untersuchende Fragestellungen im Rahmen einer Schwachstellenanalyse sind z. B.:

► Existieren Tätigkeiten, die zu keiner Wertschöpfung führen?

► Gibt es häufig einen Wechsel der Bearbeiter?

► Gibt es häufig Probleme im Prozessablauf?

- ► Hat die Durchlaufzeit eine zu hohe Dauer?
- ► Wo entstehen Liegezeiten, die vermeidbar sind?
- ► Könnte die Anzahl der Papierbelege reduziert werden?
- ► Gibt es Arbeitsschritte, die als komplex und zeitaufwendig empfunden werden?
- ► Gibt es interne Schnittstellenprobleme?
- ► Sind alle automatisierbaren Vorgänge automatisiert?
- ► Verursacht der Prozess zu hohe Kosten?
- ► Wo entstehen unnötige Kosten?

Lösung zu Aufgabe 7: Betriebliches Vorschlagswesen (BVW)

a) Das traditionelle Betriebliche Vorschlagswesen (BVW) beteiligt den Mitarbeiter bereits seit Jahrzehnten am Unternehmensgeschehen. Wer eine Idee zur Verbesserung betrieblicher Zustände und Abläufe hat, kann diese auf vorgefertigten Formularen beschreiben und beim BVW einreichen. Dort wird die Zweckmäßigkeit und Umsetzbarkeit gemeinsam mit den Fachbereichen und dem Betriebsrat geprüft und gegebenenfalls nach einem gestaffelten Prämienkatalog in Geld oder Sachwerten vergütet.

In der Regel sind die prämienfähigen Vorschlagstypen jedoch auf die Arbeitsumgebung begrenzt: Nicht prämiert werden alle Vorschläge, die in den Arbeitsbereich des Mitarbeiters fallen sowie alle Vorschläge, die auf Strategien, Kultur, Organisation (Struktur) und Führungskräfte bezogen sind.

Aus der Gesamtheit aller grundsätzlichen Gestaltungsfelder eines Unternehmens – nämlich Produkt, Strategie, Struktur, Kultur und Prozess – kann der Mitarbeiter dann eigentlich nur modifizierende Verbesserungen am Produkt bzw. Prozess vorschlagen. Somit ist das BVW nur ein erster Schritt zur Beteiligung des Mitarbeiters und zur Verbesserung der gesamten Leistungsprozesse. Es ist wichtig, aber nicht ausreichend. Das Konzept der kontinuierlichen Verbesserung (KVP) geht hier weiter.

b) Beispiele:

Betriebliches Vorschlagswesen (BVW) ←→ Kontinuierlicher Verbesserungsvorschlag (KVP)		
	BVW	KVP
Verbesserungs-vorschläge	beziehen sich nur auf fremde Arbeitsgebiete	können sich auch auf das eigene Arbeitsgebiet beziehen
Ideen	entstehen eher spontan und nicht gesteuert	sind integraler Bestandteil des Denkens und Handelns (Pflicht!) und werden im Team bearbeitet

c) Die Regelungen des Betrieblichen Vorschlagswesens sind im Allgemeinen in einer **Betriebsvereinbarung** festgeschrieben. Das nachfolgende Diagramm zeigt den typischen Verlauf der Bearbeitung von Verbesserungsvorschlägen (VV) und die daran beteiligten Personen/Ausschüsse:

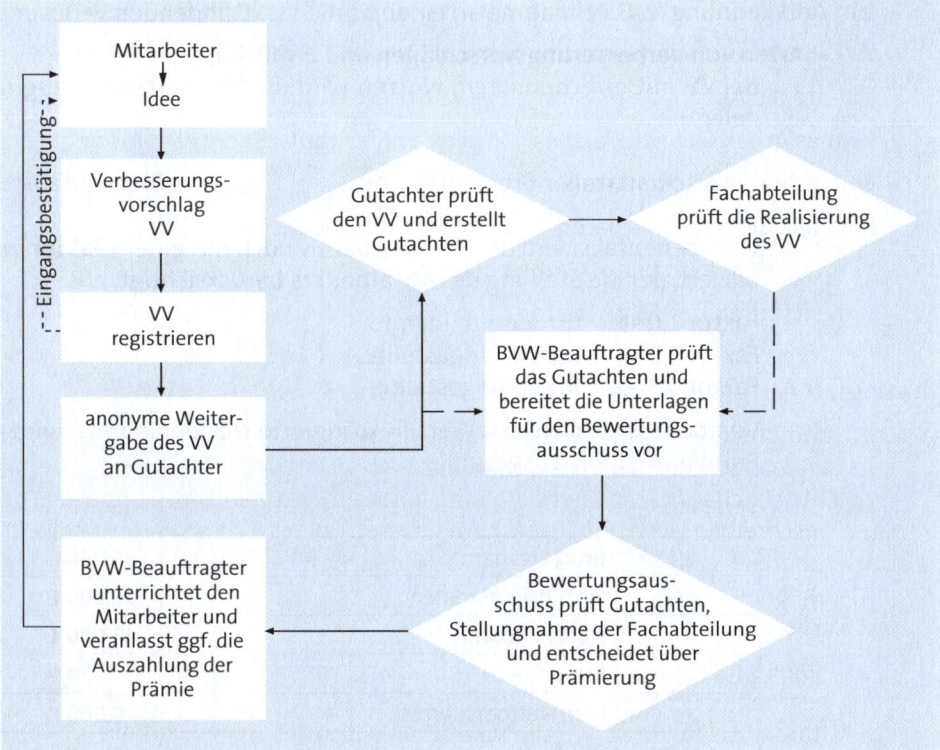

d) *** Jedes Unternehmen, das ein Betriebliches Vorschlagswesen einführt, wird dies nach seinen speziellen Erfordernissen und unter Beachtung der Mitbestimmung entwickeln (§ 87 Abs. 1 Ziffer 12). Nachfolgend wird eine mögliche Form der Gestaltung beschrieben (sinngemäßer Auszug aus der Betriebsvereinbarung eines großen Unternehmens):

▶ **Prämienberechtigt** sind alle Belegschaftsmitglieder.

▶ **Nicht prämienberechtigt** sind
- Vorschläge, die in den eigenen Aufgabenbereich fallen
- Vorschläge, deren Lösungen bereits nachweislich gefunden wurden
- Vorschläge des BVW-Beauftragten
- Vorschläge von leitenden Mitarbeitern.

▶ **Prämienarten:**
a) Geldprämien
b) Zusatzprämien in Geld (bei Reduzierung der eigenen Leistungsvorgabe)
c) Vorabprämien (wenn der Nutzen des VV nicht in angemessener Zeit ermittelt werden kann)
d) Anerkennungsprämien.

e) Anerkennung (z. B. Teilnahme an einer jährlich stattfindenden Verlosung).

▸ **Arten von Verbesserungsvorschlägen** und Ermittlung der Prämie:

1. Bei VV mit errechenbarem Nutzen wird die Nettoersparnis zugrunde gelegt:

$$\text{Nettoersparnis} = \text{Bruttoersparnis}_{(z.\ B.\ im\ 1.\ Jahr)} - \text{Einführungskosten}$$

Gegebenenfalls wird die Nettoersparnis noch mit einem **Faktor** multipliziert, der die Stellung des Mitarbeiters berücksichtigt, z. B.:

Faktor 1,0 → für Auszubildende
Faktor 0,9 → für Tarifangestellte
Faktor 0,8 → für AT-Angestellte

Von dem so ermittelten Wert (= korrigierte Nettoersparnis) wird eine Prämie von 25 % ausgezahlt.

Beispiel:

	Bruttoersparnis	80.000 €
-	Einführungskosten	-35.000 €
=	**Nettoersparnis**	**45.000 €**
x	Faktor	0,9
=	korr. Nettoersparnis	40.500 €
davon	25 %	
=	Prämie (40.500 · 0,25)	10.125 €

2. Bei VV mit nicht errechenbarem Nutzen wird die Prämie über einen **Kriterienkatalog** ermittelt (vgl. dazu Beispiel unten):

Beispiel eines Kriterienkatalogs bei der Ermittlung nicht berechenbarer VV:

1. Schritt: Jeder VV ist nach folgender Tabelle zu bewerten („**Vorschlagswert**"):

Vorschlagswert	einfache Verbesserung	gute Verbesserung	sehr gute Verbesserung	wertvolle Verbesserung	ausgezeichnete Verbesserung
Anwendung einmalig	1	4	10	25	53
Anwendung in geringem Umfang	1,5	5	13	32	63
Anwendung in mittlerem Umfang	2,5	7	18	41	75
Anwendung in großem Umfang	4	10	25	**53**	90
Anwendung in sehr großem Umfang	6	14	35	70	110

2. Schritt: Für jeden VV ist die Summe der Punkte folgender Merkmale zu ermitteln (**„Merkmalswert"**):

Merkmalsliste		
	Punkte	**Beispiel**
1. Neuartigkeit: Gedankengut		
▸ übernommen	2	
▸ neuartig	4	
▸ völlig neuartig	7	**7**
2. Durchführbarkeit: Durchführbar		
▸ sofort	4	**4**
▸ mit Änderungen	2	
▸ mit erheblichen Änderungen	1	
3. Einführungskosten:		
▸ keine	4	
▸ geringe	3	**3**
▸ beträchtliche	2	
▸ sehr hohe	1	
Summe		**14**

3. Schritt: Bei jedem VV ist die **Stellung des Mitarbeiters** zu berücksichtigen (vgl. oben):

Faktor 1,0 $\rightarrow$ für Auszubildende
Faktor 0,9 $\rightarrow$ für Tarifangestellte (Beispiel)
Faktor 0,8 $\rightarrow$ für AT-Angestellte

4. Schritt: Maßgeblich für die Ermittlung des Geldwerts ist der **Ecklohn** des Mitarbeiters laut Tarif.

Im Beispiel wird ein Ecklohn von 12 € pro Stunde angenommen.

5. Schritt:

Prämie = (Vorschlagswert) $\cdot$ (Merkmalswert) $\cdot$ (Faktor$_{(Stellung)}$) $\cdot$ (Ecklohn)

$= 53 \cdot 14 \cdot 0,9 \cdot 12$

$= 8.013,60$ €

Lösung zu Aufgabe 8: Qualitätszirkel

Qualitätszirkel, auch unter den Begriffen Qualitätsarbeitskreis oder Qualitätskreis bekannt, finden in regelmäßigen Abständen statt und dienen entsprechend DIN EN ISO 9001:2015 der Erhöhung der Wirksamkeit des QM-Systems. Sie haben im Wesentlichen die aktuelle Qualitätsproblematik zum Inhalt.

► **Ziele:**
- Förderung des Qualitätsbewusstseins der Mitarbeiter
- Einbeziehen der Mitarbeiterkenntnisse und -erfahrungen sowie Verbesserung der Mitarbeitermotivation (Erfolge erleben lassen, Mitverantwortung)
- gemeinsame Lösung aktueller Qualitätsprobleme
- Festlegung von operativen, kurz- und langfristigen Maßnahmen zur Fehlervermeidung mit Termin und Verantwortlichkeit (Protokoll)
- Kontrolle der festgelegten Maßnahmen und erreichten Ergebnissen.

► **Teilnehmer:**
- Fertigungsleiter
- Fertigungstechnologe/Arbeitsvorbereiter
- Qualitätsmitarbeiter
- Konstrukteur/Serienbetreuer
- Meister
- Mitarbeiter der betreffenden Fertigungsbereiche.

► **Vorgehensweise:**
- Festlegung des Funktionsmerkmals
- Ermittlung des Fehlers
- Bewertung des Fehlers
- Analyse der Fehlerursache
- Festlegung erforderlicher Abstellmaßnahmen
- Kontrolle und Neubewertung nach Durchführung der Abstellmaßnahmen.

Lösung zu Aufgabe 9: Gruppenarbeit

a) Gruppenarbeit ist die gemeinsame Bewältigung einer Arbeitsaufgabe. Es wird zwischen zeitweiliger und dauerhafter Gruppenarbeit unterschieden:

   ► **Zeitweilige Gruppenarbeit** wird üblicherweise als Teamarbeit bezeichnet. Kennzeichnend dafür ist die zeitweise Zusammenarbeit von Mitarbeitern, zum Teil unterschiedlicher Bereiche und Qualifikation, zur Lösung bestimmter Arbeitsaufgaben, z. B. im Qualitätszirkel oder KVP-Team.

   ► **Dauerhafte Gruppenarbeit** wird durch eine (teil)autonome Gruppe ausgeführt. Die Mitarbeiter dieser Gruppe arbeiten in einem Team mit ständig gleicher Besetzung. Die Aufgabenverteilung sowie die Durchführung und Kontrolle der jeweiligen Arbeitsaufgabe erfolgt im Wesentlichen autonom innerhalb der Gruppe. Vorgegeben werden häufig nur der Arbeitsauftrag und der Fertigstellungstermin.

b) Zielsetzung der Gruppenarbeit, z. B.:

- ► Erhöhung des Qualitätsbewusstseins
- ► Verbesserung der Qualität
- ► Produktivitätssteigerung
- ► Kostensenkung für Prozesse und Produkt
- ► Vereinfachung der Abläufe
- ► teilweise Reduzierung von Leitungsebenen
- ► weitestgehende Nutzung der Flexibilität der Mitarbeiter
- ► Verbesserung der Arbeitsbedingungen
- ► Steigerung der Leistungsbereitschaft und Motivation der Mitarbeiter
- ► besserer Ausgleich bei Kapazitätsschwankungen.

c) Besonderheiten der Gruppenarbeit, z. B.:

- ► Der **Gruppensprecher** sollte nicht vom Vorgesetzten bestimmt, sondern von den Gruppenmitgliedern gewählt werden.

  Hierbei gibt es zwei Varianten:

  - Der Gruppensprecher wird auf Zeit gewählt, z. B. vierteljährlich, dann wird ein anderes Gruppenmitglied gewählt. So wird jeder einmal der „Bestimmer".
  - Der Gruppensprecher wird auf unbestimmte Dauer gewählt.

- ► Die **Kompetenzen** des Gruppensprechers sind genau zu definieren.

- ► Die **Gruppengröße** sollte „überschaubar" sein. Sozial-psychologische Untersuchungen nennen als optimale Gruppengröße fünf bis sechs Mitarbeiter. In der Praxis orientiert sich die Gruppengröße an den betrieblichen Fertigungsbedingungen und liegt oftmals höher.

- ► Das **Entlohnungssystem** sollte für die Gruppenarbeit spezifiziert sein.

d) Die Mitarbeiter entwickeln nicht nur Vorschläge und Lösungen zur Qualitätssteigerung, sondern erarbeiten auf dieser Grundlage im Rahmen der Maßnahmen zur Qualitätsverbesserung entscheidungsreife Vorlagen.

Die Qualität dieser Vorlagen wird bestimmt durch die Erarbeitung und Gegenüberstellung von Lösungsvarianten.

e) Ja! Die Nutzung der praktischen Erfahrungen aus der Fertigung kann einen wesentlichen Beitrag zur Verbesserung des Produkts und der Fertigungsprozesse darstellen. Die Mitarbeit in einem Projekt führt zur Motivationssteigerung und trägt zur Erhöhung des Qualitätsbewusstseins bei.

f) Fähigkeiten/Kompetenzen der Mitarbeiter, die in Qualitätszirkeln/Projekten mitarbeiten, z. B.:

▸ Einschlägige Fachkenntnisse über die zu bearbeitenden Themen

▸ **Sozialkompetenz**, z. B.:
- Konfliktfähigkeit
- Zuhören können.

▸ **Methodenkompetenz**, z. B.:
- Moderationsfähigkeit
- Dialogfähigkeit
- Techniken der Kreativität
- Fähigkeiten der Problemlösung.

▸ **Persönliche Eigenschaften**, z. B.:
- Kreativität
- Motivation zur Zusammenarbeit.

Lösung zu Aufgabe 10: Qualifizierungsmaßnahmen

a) Die DIN EN ISO 9000:2015 definiert *„Qualifikation als nachgewiesene Fähigkeit, Wissen und Fertigkeiten anzuwenden".*

Das gesamtheitliche Anliegen eines Qualitätsmanagementsystems erfordert die Einbeziehung aller Mitarbeiter eines Unternehmens. Die qualitätsbezogene Qualifizierung der Mitarbeiter festigt den Qualitätsgedanken. Jeder Mitarbeiter muss wissen was er tut, warum er es tut und welche Auswirkung sein Tun hat.

b) Formen der Qualifizierungsmaßnahmen:

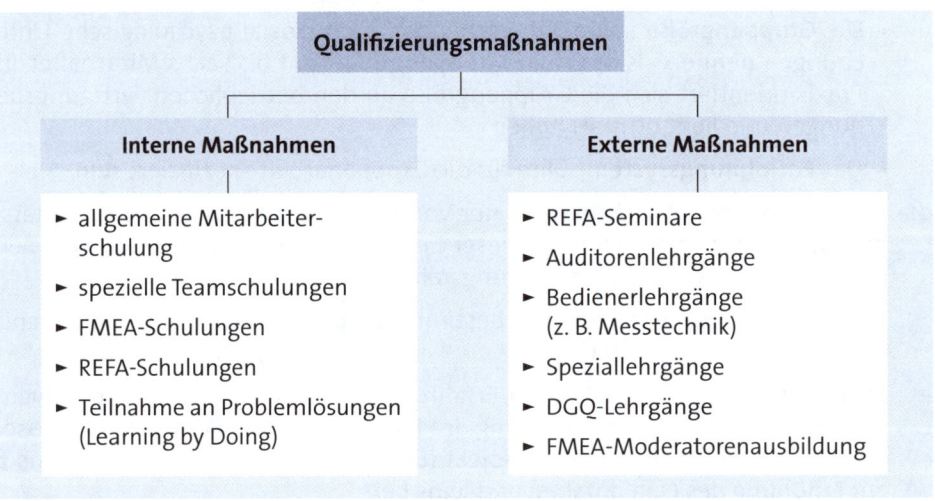

c) ▸ **Allgemeine interne Qualitätsschulungen** sind in regelmäßigen Abständen sinnvoll. Bei ihnen sollte die jeweilige aktuelle Qualitätslage im Mittelpunkt stehen.

▸ Wird im Rahmen der Qualitätsüberwachung ein konzentrierter Anstieg der Fehlerhäufigkeit erkennbar, kann sich aus der Ursachenermittlung (z. B. nach der 8D-Methode) als Folgemaßnahme eine **qualitätsbezogene Mitarbeiterschulung** (bereichs- oder teambezogen) ergeben.

▸ **FMEA-Schulungen** sind für den betreffenden Mitarbeiterkreis nach der Erstqualifizierung dann erforderlich, wenn sich beispielsweise aus Kundenforderungen ergibt, dass die FMEA nach der Systematik des Kunden zu erfolgen hat.

▸ Erfolgt die **Anschaffung von Messtechnik,** z. B. einer 3D-Messmaschine, ist das für die Bedienung ausgewählte Personal selbstverständlich zu qualifizieren. Meist bieten die Hersteller entsprechende Lehrgänge im Paket mit dem Produkt an.

▸ Werden geeignete Mitarbeiter in einem anderen Arbeitsbereich eingesetzt, ist eine umfassende und gründliche **Einarbeitung** die Mindestvoraussetzung zur Einhaltung der Qualitätsvorgaben. **Learning by Doing** ist nur eine Methode der Einarbeitung. Häufig ist eine weitere zielgerichtete interne oder externe Qualifizierung erforderlich.

▸ Bei Fertigungssystemen mit großer Variantenvielfalt und schwankenden Los- bzw. Auftragsgrößen kommt der flexiblen Einsetzbarkeit der Mitarbeiter eine besondere Bedeutung zu. Je mehr Mitarbeiter an möglichst vielen unterschiedlichen Arbeitsplätzen eingesetzt werden können, desto flexibler lässt sich die Auftragsplanung mit der Schicht- oder Arbeitsplatzbesetzungsplanung in Einklang bringen. Es erhöht sich dadurch auch der Auslastungsgrad der Fertigungsmittel. Zur Erlangung dieser **Mitarbeiterflexibilität** ist ebenfalls eine **Qualifizierung** durch eine gründliche Einarbeitung mit entsprechendem Training erforderlich.

▸ Auch weiterbildende **Fachlehrgänge und Seminare** dienen letztendlich der Erhöhung der Prozesssicherheit und der Erreichung der Qualitätsziele.

d) Es gibt mehrere Möglichkeiten, den Schulungsbedarf zu ermitteln:

▸ durch Ermittlung des aktuellen Qualifikationsstands

▸ durch Mitarbeiterbefragung

▸ durch Vorgesetzteneinschätzung

▸ bei steigender Fehlerhäufigkeit

▸ bei Investitionen von Fertigungseinrichtungen.

Der Schulungsbedarf bzw. der Qualifikationsstand lässt sich in einer **Qualifikationsmatrix** darstellen.

Beispiel einer Qualifikationsmatrix:

	Arbeitsplatz A	Arbeitsplatz B	Maschine 1	Maschine 2
Frau C	X	X		X
Herr A	X	X	X	X
Herr G			X	X

Aus der Matrix wird ersichtlich, welche Mitarbeiter für welche Arbeitsplätze qualifiziert (einsetzbar) sind und welche ggf. noch Qualifikationsdefizite haben.

e) Dokumentation der Qualifizierung:

Der in der DIN EN ISO 9000:2015 geforderte Nachweis über die Qualifikation ist in entsprechenden Dokumenten darzulegen. Er wird im Rahmen von externen Auditierungen und Kundenaudits abgefragt. Die durch die Qualifizierungsmaßnahmen erbrachten **Nachweisdokumente** (Teilnahmebescheinigungen, Zeugnisse u. Ä.) liegen normalerweise in der Personalabteilung vor. Interne Qualifikationen sind mindestens in Form einer Teilnehmerliste mit Angabe der Thematik zu dokumentieren. Auch die oben genannte Qualifikationsmatrix ist ein entsprechendes Nachweisdokument.

Lösung zu Aufgabe 11: 8D-Methode

Die **8D-Methode** (Acht-Disziplinen-Methode) ist eine teamorientierte Methode zur systematischen, schrittweisen Problemlösung. Ihre Anwendung erfolgt dort, wo die Fehler- bzw. Problemursachen vorerst unbekannt sind. Sie vereint in sich drei einander ergänzende Aufgabenstellungen:

► als Standardmethode

► als Problemlösungsprozess

► als eine Berichtsform.

► Als **Standardmethode** (nach VDA) basiert sie auf zwei Schwerpunkten. Sie ist ein faktenorientiertes System auf der Grundlage realer Daten und sie zielt auf die Abstellung der Grundursachen:

1. **Gehe das Problem im Team an!**
   Teambildung mit kompetenten Mitarbeitern mit entsprechenden Produkt- und Prozesskenntnissen.

2. **Beschreibe das Problem!**
   Beschreibung des Problems und dessen Quantifizierung auf der Basis ermittelter (statistischer) Daten, sowie die Ermittlung des Ausmaßes des Problems.

3. **Veranlasse temporäre Maßnahmen zur Schadenbegrenzung!**
   Sofortmaßnahmen zur Schadenbegrenzung, um die Auswirkungen des Problems möglichst vom Kunden fern zu halten. Ihre Wirksamkeit gilt bis zur Findung einer Dauerlösung. Sie ist ständig zu überprüfen.

4. **Ermittle die Grundursache und beweise, dass es wirklich die Grundursache ist!**
   Suche nach den möglichen Ursachen. Ermittlung, ob die gefundene(n) Ursache(n) wirklich die Grundursache(n) ist/sind. Das Ergebnis ist durch Tests zu beweisen.

5. **Lege Abstellmaßnahmen fest und beweise ihre Wirksamkeit!**
   Festlegung von dauerhaften Abstellmaßnahmen mit Nachweisführung durch Versuche, dass das Problem endgültig und ohne unerwünschte Nebenwirkung gelöst ist.

6. **Führe die Abstellmaßnahmen ein und kontrolliere ihre Wirksamkeit!**
   Einführung der Maßnahmen und Festlegung des Aktionsplanes zur Kontrolle ihrer Wirksamkeit. Evtl. sind flankierende Maßnahmen durchzuführen.

7. **Bestimme Maßnahmen, die ein Wiederauftreten des Problems verhindern!**
   Anpassung der Management- und Steuerungssysteme zur dauerhaften Vermeidung des Wiederauftretens gleicher oder ähnlich gelagerter Probleme.

8. **Würdige die Leistung des Teams!**
   Abschluss der Problemlösung, Beendigung der Teamarbeit mit Sicherung der Erfahrungen und Anerkennung des Erfolges.

Entsprechend den Ergebnissen der Wirksamkeitsprüfung müssen die Disziplinen 4. und 5. ggf. wiederholt werden.

► Als **Problemlösungsprozess** ist die 8D-Methode eine definierte Aktivitätenfolge, die durchlaufen werden sollte, sobald ein Problem auftritt.

► Als eine **Berichtsform** dient sie der Fortschrittskontrolle. Noch offene Aktionen werden daraus ersichtlich. Die einzelnen Disziplinen können nur dann abgeschlossen werden, wenn die entsprechenden Ergebnisse vorliegen. Erst dann kann mit der folgenden Disziplin begonnen werden.

7. Mängelhaftung, Produkthaftung

Lösung zu Aufgabe 1: Mangel (Begriff), Mängelarten

a) Ein Mangel liegt vor, wenn eine bestellte Ware oder Dienstleistung nicht vereinbarungsgemäß (laut Vertrag, Werbeaussage, Gebrauchsanleitung) geliefert bzw. ausgeführt wird. Sie entspricht damit nicht den zugesicherten Qualitätsanforderungen.

b)

Offener Mangel	Ein offener Mangel muss bereits bei der Übergabe/Abnahme der Einheit vorhanden und erkennbar sein.
Verdeckter Mangel	Der Mangel ist vorhanden, aber bei der Übergabe/Abnahme der Einheit nicht erkennbar.
Arglistig verschwiegener Mangel	Dies ist ein verdeckter Mangel, der dem Verkäufer oder Auftragnehmer bei der Übergabe oder Abnahme bekannt ist, den der Verkäufer bzw. Auftragnehmer aber absichtlich verschweigt, um sich einen Vorteil zu verschaffen.

Lösung zu Aufgabe 2: Haftung (Begriff)

► **Haftung im engeren Sinne** bedeutet, dass ein Rechtssubjekt dem Vollstreckungszugriff des Staates unterliegt (vgl. z. B. Umwelthaftungsrecht).

► **Haftung im weiteren Sinne** bedeutet die Übernahme eines Schadens durch den Schädiger.

► **Voraussetzung:** Haftung setzt in der Regel Vorsatz oder Fahrlässigkeit voraus (Ausnahme, z. B.: Produkthaftung).

Man unterscheidet z. B.:

Persönliche Haftung	Haftung mit dem gesamten Vermögen
Dingliche Haftung	Haftung mit einem bestimmten Vermögensgegenstand
Haftung als Gesamtschuldner (§ 421 BGB)	Schulden mehrere Schuldner eine Leistung, so kann der Gläubiger die Leistung nach seinem Belieben von jedem der Schuldner ganz oder teilweise fordern.
Gesetzliche Haftung	Die Haftungsfrage ist durch Gesetzesnormen geregelt. Beispiele: Haftung bei Annahme-/Lieferungsverzug, Haftung bei Sachmangel, Haftungsregelung bei unterschiedlichen Rechtsformen (vgl. BGB, HGB, GmbH-Gesetz, AktG), Haftung aus unerlaubter Handlung (§ 823 BGB).
Vertragliche Haftung	Die Haftungsfrage wird von den Parteien vertraglich geregelt. Beispiele: Incoterms, AGB, Ausgestaltung von Kaufverträgen

Lösung zu Aufgabe 3: Rechtsgrundlagen der Produkthaftung

Die Haftung von Herstellern für die Fehlerfreiheit und damit auch für die Sicherheit von Produkten wird durch unterschiedliche Regelungen begründet:

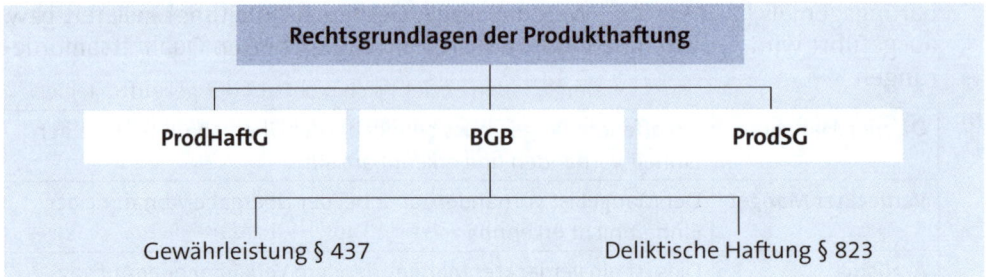

Rechtsgrundlagen der Produkthaftung

ProdHaftG | BGB | ProdSG

Gewährleistung § 437 | Deliktische Haftung § 823

A. Produkthaftungsgesetz

Zum einen können Ansprüche aus speziellen gesetzlichen Sondervorschriften, wie z. B. dem Produkthaftungsgesetz (ProdHaftG), abgeleitet werden.

 RECHTSGRUNDLAGEN

§ 1 Abs. 1 ProdHaftG
Wird durch den Fehler eines Produkts jemand getötet, sein Körper oder seine Gesundheit verletzt oder eine Sache beschädigt, so ist der Hersteller des Produkts verpflichtet, dem Geschädigten den daraus entstehenden Schaden zu ersetzen. Im Falle der Sachbeschädigung gilt dies nur, wenn eine andere Sache als das fehlerhafte Produkt beschädigt wird und diese andere Sache ihrer Art nach gewöhnlich für den privaten Ge- oder Verbrauch bestimmt und hierzu von dem Geschädigten hauptsächlich verwendet worden ist.

Bei der Produkthaftung gibt es folgende Ausnahmen:

► Der Hersteller hat das Produkt nicht in den Verkehr gebracht.

► Das Produkt hat den Fehler noch nicht gehabt, als es in den Verkehr gebracht wurde.

► Das Produkt wurde nicht zum Verkauf/zu einer anderen wirtschaftlichen Nutzung hergestellt.

► Der Fehler beruht darauf, dass das Produkt zwingenden Rechtsvorschriften entsprochen hat.

► Der Fehler konnte nach dem Stand der Technik und der Wissenschaft zu dem Zeitpunkt, an dem der Hersteller das Produkt in den Verkehr brachte, nicht erkannt werden.

Im Überblick:

Produkthaftungsgesetz	Haftung für Folgeschaden an Leib und Leben oder einer Sache
	▸ Voraussetzung: gewöhnlicher Ge- und Verbrauch der geschädigten Sache im privaten Bereich
	▸ Der Schaden bezieht sich nicht auf das gekaufte (fehlerhafte) Produkt, sondern auf einen aus dem gekauften Gegenstand folgenden Schaden an einem anderen Produkt.
	▸ Ein Ausschluss der Haftung ist nicht möglich.
	▸ Sachschäden bis zur Höhe von 500 € muss der Geschädigte selbst tragen.
	▸ Der Anspruch verjährt drei Jahre nach Kenntniserlangung.

Zum anderen kann die Haftung für ein fehlerhaftes Produkt im BGB begründet sein. Hierbei ist noch zwischen Ansprüchen aus den gesetzlichen Gewährleistungsansprüchen und Ansprüchen aus dem vertragsunabhängigem BGB-Deliktrecht § 823 BGB zu unterscheiden.

B. **Gewährleistung des Verkäufers bei Sach- und Rechtsmangel** nach §§ 437 ff. BGB

Gewährleistung aus Kaufvertrag	Haftung für Sach- und Rechtsmangel an der Sache selbst
	▸ Rechte nach § 437 BGB: Nacherfüllung, Rücktritt oder Minderung, Schadenersatz oder Ersatz vergeblicher Aufwendungen

Hauptgruppen der Produkthaftung nach dem BGB:

▸ Konstruktionsfehler liegen in der Regel vor, wenn entgegen dem Stand der Technik Produkte gefertigt werden. Typisch sind dabei „Serienfehler", d. h. Fehler, die einer ganzen Produktionslinie anhaften.

▸ Fabrikationsfehler treten im Rahmen der Fertigung in der Regel als Einzelfehler auf. Ursache sind oft technische Unzulänglichkeiten oder organisatorische Mängel im Produktionsablauf.

▸ Instruktionsfehler führen aufgrund fehlender, mangelhafter oder unverständlicher Bedienungsanleitung zu Schäden durch falschen Gebrauch.

▸ Produktionsbeobachtungsfehler liegen vor, wenn nach In-Verkehr-Bringen eines Produkts vom Hersteller zu verantwortende Mängel auftreten, dieser aber die Fehler nicht nachhaltig behebt.

Ausnahme bilden:

► Entwicklungsfehler: Diese liegen vor, wenn das Produkt Fehler aufweist, die zum Zeitpunkt der Produktion nach dem Stand der Technik und Wissenschaft nicht erkennbar waren.

C. **Vertragsunabhängige Generalklausel der deliktischen Haftung nach § 823 BGB für die Produkthaftung:**

 RECHTSGRUNDLAGEN

§ 823 Abs. 1 BGB
Wer vorsätzlich oder fahrlässig das Leben, den Körper die Gesundheit, die Freiheit, das Eigentum oder ein sonstiges Recht eines Anderen widerrechtlich verletzt, ist dem Anderen zum Ersatz des daraus entstehenden Schadens verpflichtet.

Daraus kann für die Hersteller von Produkten abgeleitet werden: Er muss sich so verhalten und dafür Sorge tragen, dass nicht innerhalb seines Einflussbereichs widerrechtlich Ursachen für Personen- und Sachschäden gesetzt werden.

§ 823 BGB Generalklausel der deliktischen Haftung	Generalhaftung für Personen- und Sachschäden
	► Voraussetzung: Vorsatz oder Fahrlässigkeit
	► Verstoß gegen geltendes Recht

D. Weiterhin ist das **Produktsicherheitsgesetz** (ProdSG) zu beachten. Im Überblick:

Produktsicherheitsgesetz (ProdSG)	Das Produktsicherheitsgesetz (ProdSG) setzt die Produktsicherheitsrichtlinie 2001/95/EG in deutsches Recht um. Technische Arbeitsmittel und Verbraucherprodukte müssen so beschaffen sein, dass sie bei bestimmungsgemäßer Verwendung den Benutzer nicht gefährden. In die Pflicht genommen werden Hersteller, Inverkehrbringer und Aussteller der Produkte.

Lösung zu Aufgabe 4: Mängelhaftung, Widerruf

	Angebot 1 von privat an gewerblich (C2B) Online-Handel	Angebot 2 von gewerblich an gewerblich (B2B) Angebot im Internet (Homepage)
Rückgabe/ Widerruf	► nein ► das Widerrufsrecht steht nur Verbrauchern zu (§ 312 d BGB)	► nein ► kein Rücktritt möglich bei Verträgen, die online zwischen Unternehmern geschlossen werden ► Widerruf nur möglich, wenn vor oder gleichzeitig mit Annahme beim Verkäufer eingeht
Mängel- haftung	Gewährleistungsausschluss möglich, da Verkäufer Privat- person	zweiseitiger Handelskauf – Gewährleistungsausschluss möglich
Mehrwert- steuer- ausweis	nein	ja

Fazit:
Im Wesentlich existiert im vorliegenden Fall beim C2B bzw. B2B nur der Unterschied des Mehrwertsteuerausweises. Das Angebot 2 sollte daher bevorzugt werden.

Lösung zu Aufgabe 5: Produkthaftung (1)

In Produkthaftungsverfahren muss der Geschädigte lediglich nachweisen, dass

► der Fehler aus dem Gefahrenbereich des Herstellers stammt

► ein Schaden in einer bestimmten Höhe entstanden ist

► der Fehler ursächlich für den eingetretenen Schaden war.

Man geht also davon aus, dass der Geschädigte nicht nachweisen kann, welcher Mangel zu dem Schaden führte und wer in der Kette des Produktionsprozesses und Vertriebes dafür verantwortlich ist. Ein Verschulden des Herstellers ist dagegen ist nicht notwendig.

Lösung zu Aufgabe 6: Produkthaftung (2)

a) Ja. Werden Dämmplatten aufgrund einer fehlerhaften Verlegeanleitung des Herstellers verbaut und verursachen sie danach Knackgeräusche im Haus des Eigentümers, so kann der Hersteller aus den Grundsätzen der Produkthaftung zur Beseitigung der Geräusche verpflichtet werden.

b) nach drei Jahren

Lösung zu Aufgabe 7: Produkthaftung (3)

▸ Das Produkthaftungsgesetz erweitert die **Haftung des Herstellers**, indem die Schadenersatzpflicht als Gefährdungshaftung normiert wurde (§ 1 ProdHG). Die Folge ist, dass der Hersteller auch ohne Verschulden haftet. Insofern bedeutet dies eine Erweiterung der Verschuldenshaftung für fahrlässiges und vorsätzliches Handeln (§ 276 Abs. 1 BGB).

▸ Fraglich ist, inwieweit der Kfz-Händler von den Geschädigten in Anspruch genommen werden kann. In diesem Falle kommt eine **Haftung des Händlers** nur nach den Grundsätzen eines Schadenersatzanspruches wegen unerlaubter Handlung gem. § 823 BGB in Betracht. Nach § 823 BGB hat derjenige Schadenersatz zu leisten, der vorsätzlich oder fahrlässig Leben, Freiheit, Eigentum oder Gesundheit einer anderen Person beschädigt. Im Ergebnis greift aber dieser Anspruch der Geschädigten nicht, da der Händler das Leben der Geschädigten nicht durch seine Handlung vorsätzlich oder fahrlässig geschädigt hat. Der die Haftung begründende Tatbestand ist nicht erfüllt.

Lösung zu Aufgabe 8: Produktsicherheit und Ausfallrate

a) Die **Produktsicherheit** als Führungselement erhält ihre Bedeutung durch die technische Dokumentation, in der der Bezug zu Sicherheitsbestimmungen, Gesetzen, Vorschriften und Normen herzustellen ist. Die Bedeutung wird erkennbar, wenn z. B. durch Unklarheiten in Bedienungs- oder Instandhaltungsanweisungen gefährliche Situationen für die betreffende Person entstehen können bzw. Fehlinterpretationen zum Funktionsausfall des Produkts führen.

b) Die für den Kunden relevanten „Lebensabschnitte" eines Produkts sind die **Produktserie** und der **Produktauslauf**. Hier ist die Ausfallrate das Maß der Zuverlässigkeit des Produkts.

Unabhängig von der wieder ansteigenden Ausfallwahrscheinlichkeit in der Verschleißphase kann, bezogen auf die **Produktgruppe**, ein „moralischer Verschleiß" entstehen, bei dem das Anforderungsmerkmal „Attraktivität des Produkts" für den Kunden nicht mehr vorhanden ist.

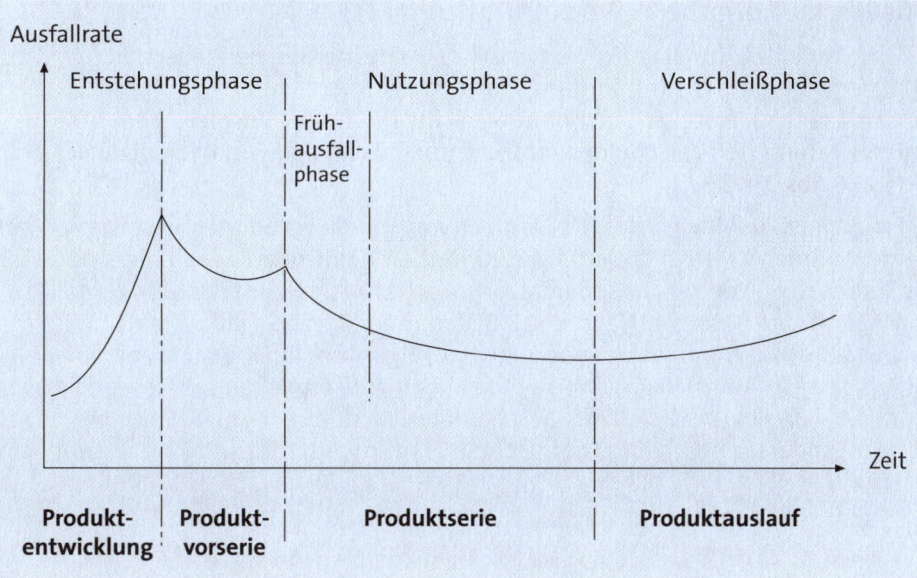

8. Beschwerdemanagement
Lösung zu Aufgabe 1: Beschwerdemanagement (Vermischte Aufgaben)

a) ► Als **Reklamation**
wird in der Regel eine besondere Art der Beschwerde bezeichnet, die sich auf einen Produktmangel bezieht.

► **Beschwerden**
können sich auf wesentlich mehr Dinge als das Produkt beziehen:

- auf den Service, auf die Erreichbarkeit, auf einzelne Mitarbeiter, usw.

- Hinter jeder Beschwerde steckt eine enttäuschte Kundenerwartung.

b) Bedeutung des Beschwerdemanagements, z. B.:

► Jede Kritik am Produkt sowie jede ehrlich und sachlich vorgetragene Beschwerde ist die **Chance zur Veränderung** (zur Verbesserung des Produkts, der Dienstleistung).

► Jeder reklamierende Kunde bietet die **Chance zum Dialog** und damit – bei richtiger Behandlung der Beschwerde – die Chance zur

- Erhaltung und Vertiefung der Kundenbeziehung

- Aufdeckung von Schwachstellen innerhalb des Unternehmens

- Verbesserung der Qualität (bei Produkt und Leistung).

► **Negativer Multiplikator** (Statistische Faustregel):
Nur einer von 20 unzufriedenen Kunden beschwert sich beim Unternehmen direkt. Die anderen äußern ihre Unzufriedenheit im Durchschnitt gegenüber elf weiteren Personen. Diese geben das Gehörte wiederum an Andere weiter.

► **Weiterempfehlung bei positiver Bearbeitung der Beschwerde:**
Es hat sich erwiesen, dass erfolgreich bearbeitete Beschwerden beim Kunden eine stark emotionale Wirkung haben und das Verbundenheitsgefühl langfristig positiv beeinflussen. Kunden, deren Beschwerde zur Zufriedenheit gelöst wurde, sind auf Dauer meist loyalere Kunden als solche, die nie Anlass zu einer Beschwerde hatten. Zu den positiven Auswirkungen gehören die Bereitschaft zum Wiederkauf, die Entscheidung für weitere Produkte des Anbieters sowie positive Erwähnung und Empfehlung des Unternehmens im Bekanntenkreis.

c) Das Ziel eines Beschwerdemanagements liegt darin, Gewinn und Wettbewerbsfähigkeit des Unternehmens dadurch zu erhöhen, dass Kundenabwanderungen unzufriedener Kunden vermieden und die in Beschwerden enthaltenen Hinweise auf betriebliche Schwächen und Marktchancen genutzt werden.

 MERKE

Erfolgreich gemanagte Beschwerden erhöhen die Kundenbindung.

Kundenzufriedenheitsbefragungen in Deutschland zeigen, dass es in den einzelnen Branchen sehr unterschiedlich gelingt, Kundenzufriedenheit wiederherzustellen und auf diese Weise die Beziehung zu den Beschwerdeführern zu stabilisieren:

Die Spitze in der Kundenzufriedenheit halten die Optiker (mit 1,82 von 1,0 sehr gut) und die Kfz-Prüfstellen (mit 1,99 von 1,0). Nicht zufriedenstellend schneiden soziale Netzwerke ab (mit 2,6 von 1,0).

Quelle: Kundenmonitor Deutschland 2016.

d) Die Aufgaben des Beschwerdemanagements lassen sich in zwei Bereiche unterteilen:

1. **Direktes Beschwerdemanagement:**
   Diese Prozesse haben unmittelbaren Bezug zum Kunden (Wie erlebt der Kunde die Beschwerde?). Man unterscheidet folgende Aufgaben:

   ▸ **Beschwerdestimulierung** (Anregung und Beschwerdekanäle, z. B. Befragungsbogen, Plakataktionen, Verhalten der Verkäufer, Internet)

   ▸ **Beschwerdeannahme** (Organisation und Handhabung, z. B. sozialpsychologische Kenntnisse bei den Mitarbeitern zur Beruhigung der Beschwerdesituation und Fähigkeit, eine angemessene Problemlösung zu realisieren; das vorgebrachte Problem muss vollständig, schnell und strukturiert erfasst und gelöst werden.)

   ▸ **Beschwerdebearbeitung** (z. B. Gestaltung interner Bearbeitungsprozesse, Festlegung von Verantwortlichkeiten)

   ▸ **Beschwerdereaktion** (Grundsätze für die Beschwerdebeantwortung, Möglichkeiten der Lösungen, die dem Kunden angeboten werden können, wie z. B. Preisnachlass, Schadenersatz Umtausch, Reparatur und Entschuldigung – einzelfallspezifisch).

2. **Indirektes Beschwerdemanagement:**
   Diese Prozesse werden ohne Kundenkontakt ausgeführt und sind vor allem für das Qualitätsmanagement relevant. Man unterscheidet folgende Aufgaben:

   ▸ **Beschwerdeauswertung** (Analyse und systematische Bereitstellung der Informationen)

   ▸ **Beschwerdemanagement-Controlling,** z. B.:

     - Evidenz-Controlling: Zeigt das Beschwerdemanagement die tatsächliche Kundenunzufriedenheit (Evidenz = Bedeutung)?

     - Kosten-Nutzen-Controlling: Ist das Beschwerdemanagementsystem wirtschaftlich?

   ▸ **Beschwerdereporting** (Welche Zielgruppen müssen die Ergebnisse in welcher Form erhalten?)

   ▸ **Beschwerdeinformationsnutzung** (Werden die Beschwerden auch tatsächlich für Verbesserungen genutzt?)

Im Überblick:

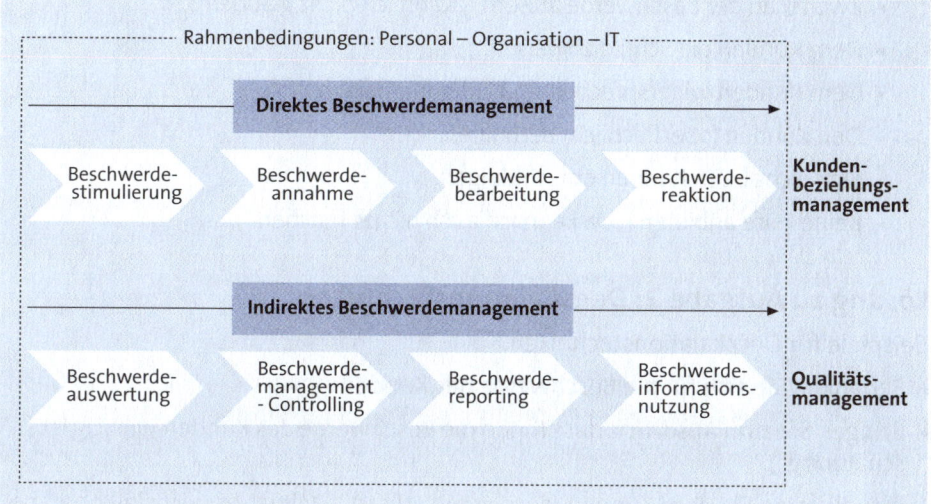

Zu den Rahmenbedingungen eines effektiven Beschwerdemanagements gehören vor allem:

1. **Personal:**
   Angemessenes Verhalten der Mitarbeiter (Training, Motivation, Anreizsysteme, Kompetenzen)

2. **IT** (Informationstechnologie):
   Geeignete Soft- und Hardware bereit stellen unter Einbindung von Intranet und Internet

3. **Organisation:**
   Entscheidung, ob zentrales oder dezentrales Beschwerdemanagement; als Linien- oder Stabsfunktion; Verknüpfung mit relevanten Unternehmensprozessen (z. B. Einkauf).

e) Bei Kundenreklamationen/-beschwerden hat der Verkäufer vier Aspekte zu beachten:

1. Er muss das Gespräch mit dem Kunden in eine ruhige Gesprächsatmosphäre bringen (meist ist der Kunde bei Reklamationen aufgeregt, verärgert, usw.).

2. Er muss die Reklamation beurteilen (rechtlicher Hintergrund; Kulanz, Garantie, Gewährleistung) und kaufmännisch sowie kundenorientiert bearbeiten.

3. Die „gestörte" Kundenbeziehung muss repariert werden. Die Kundenzufriedenheit muss wieder hergestellt werden.

4. Jede Beschwerde ist eher eine Chance als ein Risiko. Sie gibt dem Unternehmen die Möglichkeit, es zukünftig besser zu machen.

f) Typische Fehler bei der Annahme einer Beschwerde

➤ Zweifel an der Beschwerde äußern („Kann ich nicht glauben ...").

➤ Dem Kunden die Schuld zuweisen.

➤ Dem Kunden widersprechen und/oder ihn belehren.

➤ Den Kunden (oberflächlich) beruhigen.

➤ Sich nicht beim Kunden entschuldigen.

➤ Keine Hilfe anbieten („Da kann ich auch nichts machen.").

Lösung zu Aufgabe 2: Deeskalationstechniken

Beispiele für Deeskalationstechniken:

➤ Bedanken Sie sich für die Beschwerde des Kunden.

➤ Bringen Sie zum Ausdruck, dass Ihnen die Beschwerde des Kunden wichtig ist („Wertschätzung").

➤ Signalisieren Sie dem Kunden, dass er wichtig ist („Mir ist es wichtig, Ihnen bei dieser Angelegenheit weiterzuhelfen").

➤ Unterbrechen Sie den Kunden nicht, solange er noch aufgeregt ist („Dampf ablassen").

➤ Bleiben Sie selbst ruhig – auch wenn Sie persönlich angegriffen werden.

➤ Machen Sie deutlich, dass Sie sich persönlich und nicht nur wegen Ihrer Funktion engagieren („Ich werde mich persönlich darum kümmern").

➤ Nennen Sie den Kunden beim Namen.

➤ Bei schriftlichen Beschwerden: Achten Sie auf eine korrekte Anrede und eine leicht lesbare Form des Schreibens.

Lösung zu Aufgabe 3: Stufen des Beschwerdemanagements

1. den Kunden und die Situation **verstehen**

2. dem Kunden schnell und angemessen **antworten**

3. die Beschwerdesituation **lösen**

4. die Beschwerde **auswerten**

5. die Beziehung zum Kunden **stärken**.

Formeln und Begriffe

AA
Auslieferungsanweisung

Ablauforganisation
(auch: Prozessorganisation); Struktur der betrieblichen Abläufe

ABC Analyse
ist ein Analyseverfahren, das eine Menge von Objekten in die Klassen A, B und C einteilt, die nach absteigender Reihenfolge geordnet sind, z. B.: welche Produkte oder Kunden am stärksten am Umsatz eines Unternehmens beteiligt sind (A) und welche am wenigsten (C).

Abnahmetest
ist die Prüfung eines Produktes, ob es alle Anforderungen erfüllt.

Abweichungsbericht
Im Abschlussgespräch des → Zertifizierungs-(→)Audits werden alle positiven und auch negativen Beobachtungen vom Audit-Leiter vorgetragen und vom Co-Auditor ergänzt. Die Abweichungsberichte, die sich evtl. ergeben haben, werden vorgelegt. Nachdem sie inhaltlich vom QM-Beauftragten anerkannt wurden (Unterschrift), müssen vom Unternehmen zeitlich festgelegte Lösungszusagen gemacht werden. Je nach Schwere der Fälle wird ein Nach-Audit vereinbart bzw. es genügen fristgerecht eingegangene Korrekturberichte bei der Zertifizierungsstelle.

akkreditiert
Nachweis der Kompetenz für bestimmte Prüfungen (nach ISO 17025).

Angebot
ist eine Bereitschaftserklärung des Lieferanten einen Vertrag über die Lieferung eines Produkts oder einer Dienstleistung schließen zu wollen.

AMS
Arbeitssicherheitsmanagementsystem

AQL
Acceptable **Q**uality **L**evel
ist ein International genormtes Stichprobensystem und beschreibt bei einer Annahmen-Stichprobenprüfung die obere Grenze einer zufrieden stellenden mittleren Qualitätslage.

Arbeitsanweisung (AA)
ist eine Untersetzung der → Verfahrensanweisung bezüglich der Anwendung der Methodik mit der dazu gehörenden Verantwortlichkeit. Arbeitsanweisungen sind arbeitsplatzbezogene Vorgaben. Sie eignen sich auch als gute Grundlage für die Einarbeitung neuer Mitarbeiter.

Audit

(lat.: audire, hören; audit, er/sie/es hört; auch als Anhörung bezeichnet) ist eine qualitätsorientierte Bewertungsmethode, durch Befragung (Audit-Fragenkatalog), Anhörung und Untersuchung von definierten → Einheiten, die Erreichung der jeweiligen Forderungen festzustellen.

Die → DIN EN ISO 9000:2015 definiert das Audit folgendermaßen:

„Audit ist ein systematischer, unabhängiger und dokumentierter Prozess zur Erlangung von Auditnachweisen (Aufzeichnungen, Feststellungen und andere Informationen, Anm. d. Verf.) *und zu deren objektiven Auswertung, um zu ermitteln, inwieweit Auditkriterien* (QM-Ziele, Anm. d. Verf.) *erfüllt sind."*

Audit, Arten

- ► Produktaudit (Inspektion)
- ► Prozessaudit (Beurteilung)
- ► Systemaudit (Gesamtbetrachtung)

Auditor

→ Audits dürfen nur durch speziell ausgebildete, offiziell geprüfte Qualitätsexperten, den Auditoren, durchgeführt werden.

Aufbewahrung von Dokumenten

Um die Erfüllung festgelegter → Qualitätsforderungen und die Wirksamkeit des → QM-Systems zu gewährleisten, müssen Qualitätsaufzeichnungen aufbewahrt werden (DIN EN ISO 9001). Dazu gehören auch Qualitätsaufzeichnungen von Unterauftragnehmern.

Die Qualitätsaufzeichnungen müssen lesbar sein und so aufbewahrt werden, dass sie geschützt sind; des Weiteren sollten sie jederzeit auffindbar sein.

Ausfallrate

ist eine Kenngröße für die Zuverlässigkeit eines Objekts. Sie gibt an, wie viele Objekte in einer Zeiteinheit durchschnittlich ausfallen.

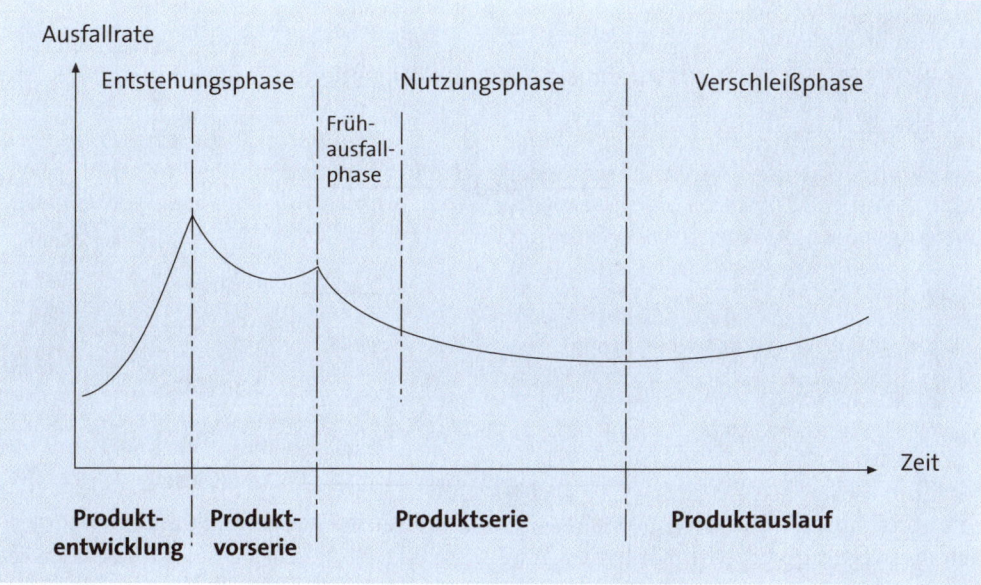

Ausschuss

Fertigungs- und montagebedingte Fehlprodukte, bei dem die → Qualitätsforderung auch nachträglich durch → Nacharbeit nicht erfüllt werden kann oder soll und das für einen anderen Verwendungszweck unter angemessenen Umständen nicht verwendet werden kann.

Award

(Engl.) Anerkennung, Auszeichnung, Preis

Baumdiagramm

(auch: Verzweigungsdiagramm, Baumgraf); es wird erstellt, um ein Hauptthema logisch in Untergruppen zu gliedern und diese Gruppen dann zur besseren Visualisierung grafisch darzustellen. Das Baumdiagramm kann horizontal oder vertikal erstellt werden.

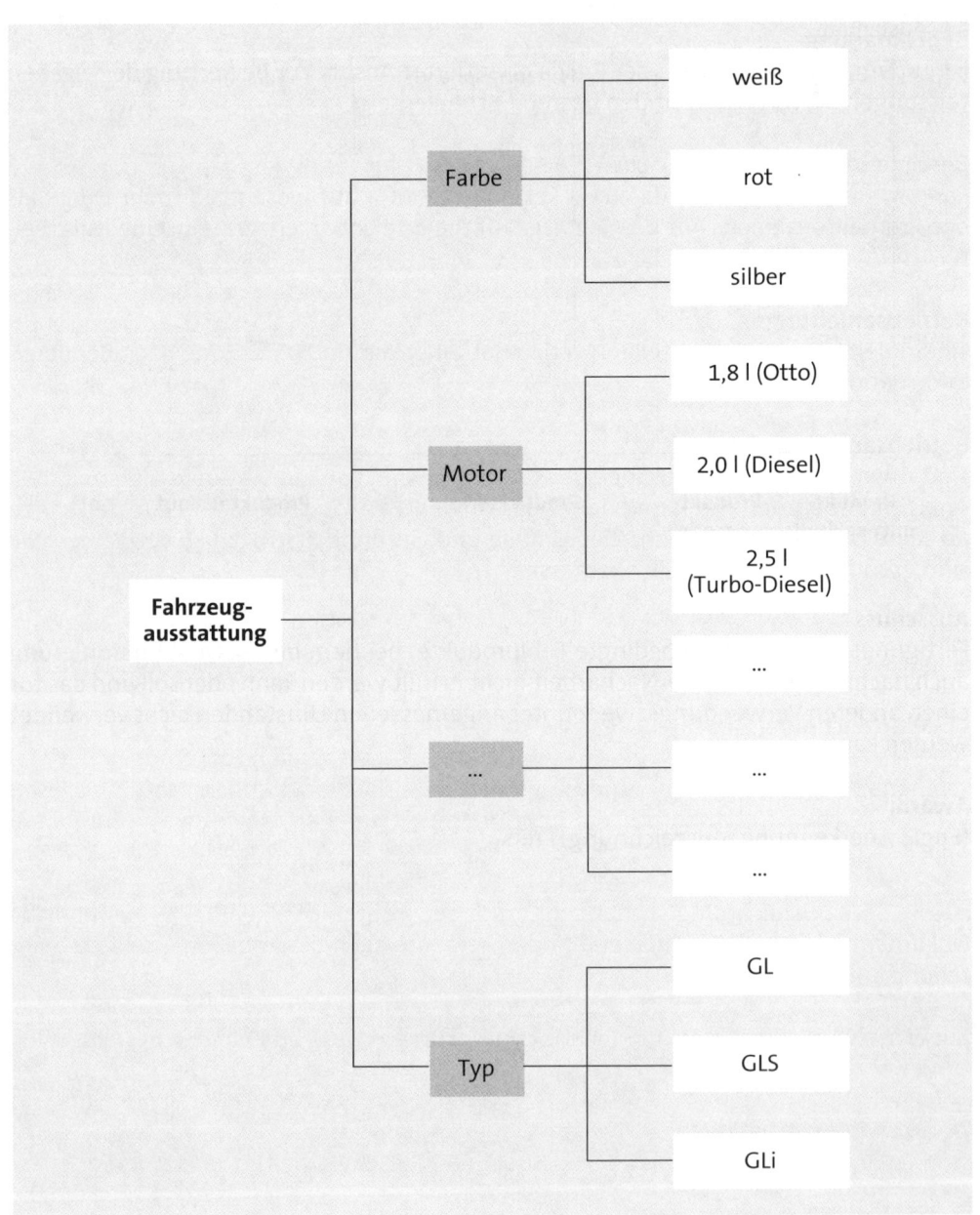

Beherrschter Prozess

Prozess, bei dem sich die Parameter der Verteilung der Merkmalswerte des Prozesses praktisch nicht oder nur in bekannter Weise oder in bekannten Grenzen ändern.

Bemusterung
Es werden Erstmuster geliefert, die im Rahmen einer Bemusterung auf alle vereinbarten Qualitätsmerkmale hin geprüft werden. Finden Wareneingangsprüfungen statt, so wird nur ein Teil der vereinbarten Eigenschaften geprüft.

Benchmarking
ist ein umfassender und an der Praxis orientierter Ansatz zur Bewertung der eigenen Leistungen im Vergleich mit den besten Mitbewerbern.

Beschwerden
können sich – im Gegensatz zu → Reklamationen – auf wesentlich mehr Dinge als das Produkt beziehen: Auf den Service, auf die Erreichbarkeit, auf einzelne Mitarbeiter, usw.

Betriebsanleitungen
sind Anleitungen des Herstellers an den Betreiber. Sie sind dem Sinne nach Benutzerinformationen (DIN 8418).

Betriebsanweisungen
sind Anweisungen des Betreibers (des Arbeitgebers) von Einrichtungen, technischen Anlagen, Arbeitsverfahren und damit des Anwenders von Stoffen und Zubereitungen an seine Mitarbeiter mit dem Ziel, Unfälle und Gesundheitsrisiken zu vermeiden. Sie sind grundsätzlich schriftlich abzufassen.

BVW
ist ein System um das Ideenpotenzial aller Mitarbeiter in einer Organisation zu nutzen.

CE-Kennzeichnung
Äußeres Zeichen dafür, dass eine Maschine den grundlegenden Forderungen der Maschinenrichtlinie entspricht, ist das gut sichtbare dauerhaft angebrachte und leserliche CE-Zeichen. Der Anhang III der Richtlinie beschreibt genau, wie die vorschriftsmäßige Kennzeichnung aussehen muss.

Ist die CE-Kennzeichnung vorhanden, muss der Richtlinie folgend eine ausführliche Dokumentation zur Maschine vorhanden sein, die auch die Angaben zur Risikobeurteilung enthält.

Zur Maschine gehört stets die Technische Dokumentation und eine → Betriebsanleitung.

Deeskalationstechniken
sind Techniken, um die Eskalation bei Kunden(→)beschwerden zu vermeiden, z. B.

- sich bedanken
- zum Ausdruck bringen, dass die Beschwerde des Kunden wichtig ist
- dem Kunden signalisieren, dass er wichtig ist

- den Kunden nicht unterbrechen, solange er noch aufgeregt ist.
- selbst ruhig bleiben – auch wenn man persönlich angegriffen wird.

Deming, W. E.
(† 1993 in Washington, D.C.) war ein US-amerikanischer Physiker, Statistiker sowie Pionier im Bereich des → Qualitätsmanagements (Schüler von Walter A. Shewhart). Er entwickelte die prozessorientierte Sicht auf die Tätigkeiten eines Unternehmens, die später auch Eingang in diverse Qualitätsnormen und Qualitätsmanagementlehren fand; → PDCA-Zyklus.

Designlenkung
ist ein Prozess und kennzeichnet die Phasen eines Produkts zur Erlangung der Serienreife:

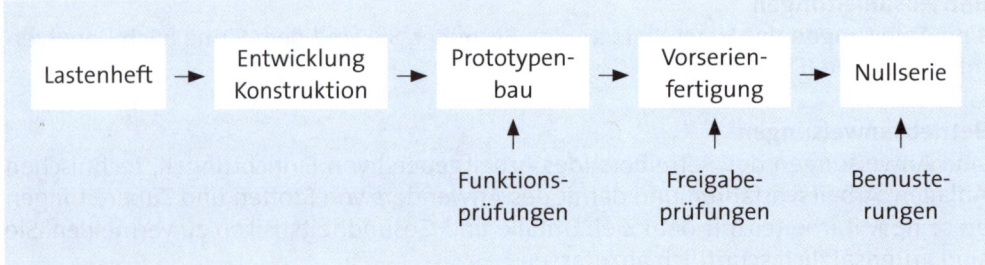

vgl. → Lastenheft; → Prüfung

Design-Review
ist eine dokumentierte, umfassende und systematische Untersuchung eines Designs (DIN EN ISO 8402).

DGQ
Deutsche **G**esellschaft für **Q**ualität e. V.

DIN EN ISO 9000 ff.
Das normenbasierte Zertifizierungsmodell legt Mindeststandards fest. Leitfaden für den Aufbau eines prozessorientierten Qualitätsmanagementsystems; Möglichkeit der → Zertifizierung.

DIN EN ISO 9000:2015
Grundlagen und Begriffe von → QM-Systemen und Leitfaden für die Anwendung auf Computer-Software

DIN EN ISO 9001:2015
Anforderungen an die → QM-Systeme

DIN EN ISO 9004:2009

ist ein Leitfaden zur Leistungsverbesserung von → QM-Systemen und für Dienstleistungen.

DIN EN ISO 14001

ist ein international gültiger Forderungskatalog für ein systematisches Umweltmanagement (UM). Wird im Rahmen des → TQM voll in das → Qualitätsmanagement integriert.

DIN EN ISO 19011

ist eine Anleitung für das → Auditieren von Qualitäts- und Umweltmanagementsystemen.

DoE

= **D**esign **o**f **E**xperiments; ist die Planung und Auswertung von Versuchen mittels statistischer Methoden, vorrangig nach *Shainin* oder → *Taguchi*. Das Ziel liegt darin, mit möglichst wenigen Versuchen Daten mit hohem Aussagegehalt zu erreichen.

Dokumentation

ist die Aufzeichnung über → Prüfungen und Prozessabläufe, Produkt- und Systembeschreibungen, Mitarbeiterschulungen, usw., die der Nachvollziehbarkeit aller wesentlichen Vorgänge dienen; → Aufbewahrung von Dokumenten.

Dokumentenlenkung

Regelung des Umganges und der Verwaltung von Qualitätsdokumenten; → Aufbewahrung von Dokumenten.

EFQM-Modell

ist ein Bewertungsmodell für den Entwicklungsstands eines Unternehmens und basiert auf dem Konzept des → TQM. Es ist als unverbindliche Rahmenstruktur definiert, innerhalb derer sich Branchen und Unternehmen ihre spezifischen Konzepte auf dem Weg zum „exzellenten" Unternehmen suchen sollen. Das Modell definiert sich über die Unterscheidung zwischen „Befähiger" (Input-Kriterien)und „Ergebnisse" (Output-Kriterien).

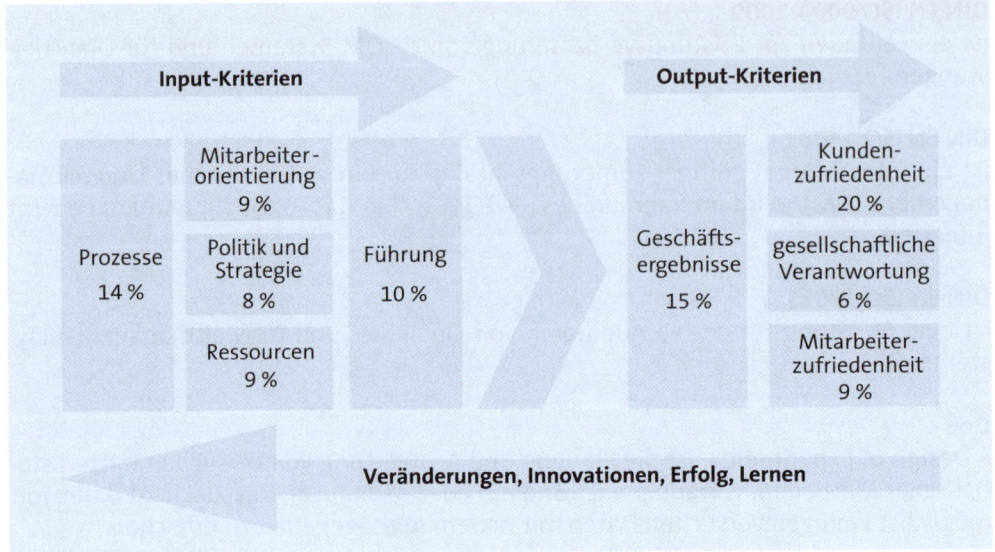

Einheit
ist der Gegenstand und die Basis aller Qualitätsbetrachtungen. Eine Einheit kann also eine Tätigkeit, ein Prozess, ein Produkt, eine Organisation, ein System, eine Person oder irgendeine Kombination daraus sein.

EMV
Elektro-Magnetische Verträglichkeit

EN
Europäische → Normen

Endprüfung
ist die letzte → Qualitätsprüfung (vor Übergabe der Einheit an den Kunden bzw. an den Auftraggeber); → Prüfung.

Ergonomie
ist die Wissenschaft von der Gesetzmäßigkeit menschlicher bzw. automatisierter Arbeit. Ziel ist es, die Arbeitsbedingungen, den Arbeitsablauf, die Anordnung der zu greifenden Gegenstände (Werkstück, Werkzeug, Halbzeug) räumlich und zeitlich optimiert anzuordnen, sowie die Arbeitsgeräte für eine Aufgabe so zu optimieren, dass das Arbeitsergebnis (qualitativ und wirtschaftlich) optimal wird und die arbeitenden Menschen möglichst wenig ermüden oder geschädigt werden.

Fehler
ist die Nichterfüllung einer festgelegten Forderung (DIN EN ISO 8402).

Fehlerbaumanalyse

ist nach DIN 25424, Teil 1 die systematische Fehleruntersuchung zur Erkennung möglicher Fehlerursachen und die Ermittlung von deren Eintrittshäufigkeiten (→ Baumdiagramm).

Fehlerkosten

sind Kosten, die durch die Nichterfüllung von Einzelforderungen im Rahmen von → Qualitätsforderungen verursacht werden, z. B. Kosten für Fehlprodukte, für → Nacharbeit, für → Ausschuss, nicht planmäßige Sortierprüfung, Wiederholungsprüfung, qualitätsbedingte Ausfallzeit, → Gewährleistung, Produzentenhaftung; → Prüfung.

Fehlersammelkarten (Checkliste, Strichliste)

werden angewandt, wenn ein Produkt auf einzelne oder mehrere Fehlerarten zu prüfen ist. Mit dieser Strichliste lassen sich Fehler und deren Häufigkeiten recht einfach erfassen und dokumentieren. Die Fehlersammelkarte besteht aus einer Tabelle, in der für definierte Merkmale die Anzahl der festgestellten Abweichungen (Fehler) z. B. durch den Werker eingetragen werden. Neu auftretende Fehler können hinzu geschrieben werden. Aus der absoluten und relativen Häufigkeit am Ende der Zeilen ist ersichtlich, welche Fehlerarten wie oft und in welchen Zeiträumen (z. B. in welcher Schicht) auftreten.

Flussdiagramm

ist die Darstellung verrichtungsorientierter Prozesse (Abläufe); die Symbole sind in der DIN 66001 normiert:

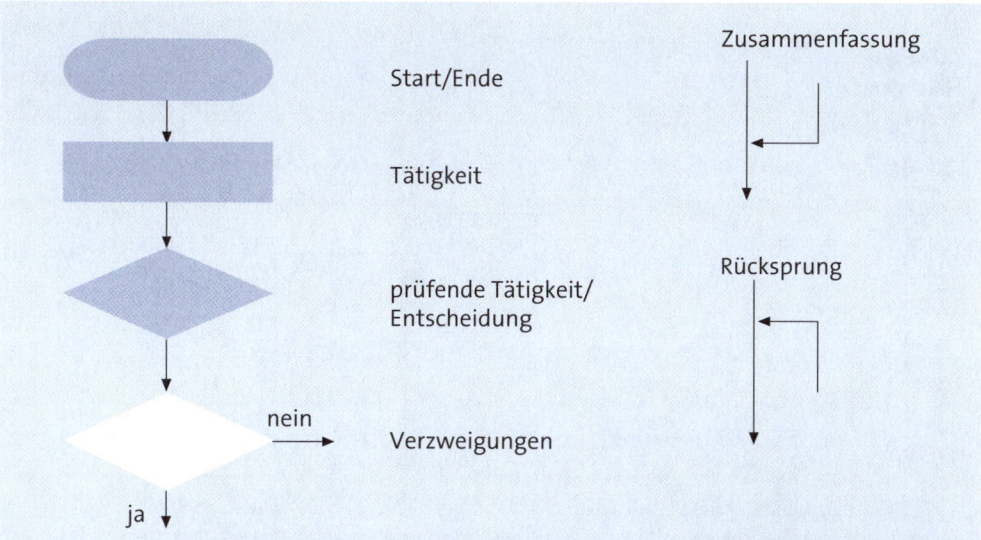

FMEA

ist eine Methode, mögliche Fehler und deren Auswirkungen (möglichst) vor Produktionsbeginn zu ermitteln:

- In abteilungsübergreifenden Arbeitsgruppen werden die Funktionselemente des Produkts und die Arbeitsschritte in der Produktion untersucht.

- Mögliche Fehler und deren Ursachen werden ermittelt und bewertet.

- Änderungsmaßnahmen mit Erfolgskontrollen werden festgeschrieben.

FMEA, Arten
System-FMEA, Konstruktions-FMEA, Prozess-FMEA

Gewährleistung
(aus Kaufvertrag): → Haftung für Sach- und Rechtsmangel **an der Sache selbst**; Rechte nach § 437 BGB: Nacherfüllung, Rücktritt oder Minderung, Schadenersatz oder Ersatz vergeblicher Aufwendungen; Hauptgruppen der → Produkthaftung nach dem BGB: Konstruktionsfehler, Fabrikationsfehler, Instruktionsfehler, Produktionsbeobachtungsfehler. → Mangel.

Haftung
Haftung im weiteren Sinne bedeutet die Übernahme eines Schadens durch den Schädiger. Haftung setzt in der Regel Vorsatz oder Fahrlässigkeit voraus (Ausnahme, z. B.: → Produkthaftung).

Histogramm
Hier werden einzelne Fehlerarten in Wertebereiche mit Teilintervallen oder Klassen mit definierter Einteilung sortiert und in ein Balkendiagramm eingetragen. Die Daten können als absolute, relative oder sortiert in einer Verteilungskurve dargestellt werden.

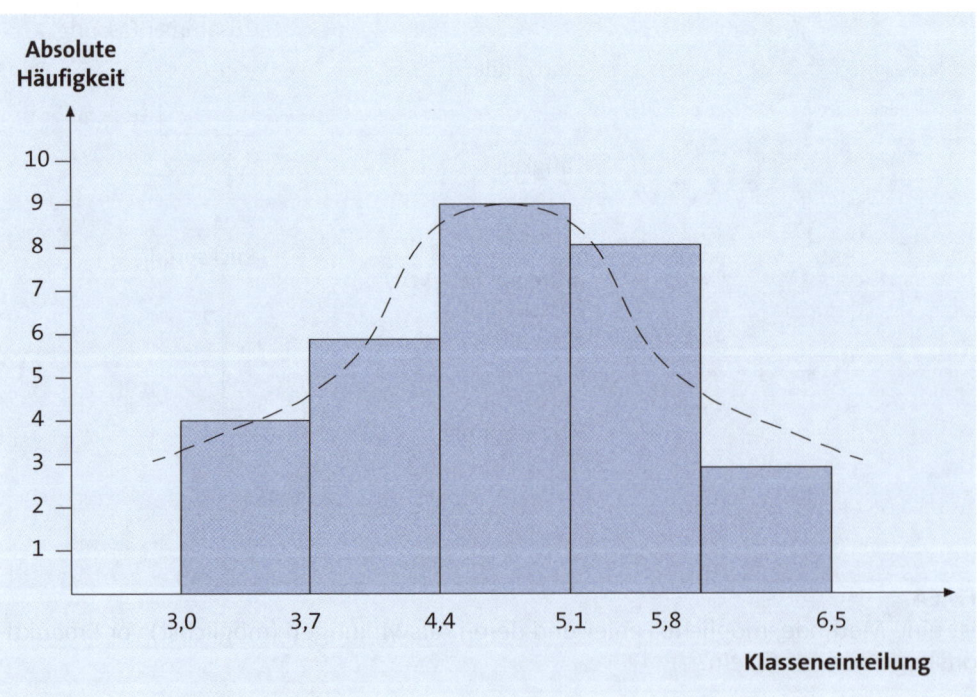

IMS (Integriertes Managementsystem)

ist die Verknüpfung von Allgemeinem Management, Qualitätsmanagement, Umweltmanagement und Arbeitssicherheitsmanagement zu einem ganzheitlichen Konzept.

Instandhaltung

(= Maintenance) sind Maßnahmen der Wartung, Inspektion und Instandsetzung.

Ishikawa-Diagramm

(= Ursache-Wirkungs-Diagramm; auch: Fischgräten-Diagramm) ist eine Methode zur
Problemanalyse. Die Ursachen (7-M-Einflussfaktoren oder auch 6-M bzw. 8-M-Ein-
flussfaktoren) werden in Bezug zu ihrer Wirkung (Problem) gebracht.

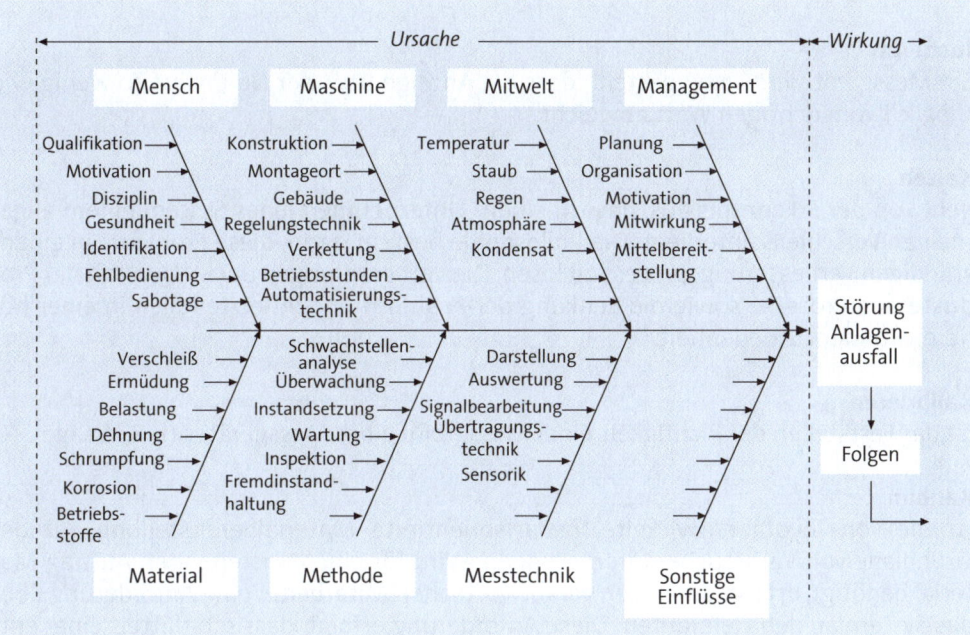

ISO
International Standardisation Organization (Sitz in Genf)

ISO/TS 16949:2009
ist ein weltweit einheitlicher technischer Standard (TS) zur Realisierung einheitlicher → QM-Systeme in der Automobilindustrie. Er basiert auf der DIN EN ISO 9001:2015.

Jishu Kanris
→ Qualitätszirkel

Just-in-Time
Zulieferung eines materiellen Zulieferprodukts unmittelbar vor dessen Einsatz.

Justieren
Ein Messgerät wird so eingestellt, dass die Anzeige bzw. der Nennwert so wenig wie möglich vom richtigen Wert abweicht.

Kaizen
geht von der Erkenntnis aus, dass in einem Unternehmen jedes System einem allgemeinen Verschleiß unterliegt. Die Philosophie besteht darin, diese Probleme in einem ständigen Verbesserungsprozess zu lösen. Die Verbesserungen der → Qualität der Produkte und Prozesse sowie die Senkung der Kosten münden letztendlich in einer höheren Kundenzufriedenheit.

Kalibrieren
ist das Feststellen der Richtigkeit einer Messgröße eines Messgerätes (z. B. Waage).

Kanban
ist die von Toyota entwickelte, bedarfsorientierte Materialbereitstellung auf der Grundlage von Verbraucheranforderungen. Wird für einen anstehenden Auftrag Material benötigt, erfolgt durch den verantwortlichen Mitarbeiter eine Anforderung über das System an den Lieferanten. Diese Anforderung erfolgt klassisch mittels einer entsprechenden Materialkarte (jap. → KANBAN) oder elektronisch über das PPS-System. Kanbans dienen also dazu, dass die benötigten Güter in der erforderlichen Menge zur richtigen Zeit produziert werden.

Kano-Modell
Nach *Kano* lassen sich Kundenforderungen an ein Produkt in drei Kategorien einteilen.:

► Grundforderungen

► Normalforderungen

► Begeisterungsforderungen.

Klassenbildung

Enthält eine Stichprobe sehr viele, zahlenmäßig verschiedene Werte, so ist die ursprüngliche Häufigkeitstabelle noch sehr unübersichtlich. Man führt daher eine Vereinfachung durch, indem man eine so genannte **Gruppierung** oder **Klassenbildung** vornimmt:

Es gilt:

Anzahl der Klassen:	$k \approx \sqrt{n}$		
Klassenbreite:	$w \approx R : k$	mit	$R = x_{max.} - x_{min.}$
Relative Häufigkeit:	$h_j = n_j : n$	und	$j = 1, 2, \ldots r$
		sowie	$\sum n_j = n$

KMU

Kleine und mittlere Unternehmen

Konformität

Erfüllung festgelegter Forderungen.

Konformitätszeichen

→ CE-Kennzeichnung

Korrelationsdiagramm

ist die grafische Darstellung von beobachteten Wertepaaren zweier statistischer Merkmale in einem kartesischen Koordinatensystem. Wenn zwischen den beiden Merkmalen kein Zusammenhang besteht, sind die Merkmalswertepaare zufällig im Diagramm verteilt. Wenn es Abhängigkeiten zwischen den beiden Merkmalen gibt, zeigen sich Muster oder Strukturen, wie beispielsweise lineare oder quadratische Zusammenhänge.

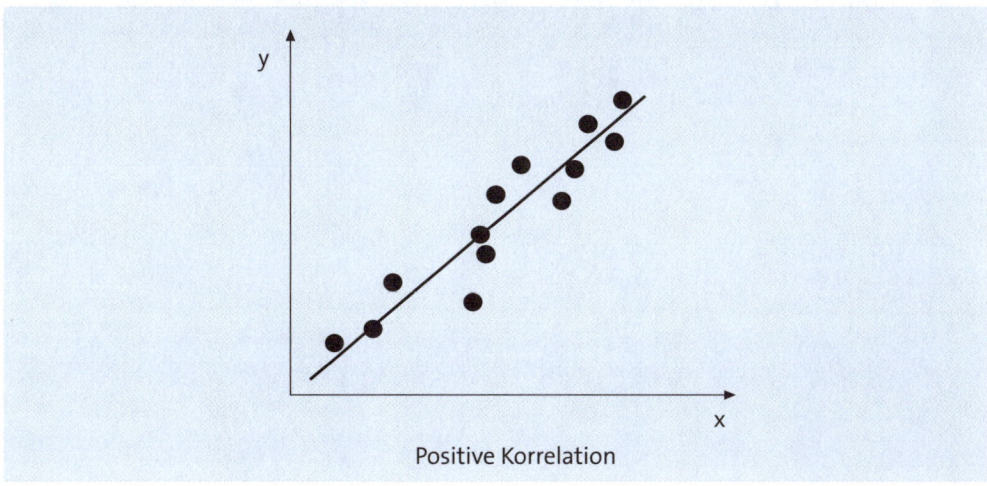

Positive Korrelation

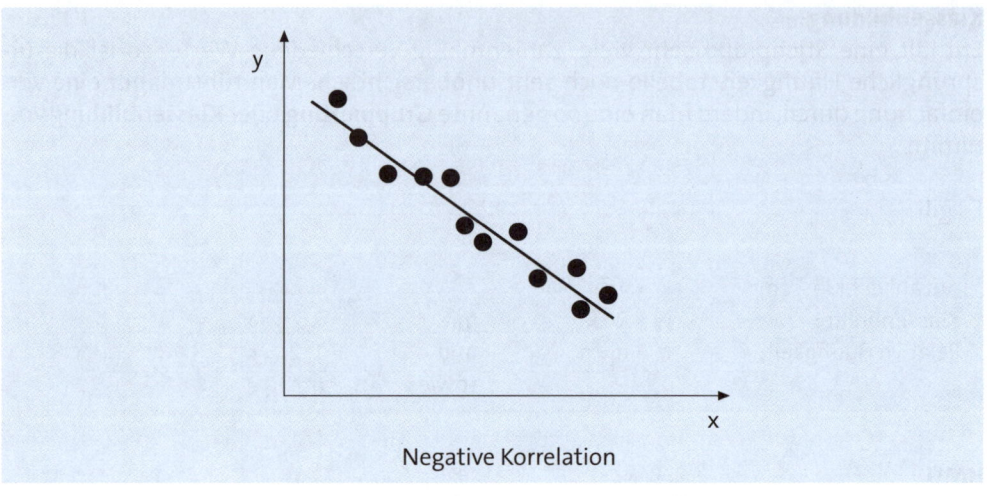

Negative Korrelation

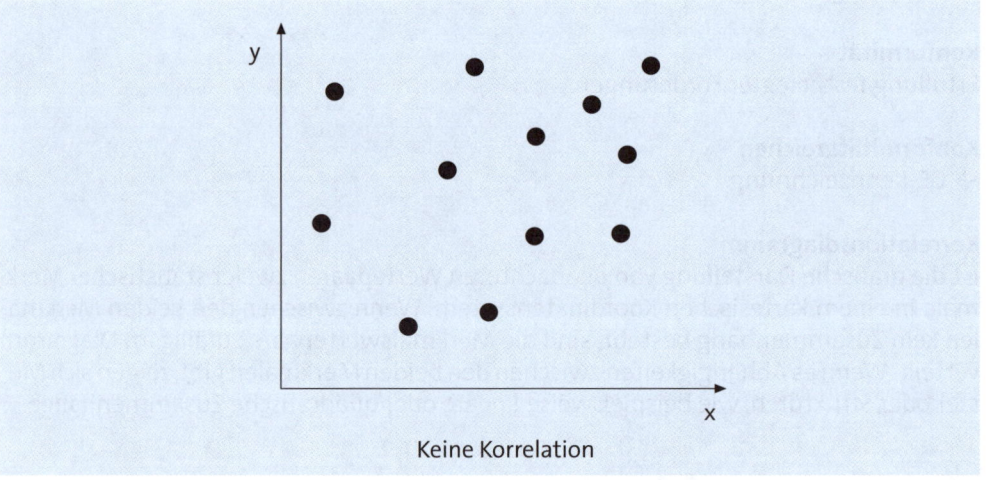

Keine Korrelation

Kräftefeldanalyse

ist eine Problemlösungsmethoden (nach *Kurt Lewin*). Er nimmt an, dass „fördernde" Faktoren zur Veränderung einer Situation führen, während „hemmende" Faktoren genau diese Bewegung blockieren. Die Kräftefeldanalyse wird weniger bei technischen Problemen als bei Problemen mit schwierigem Umfeld angewendet. Als wirkungsvollste Taktik erwies sich die Abschwächung oder Eliminierung der hemmenden Faktoren.

Die Zielsetzung ist das Identifizieren von Faktoren, die eine Problemlösung voranbringen oder behindern können (Problemlösungstechnik zur ersten Analyse von Situationen in der Gruppe).

Vorgehensweise: In Gruppenarbeit (ca. 30 bis 60 Minuten)

1. **Pro-Kräfte** benennen und dokumentieren
2. **Kontra-Kräfte** benennen und dokumentieren
3. Handlungsschritte erarbeiten und dokumentieren.

Beispiel:

Pro-Kräfte		Kontra-Kräfte	
fördern die geplante Veränderung	Grad	behindern, bremsen oder verlangsamen die geplante Veränderung	Grad
1. ...		keine Zeit	- 4
2. ...		keine Ressourcen	- 5
3. ...		...	
... ...		...	

KVP

Kontinuierlicher **V**erbesserungs**p**rozess; Übertragung des Begriffs → „Kaizen"

Lastenheft

Gesamtheit der Forderungen des Auftraggebers an die Lieferungen und Leistungen eines Auftragnehmers.

Lean-Production-Prinzip (Beispiele)

- ► Reduzierung der Qualitätsprobleme beim Kunden gegen Null
- ► Reduzierung der im Produktionsprozess auftretenden Fehler gegen Null
- ► Halbierung der Entwicklungszeiten für neue Produkte
- ► Reduzierung der Auftragsdurchlaufzeiten um die Hälfte und mehr
- ► Reduzierung der Bestände um die Hälfte und mehr
- ► Produktion kleinerer Stückzahlen bei höherer Variantenvielfalt und gleichbleibenden Kosten
- ► Reduzierung des Investitionsbedarfs in Betriebseinrichtungen, Werkzeuge, Vorrichtungen
- ► Reduzierung des Personaleinsatzes in der gesamten Prozesskette.

Lehren
werden zur Abweichungsfeststellung nach dem Gut-Schlecht-Prinzip verwendet.

Lernende Organisation
Beschreibt Unternehmen, die über eine Firmenkultur verfügen, die das ständige Lernen und die Entwicklung individueller Fähigkeiten zur flexiblen Anpassung des Mitarbeiters und des Gesamtunternehmens fördert (nach *Peter Senge*).

MAD
(Mittlere absolute Abweichung d) ist das rechnerische Mittel der absoluten Abstände der einzelnen Werte vom Mittelwert (meist wird als Mittelwert der Median M_z verwendet).

$$d = \frac{\sum |x_i - M_z|}{N}$$

Mangel
liegt vor, wenn eine bestellte Ware oder Dienstleistung nicht vereinbarungsgemäß (laut Vertrag, Werbeaussage, Gebrauchsanleitung) geliefert bzw. ausgeführt wird. Sie entspricht damit nicht den zugesicherten Qualitätsanforderungen.

Mängelarten

- ► offener → Mangel
- ► verdeckter Mangel
- ► arglistig verschwiegener Mangel

Matrixdiagramm
→ Paarweiser Vergleich

Median, M_z

Ordnet man die Werte einer Urliste der Größe nach, so ist der Median dadurch gekennzeichnet, dass 50 % der Merkmalsausprägungen kleiner/gleich und 50 % der Merkmalsausprägungen größer/gleich dem Zentralwert M_z sind. Der Median teilt also die der Größe nach geordneten Werte in zwei „gleiche Hälften".

► Bei **N = gerade** ist der Median das arithmetische Mittel der in der Mitte stehenden Werte, z. B.: Messwerte: z. B.: 3, 4, **5**, **7**, 9, 12; → Median = (5 + 7) : 2 = 6

► Bei **N = ungerade** ist der Median der in der Mitte stehende Wert der geordneten Urliste, z. B.: Messwerte: 3, 4, **5**, 7, 9; → Median = 5

Messmittel

werden zur Feststellung des genauen Ist-Ergebnisses eingesetzt.

Messsystemanalyse

Bewertung der Messfähigkeit und Messunsicherheit von Messsystemen unter Anwendungsbedingungen.

Metaplan-Methode

ist eine Methode, bei der Notizen, Ideen, Hinweise und Fragen mit Zetteln auf einer Pinnwand angebracht werden.

MFU (Maschinenfähigkeitsuntersuchung)

Untersuchung eines Arbeitsmittels auf seine Prozessfähigkeit. Wird auch häufig als „Kurzzeitfähigkeit" betrachtet.

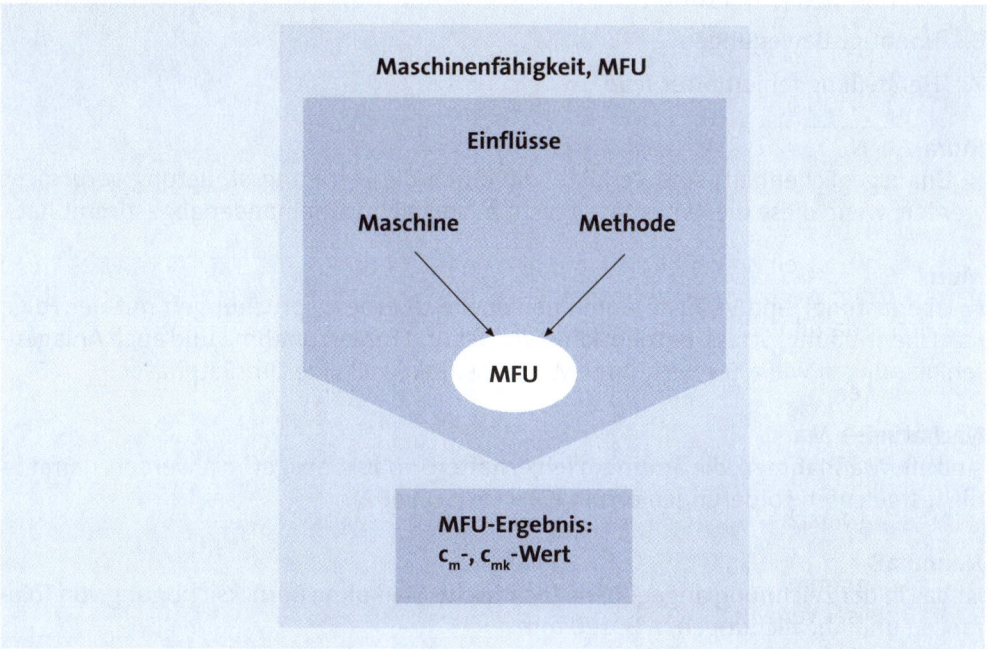

Middle Third
= Prozessverlauf in der → QRK: 15 oder mehr Werte liegen in Folge innerhalb ± s (im mittleren Drittel); auch: Middle Third ist der Bereich, dessen Grenzen eine Standardabweichung vom Mittelwert entfernt sind.

Mittelwerte
μ = Mittelwert der Grundgesamtheit
$\bar{x}$ = Mittelwert der Stichprobe

= Summe der Werte dividiert durch Anzahl der Werte

$$\mu = \bar{x} = \frac{x_1 + x_2 + x_3 + x_4 + x_5}{5}$$

$$= \frac{3 + 8 + 9 + 10 + 12}{5} = 8{,}4$$

Muda
(= Verschwendung) ist die höchste Verlustquelle; man unterscheidet sieben Muda:

1. Überproduktion

2. Wartezeit

3. überflüssiger Transport

4. ungünstiger Herstellungsprozess

5. überhöhte Lagerhaltung

6. unnötige Bewegungen

7. Herstellung fehlerhafter Teile.

Mura
(= Unausgeglichenheit) sind Verluste, die durch die Fertigungssteuerung verursacht werden, wenn diese die Kapazitäten nicht ausreichend aufeinander abgestimmt hat.

Muri
(= Überlastung) sind Verluste durch personelle Überbeanspruchungen mit der Folge von Übermüdung, Stress, Betriebsklimaverlust und Fehlerzunahme und auch Anlagenfehlplanungen wie z. B. überhöhter Maschinentakt, zu kurze Umrüstphasen.

Nacharbeit
sind alle Maßnahmen, die an einem fehlerhaften Produkt ausgeführt werden, damit es die festgelegten Forderungen erfüllt (DIN EN ISO 8402).

Nennmaß
ist das in der Zeichnung angegebene technische Maß ohne Berücksichtigung von Toleranzen und Abweichungen, z. B. 120 mm.

NIO-Teile
Nicht-**i**n-**O**rdnung-Teile

Norm
ist ein Dokument, das mit Konsens erstellt und von einer anerkannten Stelle angenommen wurde und für das die allgemeine und wiederkehrende Anwendung Regeln, Leitlinien oder Merkmale für Tätigkeiten oder deren Ergebnisse festgelegt hat, wobei ein optimaler Ordnungsgrad in einem gegebenen Zusammenhang angestrebt wird.

Paarweiser Vergleich
(auch: → Matrixdiagramm, Paarvergleich) Hier lassen sich z. B. Merkmale/Eigenschaften eines Produkts aus Kunden- bzw. Herstellersicht bewerten. Man geht dabei in folgenden Schritten vor:

1. Zunächst werden die relevanten Merkmale gesammelt. Dabei sind viele Kunden/ Mitarbeiter gefragt. Die relevanten Merkmale werden senkrecht und in gleicher Reihenfolge in einer Matrix eingetragen.

2. Es werden Zahlenwerte bei dem Paarvergleich in die Matrix eingetragen:

   0 = weniger (wenn das Merkmal in der Spalte eine geringere Priorität hat als in der Zeile)

   1 = gleichgewichtig (wenn Zeile und Spalte das gleiche Gewicht haben)

   2 = wichtiger (wenn das Merkmal in der Spalte ein höheres Gewicht hat als in der Zeile)

Der Paarvergleich ist also ein Rangreihenverfahren. Es eignet sich damit insbesondere als entscheidungstheoretisches Werkzeug. Die Entscheidung über die Zahlenwerte ist subjektiv – in Abhängigkeit von den Beteiligten. Die Diagonale von links oben nach rechts unten (= Schnittpunkt je Merkmale der Senkrechten mit der Waagerechten) werden mit „X" oder „Raster" gekennzeichnet; sie haben logischerweise keinen Wert.

Beispiel:

	Preis	Qualität	Haltbarkeit	Ergonomie	Design	Σ
Preis		1	0	2	0	3
Qualität	1		0	2	1	4
Haltbarkeit	2	2		2	0	6
Ergonomie	0	0	0		0	0
Design	2	1	2	2		7
Summe	5	4	2	8	1	20

vgl. → Ergonomie; → Qualität

Pareto
ist eine einfache Methode, um mit minimalem Aufwand wesentliche Einflussgrößen oder → Fehler von unwesentlichen zu unterscheiden. Fehlerschwerpunkte werden übersichtlich dargestellt und Abarbeitungsprioritäten festgelegt. Der Einsatz qualitätssichernder Maßnahmen erfolgt in der Praxis oft nicht zuerst dort, wo die meisten Fehler auftreten, sondern wo die höchsten Kosten entstehen.

PDCA-Zyklus (nach → *Deming*)

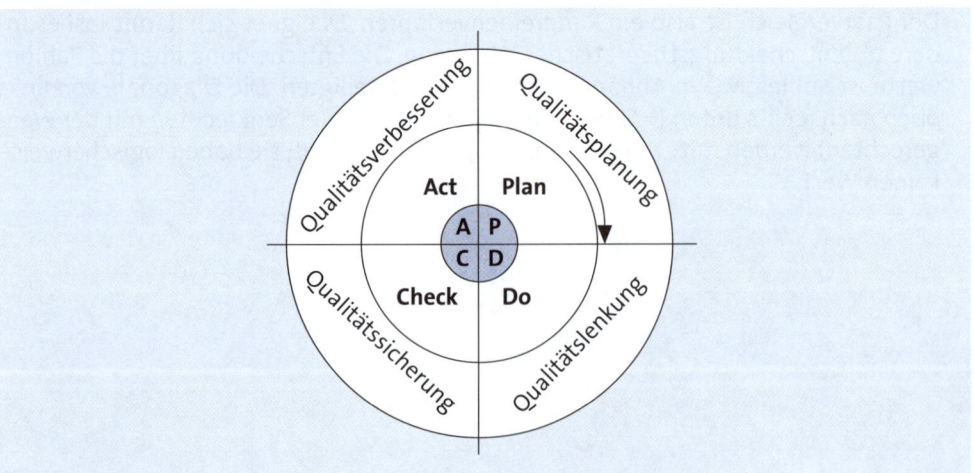

Die deutsche Version des PDCA-Zyklus lautet PTCA-Kreis (Planen, Tun, Checken, Aktion).

Pflichtenheft
ist ein vom Auftragnehmer erarbeitetes Realisierungsvorhaben aufgrund der Umsetzung des → Lastenheftes.

PFU

(= **P**rozess**f**ähigkeits**u**ntersuchung); Untersuchung der Fähigkeit eines Prozesses hinsichtlich seiner Stabilität bei der Erfüllung der Anforderungen.

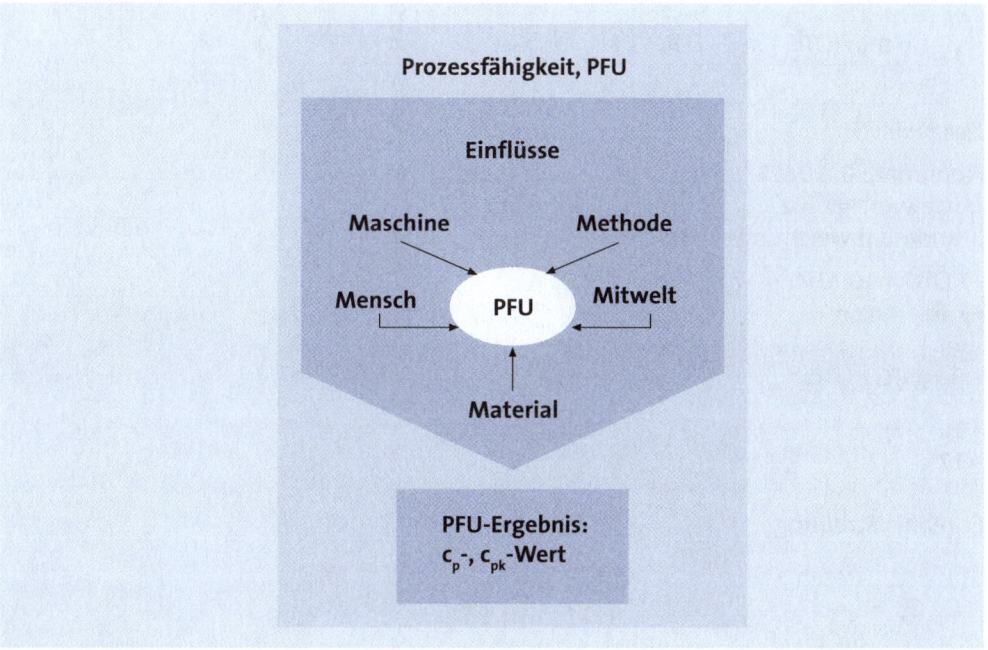

Poka-Yoke

(Poka = unbeabsichtigter → Fehler; Yoke = Verhinderung) ist eine integrierte Maßnahme, um einen Fehler nicht auftreten zu lassen.

Produkthaftung

Wird durch den → Fehler eines Produkts jemand getötet, sein Körper oder seine Gesundheit verletzt oder eine Sache beschädigt, so ist der Hersteller des Produkts verpflichtet, dem Geschädigten den daraus entstehenden Schaden zu ersetzen (§ 1 Abs. 1 ProdHaftG).

Prozessfähigkeit

- nach der **Streuung**: C_p, C_m erfüllt bei $C_p \geq 1{,}33$ und $C_m \geq 2{,}00$
- nach der **Lage**: C_{pk}, C_{mk} erfüllt bei $C_{pk} \geq 1{,}33$ und $C_{mk} \geq 1{,}67$

Z_{krit} ist der kleinste Abstand vom Mittelwert zur Toleranzgrenze; es ist der kleinere Wert von Z_{krit} zu verwenden.

$$C_p,\, C_m = \frac{\text{Toleranz}}{6\,s} = \frac{\text{OTG - UTG}}{6\,s}$$

$$C_{pk}, C_{mk} = \frac{Z_{krit}}{3s}$$

$$Z_{krit} = \min(OTG - \bar{x}; \bar{x} - UTG)$$

Beispiel:

Nennmaß: 0; 10/- 7
Mittelwert = $\bar{x}$ = 2
Standardabweichung s = 3

$\rightarrow$ OTG = 10; UTG = - 7
$\rightarrow$ Toleranz =

$$T = OTG - UTG$$

= 10 - (-7)
= 17

Ergebnis **Streuung**:

$$C_p, C_m = \frac{T}{6s}$$

$= \dfrac{17}{6 \cdot 3}$

= 0,94

nicht prozessfähig, da kleiner als 1,33

Ergebnis **Lage**:

$$C_{pk}, C_{mk} = \frac{OTG - \bar{x}}{3s}$$

$= \dfrac{10 - 2}{3 \cdot 3}$

= 0,89

nicht prozessfähig, da kleiner als 1,33

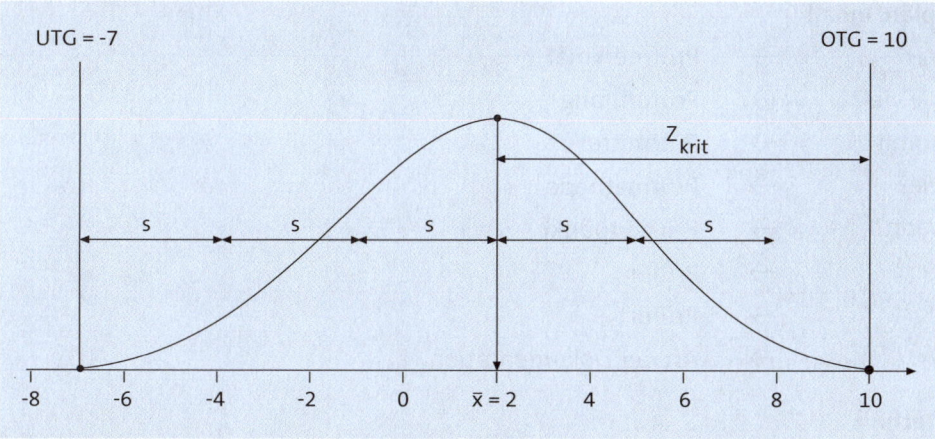

Prüfanweisung

Anweisung für die Durchführung einer → Qualitätsprüfung; → Prüfung

Prüfauftrag

ist ein für den konkreten Einzelfall erstellter Auftrag, um eine → Qualitätsprüfung durchzuführen.

Prüfmittel

dienen zur Beurteilung oder zum Vergleich von Qualitätsergebnissen innerhalb vorgegebener Toleranzbereiche, ohne deren genauen Wert zu ermitteln; → Toleranz.

Prüfmittelverwaltung, Aufgaben

- ► Beschaffung
- ► Erfassung
- ► Freigabe
- ► Lagerung
- ► Überwachung
- ► Aussonderung.

Prüfplan, Inhalt

- Was? → Prüfmerkmal
- Wie viel? → Prüfumfang
- Womit? → Prüfmittel
- Wie? → Prüfmethode
- Wann? → Prüfzeitpunkt
- Wer? → Prüfer
- Wo? → Prüfort
- Wie? → Art der Dokumentation

Prüftechnik

ist die Gesamtheit der zur → Qualitätsprüfung erforderlichen technischen Ausrüstung, einschließlich zugehöriger Software. Die ISO 9001:2015 definiert diese Ausrüstung als „Überwachungs- und → Messmittel" zur „Verwirklichung von Überwachungen und Messungen"; → Prüfung.

Prüftechnik, Arten

→ Prüfmittel
→ Prüfverfahren
→ Lehren
→ Messmittel.

Prüfung

ist eine Tätigkeit wie Messen, Untersuchen, Ausmessen bei einem oder mehreren Merkmalen einer → Einheit sowie Vergleichen der Ergebnisse mit festgelegten Forderungen, um festzustellen, ob die → Konformität für jedes Merkmal erzielt wurde.

PVI

Planmäßige, **v**orbeugende → **I**nstandhaltung; zählt zu den vorbeugenden Maßnahmen mit einem wesentlichen Einfluss auf die → Qualitätssicherung und -verbesserung. Sie ist Bestandteil des → Qualitätsmanagements und in den Regelkreis der → Qualitätslenkung integriert.

Q7

(= klassische Qualitätswerkzeuge):

- → PDCA-Zyklus (nach → *Deming*)
- Methode der 7-W-Fragen: Warum – Was – Wie – Wie viel - Womit – Wann – Wer
- → Fehlersammelkarte
- Darstellung der Auswertungsergebnisse (z. B. → Histogramm, Kurven, Ablaufpläne)
- → Pareto-Analyse
- → Ishikawa-Diagramm
- → Qualitätsregelkarten (→ QRK).

Qualität (Begriff)

Die DIN ISO 8402 definiert die Qualität als *„realisierte Beschaffenheit einer Einheit bezüglich der Einzelanforderungen an diese".*

QC
Quality **C**ontrol

QFD
(= **Q**uality **F**unction **D**eployment) ist eine in Japan entwickelte Qualitätsmethode zur Ermittlung der Kundenanforderungen und deren direkten Umsetzung in die notwendigen technischen Lösungen. QFD ist ein wichtiger Bestandteil der vorbeugenden → Qualitätssicherung. QFD ist keine Qualitätssicherungsmethode im herkömmlichen Sinne, sondern eine kundenorientierte Produktplanungsmethode.

QM-Dokumentations-Pyramide

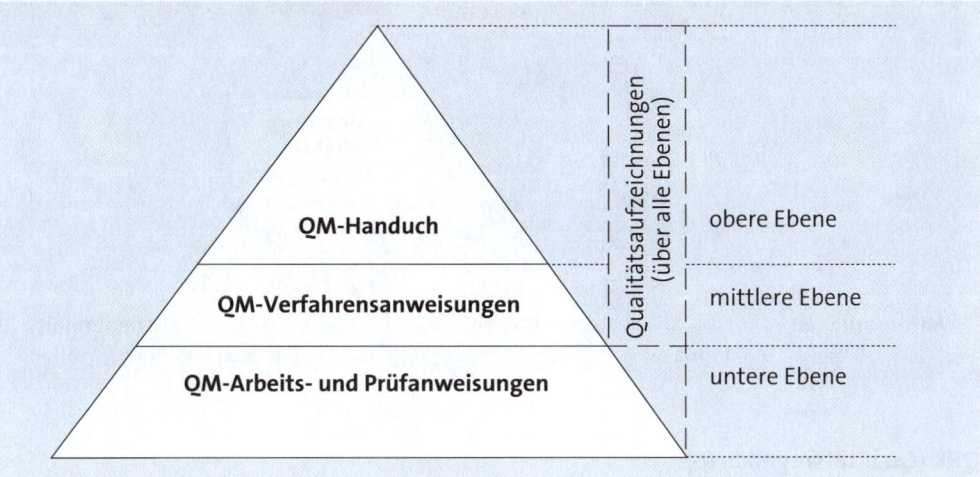

QM-Dokumente

► QM-Handbuch

► Verfahrensanweisung

► Arbeits- und Prüfanweisung

► Qualitätsaufzeichnungen

vgl. → Aufbewahrung von Dokumenten.

QM, Funktionen

► Qualitätsplanung

► Qualitätsprüfung

► Qualitätslenkung

- Qualitätssicherung
- Qualitätsverbesserung.

QMS

(= **Q**ualitäts**m**anagement**s**ystem); stellt sicher, dass die → Qualität der Prozesse und Verfahren geprüft und kontinuierlich verbessert wird. Ziel eines QMS ist die dauerhafte Verbesserung der Prozesse innerhalb des Unternehmens.

QMS, Prozessmodell (nach DIN EN ISO 9001)

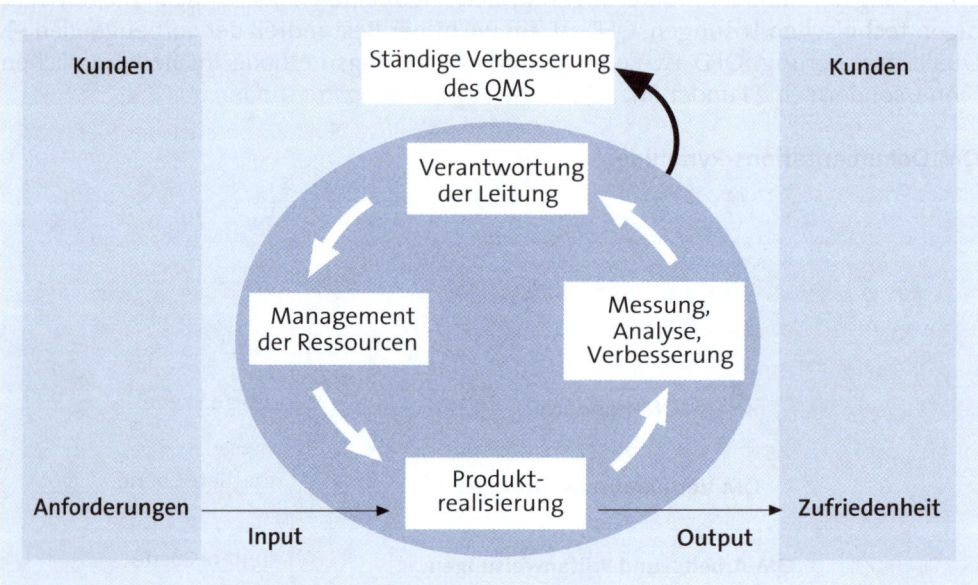

QRK (Qualitätsregelkarte)

(auch: Kontrollkarten bzw. kurz: Regelkarten; auch: „Statistische Prozessregelung") werden in der industriellen Fertigung dafür benutzt, die Ergebnisse aufeinander folgender Prüfstichproben festzuhalten. Durch die Verwendung von Kontrollkarten lassen sich Veränderungen des Qualitätsstandards im Zeitablauf beobachten; z. B. kann frühzeitig erkannt werden, ob → Toleranzen bestimmte Grenzwerte über- oder unterschreiten. Es gibt eine Vielzahl unterschiedlicher Qualitätsregelkarten (je nach Prüfmerkmal, Qualitätsanforderung und Messtechnik).

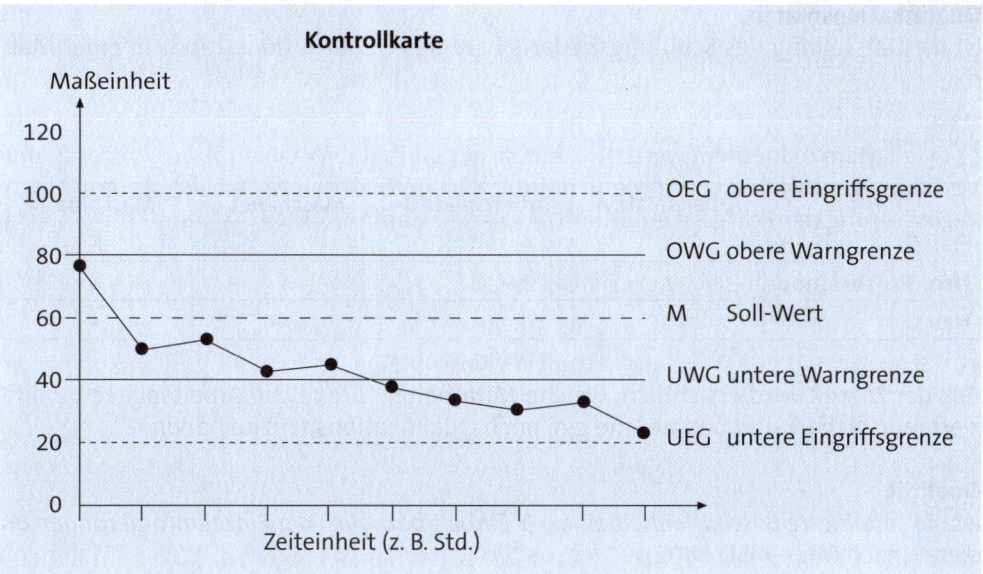

Kontrollkarte

Häufige Arten der → QRK:

- x̄-R-Karte (Mittelwert und Spannweite)
- x̄-s-Karte (Mittelwert und Standardabweichung).

QS
→ **Q**ualitäts**s**icherung

QS 9000
Qualitätsstandard der amerikanischen und europäischen Automobilindustrie; ist eine spezielle Anpassung der DIN EN ISO 9001 an die Forderungen der Autoindustrie mit den Schwerpunkten:

- ständige Verbesserung
- gläserner Lieferant
- Produktionsteilabnahmeverfahren.

Die QS 9000 ist umfassender und strenger als die DIN EN ISO 9001.

Qualifikationsmatrix
ist die Darstellung des Schulungsbedarfs bzw. des Qualifikationsstands in einer Matrix.

Beispiel:

	Arbeitsplatz A	Arbeitsplatz B	Maschine 1	Maschine 2
Frau C	X	X		X
Herr A	X	X	X	X
Herr G			X	X

Aus der Matrix wird ersichtlich, welche Mitarbeiter für welche Arbeitsplätze qualifiziert (einsetzbar) sind und welche ggf. noch Qualifikationsdefizite haben.

Qualität
ist die *„realisierte Beschaffenheit einer → Einheit bezüglich der Einzelanforderungen an diese"* (nach DIN → ISO 8402).

$$\text{Qualität}_{\text{Einheit}} = \frac{\text{Realisierte Beschaffenheit}}{\text{Qualitätsforderung}} \cdot 100$$

Qualitätsbezogene Kosten
Kosten der Gesamtheit des → Qualitätsmanagements.

Qualitätsfähigkeit
ist die Eignung einer Organisation oder ihrer Elemente zur Realisierung einer → Einheit, die → Qualitätsforderung an diese Einheit zu erfüllen.

Qualitätsförderung
Verbessern der → Qualitätsfähigkeit.

Qualitätsforderung
ist die Gesamtheit der betrachteten Einzelforderungen an die Beschaffenheit einer → Einheit in der betrachteten Konkretisierungsstufe der Einzelforderungen.

Qualitätskosten, Arten

- Fehlerverhütungskosten
- Prüfkosten
- → Fehlerkosten
- Darlegungskosten
- Fehlerfolgekosten.

Qualitätskosten, Struktur

- ▸ zeitliche Zusammenfassung (definierter Zeitraum, z. B. Woche, Monat)
- ▸ zeitliche Entwicklung (z. B. Monatsvergleich, Quartalsvergleich)
- ▸ Zusammenfassung nach Struktureinheiten (z. B. Geschäftsbereiche, Abteilungen)
- ▸ Schwerpunktbetrachtung (z. B. Anlieferqualität, → Nacharbeit).

Qualitätskreis
(nach *W. Masig*) ist in folgende Abschnitte eingeteilt:

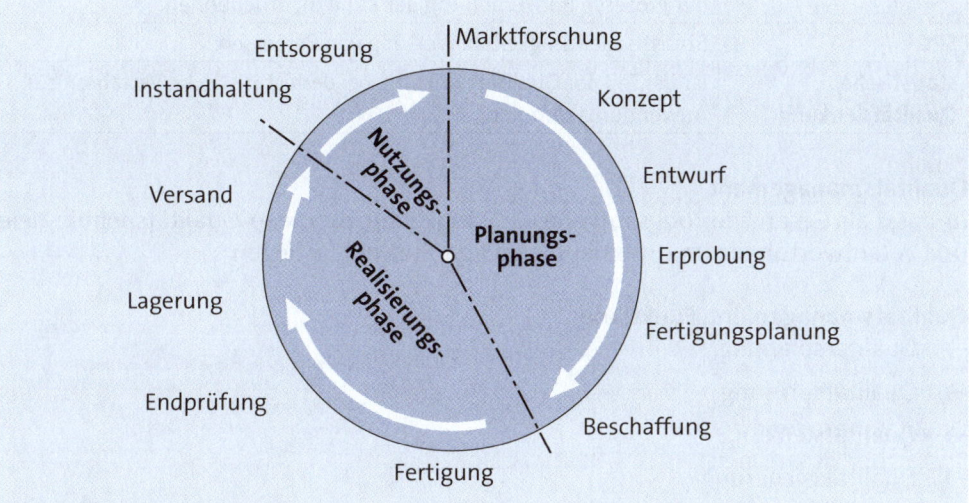

Die Anordnung zeigt das Ineinandergreifen der Funktionen – nicht den zeitlichen Ablauf.

Qualitätslenkung
ist die Überwachung und Korrektur eines Produkts oder einer Dienstleistung mit dem Ziel, die → Qualitätsforderung zu erfüllen.

Zentrale Begriffe der Qualitätslenkung sind:

Begriff	Erläuterung
Dokumenten-lenkung	Regelung des Umganges und der Verwaltung von Qualitätsdokumenten.
qualitätsbezogene Kosten	Kosten der Gesamtheit des Qualitätsmanagements.
Qualitätssicherung	„Teil des Qualitätsmanagements, der auf das Erzeugen von Vertrauen darauf gerichtet ist, dass Qualitätsanforderungen erfüllt werden." (ISO 9000:2005).

Begriff	Erläuterung
Qualitätsüber- wachung	Ständige Überwachung und Verifizierung (Bestätigung durch Nach- weisführung) sowie die Analyse von Qualitätsaufzeichnungen zur Sicherstellung der Erfüllung der festgelegten Qualitätsanforde- rungen.
Qualitätsver- besserung	Vorbeugende, überwachende und korrigierende Maßnahmen zur Er- höhung der Qualität von Produkten und Prozessen.
Reklamations- management	Der geordnete Umgang mit Reklamationen (interne, Lieferanten- und Kundenreklamationen) mit Optimierung bereichsübergreifen- der Prozesse und Erhöhung der Kundenzufriedenheit.
SPC	Statistische Fähigkeitsbewertung von Prozessen.
statistische Qualitätslenkung	Ist der Teil der Qualitätslenkung, bei dem statistische Verfahren zur Anwendung kommen.

Qualitätsmanagement
umfasst als Gesamtführungsaufgabe alle Tätigkeiten, die die → Qualitätspolitik, Ziele und Verantwortungen im Unternehmen (Organisation) festlegen.

Qualitätsmanagement, Funktionen

→ Qualitätsplanung

→ Qualitätsprüfung

→ Qualitätslenkung

→ Qualitätssicherung

→ Qualitätsverbesserung.

Qualitätsmanagement, Grundsätze

▸ Kundenorientierung

▸ Führung

▸ Einbeziehung der Menschen

▸ prozessorientierter Ansatz

▸ systemorientierter Managementansatz

▸ ständige Verbesserung

▸ sachbezogener Ansatz zur Entscheidungsfindung

▸ Lieferantenbeziehungen zum gegenseitigen Nutzen.

Qualitätsmanagementhandbuch
ist als Führungs- und Dokumentationsinstrument die dokumentarische Grundlage des → QM-Systems.

Qualitätsmanagement-Modelle

► → DIN EN ISO 9000 ff.:
Das normenbasierte Zertifizierungsmodell legt Mindeststandards fest. Leitfaden für den Aufbau eines prozessorientierten Qualitätsmanagementsystems; Möglichkeit der → Zertifizierung; → Norm.

► → TQM:
Ist ein ganzheitliches Modell ohne Minimalforderungen. → Qualität steht im Mittelpunkt und alle Unternehmensbereiche werden einbezogen.

► → EFQM-Modell:
Es ist ein Bewertungsmodell für den Entwicklungsstand eines Unternehmens und basiert auf dem Konzept des → TQM.

Qualitätsmerkmal
ist die Eigenschaft einer → Einheit, auf deren Grundlage die → Qualität dieser Einheit beurteilt werden kann.

Qualitätsplanung
ist die grundlegende Festlegung der qualitativen Produkteigenschaften durch Spezifizierung der → Qualitätsmerkmale und deren Realisierungsprozesse.

Qualitätspolitik
= Absichten und Zielsetzungen einer Organisation zur → Qualität.

Qualitätspreise
Preise für die Förderung der → Qualität an Organisationen, die häufig durch ihre Namensgebung an Persönlichkeiten erinnern (z. B. der → Deming Award).

Qualitätsprüfung
ist die Feststellung, inwieweit ein Produkt oder eine Dienstleistung die → Qualitätsforderungen erfüllt. Für die Qualitätsprüfung gilt der oberste Grundsatz:

→ Qualität wird nicht erprüft sondern hergestellt.

Qualitätsprüfung, Arten

► nach der Technik:
  - vergleichende (attributive) Prüfung
  - messende Prüfung
► nach dem Zeitpunkt:
  - Eingangsprüfung
  - Zwischenprüfung
  - → Endprüfung.

Qualitätsregelkreis
ist ein Prozessablauf zur Feststellung von Anforderungsabweichungen und Einleitung von Regulierungsmaßnahmen für eine → Einheit:

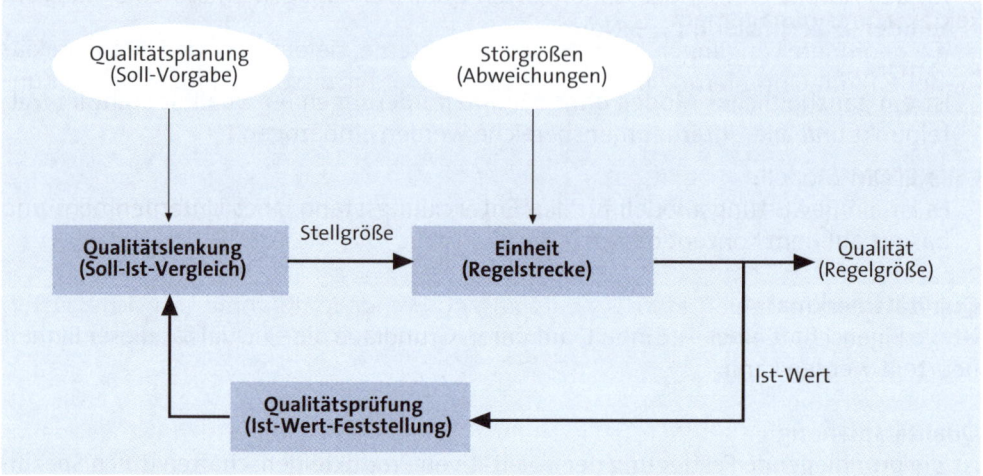

Qualitätssicherung
sind umgangssprachlich alle Maßnahmen, um eine dauerhafte Erfüllung der → Qualitätsforderungen einer → Einheit zu erzielen. *„Teil des Qualitätsmanagements, der auf das Erzeugen von Vertrauen darauf gerichtet ist, dass Qualitätsanforderungen erfüllt werden."* (→ DIN EN ISO 9000:2015).

Qualitätssteigerung
ist das Verschärfen und/oder Ausweiten einer → Qualitätsforderung durch Verschärfen und/oder Hinzufügen von Einzelforderungen.

Qualitätstechnik
ist die Anwendung wissenschaftlicher und technischer Kenntnisse sowie von Führungstechniken für das Qualitätsmanagement.

Qualitätsüberwachung
ständige Überwachung und → Verifizierung (Bestätigung durch Nachweisführung) sowie die Analyse von Qualitätsaufzeichnungen zur Sicherstellung der Erfüllung der festgelegten Qualitätsanforderungen.

Qualitätsverbesserung
umfasst alle Maßnahmen zur Steigerung von Effektivität und Effizienz in Tätigkeiten und Prozessen.

Qualitätszirkel
(= jap.: → Jishu Kanris) sind innerbetriebliche Arbeitskreise Sie sollen das Ideen- und Wissenspotenzial, die Erfahrung und die Verantwortungsbereitschaft der Mitarbeiter aktivieren. Dadurch lässt sich die → Qualität der Produkte und Dienstleistungen verbessern.

Reklamation
ist die Geltendmachung sog. Mängelgewährleistungsrechte (ein Kaufgegenstand hat einen Mangel).

Reklamationsmanagement
ist der geordnete Umgang mit Reklamationen (interne, Lieferanten- und Kundenreklamationen) mit Optimierung bereichsübergreifender Prozesse und Erhöhung der Kundenzufriedenheit.

Reliabilität
(= Zuverlässigkeit); Gütekriterium, das die Genauigkeit eines Messverfahrens angibt.

Reparatur
ist jede an einem fehlerhaften Produkt auszuführende Maßnahme, um sicherzustellen, dass dieses die Forderungen für den beabsichtigten Gebrauch erfüllen wird.

Risikobewertung
einer → FMEA: Jedes Produkt und jeder Prozess besitzt ein Grundrisiko. Die Risikoanalyse einer FMEA quantifiziert das Fehlerrisiko in Verbindung mit den Fehlerursachen und den Fehlerfolgen. Die Höhe des Risikos wird durch die **R**isiko-**P**rioritäts-**Z**ahl (→ RPZ) dargestellt.

Die Bewertung erfolgt anhand von drei Kenngrößen:

- die Wahrscheinlichkeit des Auftretens eines → Fehlers (**A**uftreten A) mit seiner Ursache
- die Bedeutung der Fehlerfolge für den Kunden (**B**edeutung B)
- die Entdeckungswahrscheinlichkeit (**E**ntdeckung E) der analysierten Fehler und deren Ursachen durch Prüfmaßnahmen.

Bewertet werden diese Kenngrößen mit Zahlen zwischen 1 und 10. Ausgehend von der Bewertungssystematik liegt das niedrigste Risiko bei → RPZ = 1 und das höchste Risiko bei RPZ = 1.000. Je größer der RPZ-Wert ist, desto höher ist das mit der Konstruktion oder dem Herstellungsprozess verbundene Risiko, ein fehlerhaftes Produkt zu erhalten.

RPZ
Die **R**isiko**p**rioritäts**z**ahl ergibt sich als Multiplikation der Bewertungsfaktoren B, A, E:

RPZ = Bedeutung • Auftretenswahrscheinlichkeit • Entdeckungswahrscheinlichkeit

= 10 • 10 • 10 = 1.000 (Maximalwert)

vgl. auch: → Risikobewertung, → FMEA

Rückverfolgbarkeit
ist die Möglichkeit, Werdegang, Verwendung oder Ort einer → Einheit anhand aufgezeichneter Kennzeichnungen verfolgen zu können.

Run
Prozessverlauf in der → QRK: Mehr als sechs Werte liegen in Folge über/unter dem Mittelwert.

Selbstprüfung
ist die Prüfung der Arbeit durch den ausführenden Mitarbeiter nach festgelegten Regeln.

Six Sigma
statistische Methode der Feststellung des Null-Fehler-Status. Dabei bedeutet 6 Sigma 3,4 Ausfälle bei einer Million Möglichkeiten (3,4 ppm) oder einen Qualitätsgrad von 99,9997 %. Wird auch als allgemeine „Qualitätsphilosophie" und Bewertungsmethodik angewandt.

Spannweite, R (= Range)
= Differenz zwischen dem größten und dem kleinsten Wert

$$R = x_{max} - x_{min}$$

z. B.: Messwerte: 3, 4, 5, 7, 9;

→ Spannweite = 9 - 3 = 6

SPC
(= engl.: **S**tatistical **P**rocess **C**ontrol; dt.: Statistische Prozesskontrolle); Statistische Fähigkeitsbewertung von Prozessen; die SPC liefert die Basisdaten zur Erkennung von Schwachstellen und damit die Voraussetzung zur ständigen Verbesserung der jeweiligen Prozesse: Bewertung der Prozessstabilität über die Zeit mittels → Qualitätsregelkarten.

Kernelemente der SPC:

► Qualitätsregelkarten (→ QRK)

► Warngrenzen (UWG, OWG): erhöhte Aufmerksamkeit

► Eingriffgrenzen (UEG, OEG): Maßnahmen der Korrektur.

Standardabweichung
= ist das Maß für die Streuung der Einzelwerte um den Mittelwert.

σ = Standardabweichung der Grundgesamtheit
s = Standardabweichung der Stichprobe

Streubereich links und rechts vom Mittelwert	Anzahl der Werte, die in diesem Streubereich liegen
s = 3,36	68,26 %
2 s = 6,72	95,44 %
3 s = 10,08	99,73 %
4 s = 13,44	99,99 %

$$\sigma = \sqrt{\frac{\sum (x_i - \mu)^2}{N}}$$

$$s = \sqrt{\frac{\sum (x_i - \overline{x})^2}{n - 1}}$$

Arbeitstabelle:

i	x_i	$\overline{x}$	$x_i - \overline{x}$	$(x_i - \overline{x})^2$
1	3	8,4	- 5,4	29,16
2	8	8,4	- 0,4	0,16
3	9	8,4	0,6	0,36
4	10	8,4	1,6	2,56
5	12	8,4	3,6	12,96
		$\sum$ =		45,20
		s^2 =		45,20 : (5 - 1) = 11,3
		s =		$\sqrt{11,3}$ = 3,36

Statistische Qualitätslenkung
ist der Teil der → Qualitätslenkung, bei dem statistische Verfahren zur Anwendung kommen.

Statistische Qualitätsprüfung
ermöglicht auf der Grundlage der – durch die Prüfverfahren ermittelten – Daten die gewichtete Aussage über Abweichungen von → Qualitätsmerkmalen, deren Häufigkeiten und Auftretenswahrscheinlichkeiten. Mit der statistischen Qualitätsprüfung lässt sich anhand einer Stichprobe die Fehlerwahrscheinlichkeit in einer Gesamtmenge (Grundgesamtheit) bestimmen.

Stichprobenprüfung
Ermittlung der Fehleranteile einer Grundgesamtheit durch Untersuchung einer repräsentativen Stichprobe.

Störgrößen (6-M-Störgrößen)

- Material

- Mensch

- Organisation

- Mitwelt

- Arbeitsmittel (Maschine)

- Methode.

Strichliste

Hier werden die Ergebnisse einer Prüfstichprobe auf einem Auswertungsblatt festgehalten: Dazu bildet man Messwertklassen und trägt pro Klasse ein, wie häufig ein bestimmter Messwert beobachtet wurde. Die Anzahl der Klassen sollte in der Regel zwischen 5 und 20 liegen; die Klassenbreite ist in der Regel gleich groß zu wählen.

Klassen	Strichliste	absolute Häufigkeit
3,0 bis unter 3,7	||||	4
3,7 bis unter 4,4	||||| |	6
4,4 bis unter 5,1	||||| ||||	9
5,1 bis unter 5,8	||||| |||	8
5,8 bis unter 6,5	|||	3
$\sum$		30

Supervision

Überwachung eines Prozesses

Taguchi-Methode

ist eine Methode zur statistischen Versuchsplanung, deren hauptsächlicher Einsatzbereich vor allem die Entwicklung ist. Die Strategie dieser Versuchsmethodik zielt darauf ab, Erkenntnisse zu gewinnen, welche Einflussfaktoren mit welcher Stärke auf den Prozess einwirken. Er ist (kostenneutral) auf die kleinstmögliche Streuung der Merkmalswerte auszurichten und die dazu erforderlichen Versuche sind auf eine effektive Anzahl zu reduzieren. Das Ziel liegt in robusten Prozessen mit geringer Anfälligkeit gegenüber → Störgrößen.

Target Costing

Beim Target Costing (Zielkostenrechnung) wird für ein geplantes Produkt der auf dem Markt zu realisierende Preis ermittelt (Schätzung bzw. Marktstudien). Die Fragestellung lautet also nicht „Was kostet das Produkt?" sondern „Was darf das Produkt kosten?" Von der Zielgröße (Marktpreis • Planmenge) wird der gesamte Aufwand subtrahiert. Der traditionelle Bottom-up-Ansatz wird zu einem Top-down-Vorgehen umgekehrt: Forschung und Entwicklung, Fertigung und Vertrieb müssen sich an der Preisbereitschaft der Kunden orientieren. Damit werden die maximal zulässigen Fertigungskosten aus dem möglichen Marktpreis retrograd ermittelt.

Beispiel

Möglicher Marktpreis pro Stück			200 €
Planabsatz			500 Stück
Zielkostenermittlung			
	Planumsatz		100.000 €
-	Mindestgewinn	15 %	-15.000 €
=	Zwischensumme		85.000 €
-	Vertriebskosten		-10.000 €
-	Verwaltungskosten		-9.600 €
=	Zwischensumme		65.400 €
-	Konstruktion		-20.000 €
-	Arbeitsvorbereitung		-4.000 €
-	Werkzeuge		-10.000 €
=	Zwischensumme		31.400 €
-	Materialkosten		-7.150 €
=	**Zulässige Fertigungskosten**		**24.250 €**

Toleranz
ist die Differenz zwischen der kleinsten zulässigen Abweichung und der größten zulässigen Abweichung in Bezug zum Soll-Wert. Bei Maßangaben z. B. 120 mm beträgt die Toleranz - 0,2 mm bis + 0,3 mm.

Toleranzfeld
ist der Bereich zwischen den Toleranzgrenzen. Er wird festgelegt durch den oberen und unteren Toleranzgrenzwert. Seine Größe beträgt z. B. 0,5 mm bei einem unteren Toleranzgrenzwert von - 0,2 mm und bei einem oberen Toleranzgrenzwert von + 0,3 mm.

TPM
(= **T**otal-**P**roductive-**M**aintenance); in der Vergangenheit wurde die Anlageneffektivität kapitalintensiver und hochautomatisierter Produktionsanlagen zu einem immer wichtigeren Engpass für die Produktivität. Dies führte zu dem Gedankengut von Total-Productive-Maintenance. TPM beinhaltet das Bestimmen und Analysieren der Ursachen der verringerten Anlageneffektivität, um daraus Maßnahmen zur Steigerung der Verfügbarkeit und Zuverlässigkeit der Produktionsanlagen abzuleiten. Neben der Maximierung der Effektivität bestehender Anlagen hat TPM das Ziel, zukünftige Anlagengenerationen unter Beachtung der Lebenszykluskosten präventiv zu verbessern. Dafür ist ein Konzept notwendig, das Erfahrungswissen aus dem Betreiben der bestehenden Anlagen quantifiziert und daraus Ansatzpunkte für die Neuplanung von Anlagensystemen ableitet.

TQM
(= **T**otal **Q**uality **M**anagement) ist ein ganzheitliches Modell ohne Minimalforderungen.
→ Qualität steht im Mittelpunkt und alle Unternehmensbereiche werden einbezogen.

Das TQM-Konzept hat zwei Säulen:

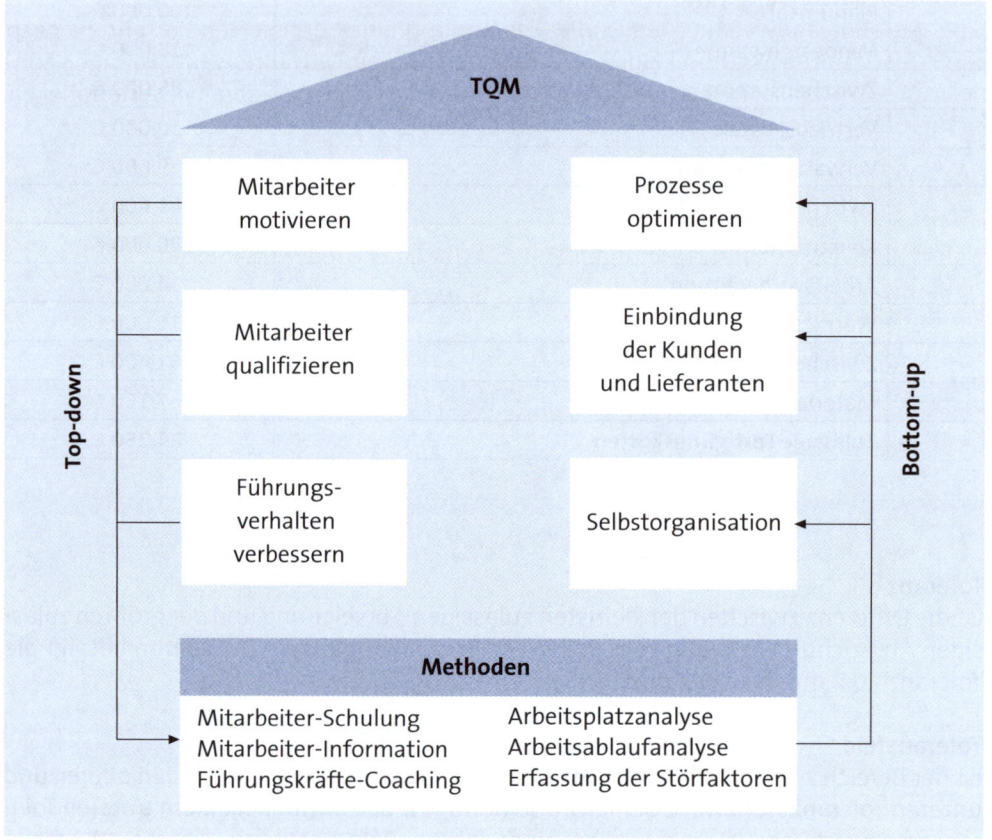

Quelle: in Anlehnung an *Hering/Steparsch/Lindner*, Zertifizierung nach DIN EN ISO 9000, S. 212

Trend
Prozessverlauf in der → QRK: Mehr als sechs Werte in Folge zeigen eine fallende/steigende Tendenz.

Validierung
ist das Bestätigen aufgrund einer Untersuchung und durch Bereitstellung eines Nachweises, dass die besonderen Forderungen eines Produkts für einen speziellen beabsichtigten Gebrauch erfüllt worden sind.

VDA 6.1

deutsches Regelwerk der Automobilindustrie. Es basiert auf der → Norm → QS 9000 und bezieht sich auf die Zulieferer der Branche. Es beinhaltet u. a. umfassende → Auditierungen (Überprüfungen) von Prozessen und Produkten.

Verfahrensanweisung (VA)

Eine Verfahrensanweisung regelt die Anwendung eines definierten Verfahrens nach einer bestimmten Methodik und die Verantwortlichkeit. Verfahrensanweisungen können auf → Arbeitsanweisungen (AA) Bezug nehmen, die festlegen, wie eine Tätigkeit ausgeführt wird.

Verifizierung

ist das Bestätigen aufgrund einer Untersuchung und durch Bereitstellung eines Nachweises, dass festgelegte Forderungen eines Produkts erfüllt worden sind.

Verlaufsdiagramm

Damit kann die Entwicklung einer oder mehrerer Merkmalsgrößen über einen bestimmten Zeitraum verfolgt werden. Diese Methode eignet sich zur Überwachung eines Systems im Hinblick auf die Art und den Umfang der Veränderung der betrachteten Merkmalsgröße.

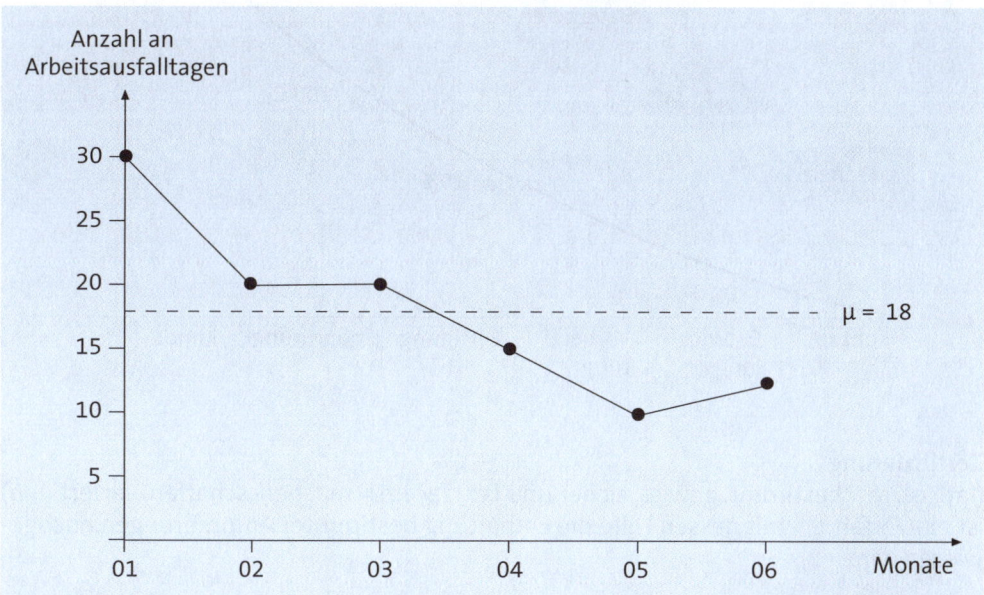

Verschwendung

Die „7 Verschwendungsarten in der Produktion":

► Überproduktion

► Wartezeit

► überflüssiger Transport

- ungünstiger Herstellungsprozess
- überhöhte Lagerhaltung
- unnötige Bewegungen
- Herstellung fehlerhafter Teile.

Zehnerregel
der → Fehlerkosten (nach *Pfeifer*): Je früher in einem Produktentwicklungsprozess die Fehlermöglichkeiten beeinflusst und reduziert oder vermieden werden, desto geringer werden die Fehlerkosten sein. Die „teuersten" Fehler sind die, die durch den Kunden entdeckt werden.

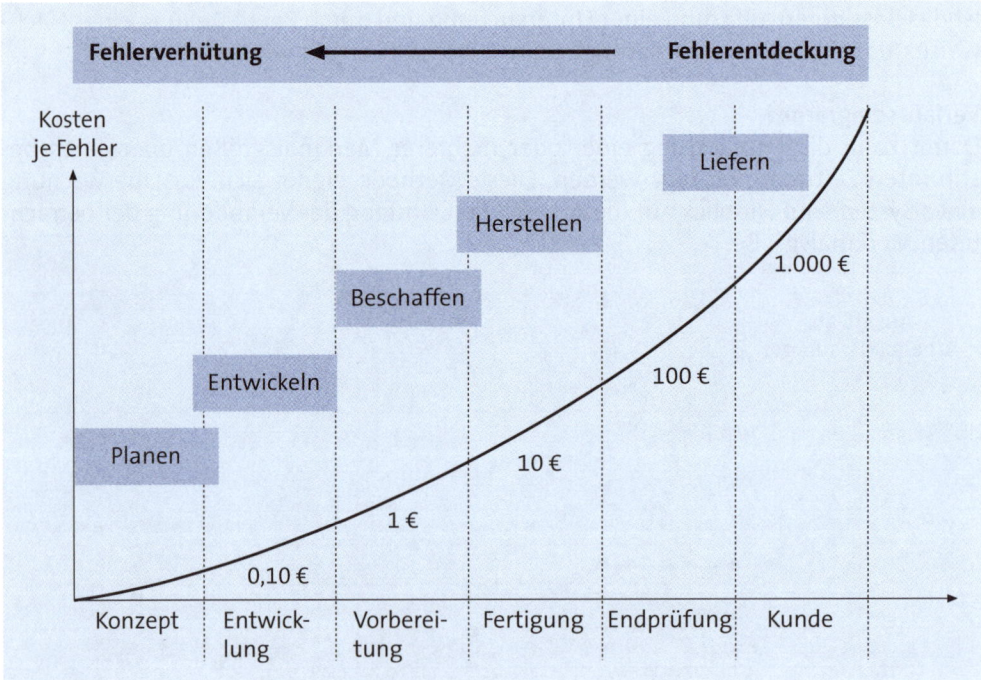

Zertifizierung
(lat.: certe = bestimmt, gewiss, sicher und lat.: facere = machen, schaffen, verfertigen) ist ein Verfahren, mit dessen Hilfe die Einhaltung bestimmter Anforderungen nachgewiesen wird.

Verfahren bzw. Ergebnis des Verfahrens, bei dem einem Unternehmen bestätigt wird, dass es über ein Qualitätsmanagementsystem verfügt, das den DIN EN ISO-Normen 9000 - 9004 entspricht. vgl. auch → Norm.

Brauer, J.-P., DIN EN ISO 9000:2000 ff. umsetzen – Gestaltungshilfen zum Aufbau Ihres Qualitätsmanagements, 6. Auflage, München 2017

Greßler/Göppel, Qualitätsmanagement – Eine Einführung, 8. Auflage, Troisdorf 2012

Hering/Steparsch/Lindner, Zertifizierung nach DIN EN ISO 9000, VDI-Buch, Berlin 1997

Juran, J. M., Grundlagen Qualitätsmanagement – Einführung in Geschichte, Begriffe, Systeme und Konzepte, 2. Auflage, München 2006

Kamiske/Umbreit, Qualitätsmanagement, 4. Auflage, München 2008

Schmitt/Pfeifer, Qualitätsmanagement – Strategien, Methoden, Techniken, 5. Auflage, München 2015